U0965018

国家出版基金项目
NATIONAL PUBLICATION FOUNDATION

中国猪业科学与技术创新系列丛书

猪基因组选择

潘玉春　王起山　马裴裴　张　哲　编著

Genomic Selection in Pigs

中国農業大學出版社
China Agricultural University Press
·北京·

内 容 简 介

本书系统介绍了猪遗传改良中基因组选择所涉及的统计模型、信息技术、软件平台等基本理论、方法及其在应用中的主要环节。全书共分 13 章，第 1 章为导论，第 2～8 章重点介绍猪基因组选择的基本原理，第 9～11 章介绍开展基因组选择的三大环节——表型组测定、基因组检测、信息化体系，第 12～13 章介绍联合育种体系建设和利用基因组选择平台选种选配。本书具有先进性、实践性、实用性等特点，可作为科研人员、企业技术人员、畜牧行政人员及政府管理人员的参考书。

图书在版编目(CIP)数据

猪基因组选择/潘玉春等编著. --北京：中国农业大学出版社，2023.1

(中国猪业科学与技术创新系列丛书)

ISBN 978-7-5655-2937-5

Ⅰ.①猪… Ⅱ.①潘… Ⅲ.①猪-基因组-研究 Ⅳ.①S828

中国国家版本馆 CIP 数据核字(2023)第 018364 号

书　　名 猪基因组选择
Zhu Jiyinzu Xuanze

作　　者 潘玉春　王起山　马裴裴　张　哲　编著

总 策 划	席　清　丛晓红	**责任编辑**	魏　巍
策划编辑	魏　巍　赵　中	**封面设计**	李尘工作室
出版发行	中国农业大学出版社		
社　　址	北京市海淀区圆明园西路 2 号	**邮政编码**	100193
电　　话	发行部 010-62733489，1190		读者服务部 010-62732336
	编辑部 010-62732617，2618		出　版　部 010-62733440
网　　址	http://www.caupress.cn	**E-mail**	cbsszs@cau.edu.cn
经　　销	新华书店		
印　　刷	涿州市星河印刷有限公司		
版　　次	2023 年 3 月第 1 版　　2023 年 3 月第 1 次印刷		
规　　格	185 mm×260 mm　　16 开本　　13.5 印张　　335 千字		
定　　价	95.00 元		

图书如有质量问题本社发行部负责调换

丛书编委会

总　主　编　黄路生　印遇龙　陈焕春　张改平

姚　斌

执行总主编　孙德林

编　　　委　（按姓氏拼音排序）

冯　力　胡晓湘　李爱科　李保明

李铁军　刘　娣　潘玉春　彭　健

田克恭　王靖飞　熊本海

本书编委会

潘玉春　浙江大学

王起山　浙江大学

马裴裴　上海交通大学

张　哲　浙江大学

序一

养猪产业作为畜牧业占比最大的产业，改革开放40年以来，特别是“863”和“973”计划实施以来，取得了巨大的进步，保持着持续快速的发展。但是，我们也应该清楚地看到，与先进国家相比，与现实需求和国家整体战略发展目标相比，还存在着相当大的差距。

目前中国养猪业面临的环保、效率、疫病等问题与挑战仍十分严峻。近几年的蓝耳病和非洲猪瘟，更是给生猪产业造成严重的损失。不论是消费需求还是生产供给，两个方面都出现了新的特点。这种局面昭示中国猪业大生态发生重大变化，进入了转型攻坚新阶段。我国养猪业如何进一步转型升级，提高竞争力，克服资源和环境的约束难题，走出一条健康、稳定、可持续发展之路，是行业内专家和管理者需要认真思考和回答的问题。

到本世纪中叶，我国将建成为富强民主文明和谐美丽的社会主义现代化强国。在未来30年，中国猪业将进入一个高质量发展的快车道。作为产业发展的重要驱动力，科技在养猪产业未来发展中将起到越来越关键支撑作用。基于此，由行内多位优秀专家编写的、聚焦当前我国生猪产业链重要技术领域热点、难点，以及未来走向等问题的这套《中国猪业科学与技术创新系列丛书》，对于解决当前问题，引导行业未来的健康发展，有着特别重要的意义。

从已经提交的书稿来看，本系列专著是基于产业发展的需要，全面阐述养猪业具有前沿性的创新性科研成果。《猪基因组选择》论述了应用现代生物信息学技术、大数据理论和人工智能技术结合的全基因育种技术，将性状选择从单一性状跨越到多性状选择的新阶段，会极大改变中国猪育种现状，大大提高育种效率。该书对于猪的良种选育工作很有价值。猪病已经是制约生猪产业发展的瓶颈，必须从理论上突破，《基因编辑与猪抗病育种》介绍了基因编辑技术在猪抗病育种方面的最新研究成果，并提出了利用基因编辑技术进行抗病育种的新策略，对于抗病育种工作有重要的参考价值。《猪主要传染病与防控新技术》《猪病毒病研究与防控》和《疫苗免疫与养猪生产》专著，基于生猪产业疫病防控理论与方法的创新，把现代猪病防治理论突破与实践结合在一起。猪的肠道健康是决定猪健康水平和养猪生产效益的关键因素之一，《猪肠道健康与营养调控》作为国内第一本系统论述猪的肠道健康研究的专著，对于猪精细化、高效化健康养殖提供了重要的理论和技术支撑。《福利化养猪与工程防疫》专著，论述养猪生态补偿的创新性机制，并从系统工程理论提出工程防疫的概念和技术。《人工智能与智能养猪》将信息技术与智能养猪新技术导入猪业生产系统，全面提高饲养效率。基于人类健康与生物安全，《无抗饲料营养调控》与《饲用抗生素替代品》代表了最新的对于无抗饲养要求下饲料的营养调控理论与技术，以及抗生素替代品的研发及应用。《中国地方猪种质资源特性研究》对我国现有地方猪种保种理论与方法的研究进行系统分析，对于我国地方品种猪的品种保护、品种选育、遗传资源保护都具有重要意义。总之，各分册专著，都体现了养猪主要领域的国内外最新研究、技术发展的成果。

系列专著各分册主编年龄都是在45～60岁之间，是我国猪科学研究领域里的中坚力量。他们一直紧跟猪业科技国际研究水平，结合中国猪业生产实际开展和承担国家相关科学研究项目，很多成果已获得国家级科技进步奖。这些学者多年研究的成果，是中国猪业科学研究领域不可多得的宝贵财富。

本套专著作为一批优秀专家学者前瞻性科技创新成果的集成，具有战略引领意义，将为中国养猪业未来高质量的发展发挥重要导向和推动作用。相信这套系列专著的出版，将促进中国养猪生产整体水平的极大提升。

吴常信院士 吴常信

2022年10月

— 序二 —

经过改革开放40年的发展，中国养猪业取得了举世瞩目的成绩，猪肉产销量占全世界一半以上，生产方式从最初的分散小规模饲养走向规模化机械化，正在向智能化发展。随着规模化养殖集约化程度的日益增强，一些矛盾逐步显现，猪业发展与资源环境、疾病暴发、养猪福利等矛盾越来越突出，生产力提高与品质风味下降、品种单一、退化等矛盾不断加大，养猪成本高，市场供给大起大落，未来养猪产业仍面临多种挑战。尤其近几年非洲猪瘟的暴发，更是集中暴露了养猪行业业已存在亟待解决的问题。全社会对于高质量健康食物的要求，生态环境对于产业发展的要求，促使养猪业必须反思过去，重新选择新的发展道路，选择基于健康、绿色、环保理念的新的道路和策略。面对这样的发展瓶颈，迫切需要行业内有识之士、行业内科学家共同研究和提出系统化的应对策略，用前瞻性的理论和理念、创新性技术指导产业转型升级。

非常欣喜地看到，集合行业内众多领军科学家的集体智慧，共同编著的这套《中国猪业科学与技术创新系列丛书》，具有鲜明的针对性、创新性和引领性，全角度反映了养猪业目前迫切关注和需要解决的核心问题的最新研究进展，特别对于猪基因组选择、肠道营养、基因编辑与抗病育种等新的抗病防病机制的研究，对于工程防疫、智能化养殖、无抗饲料的理论研究与技术研制，以及我国猪种质资源的研究等，这些科学家在自身扎实的研究基础上，结合国内外最新研究进展提出的新理论新技术新方法，对于解决我国目前猪业发展中面临的问题，推进我国养猪业健康发展，争取在本世纪中叶真正实现绿色、健康、环保和高效的目标，有着重要的战略引领意义和技术指导作用，是不可多得的全角度系统化集中反映养猪业前沿研究成果的高水平系列专著。

本套著作立意高远，作者队伍权威。各分册均由高等院校、科研院所获得过国家及省部级奖励的长江学者、国家杰青等正在岗位上工作的中年骨干学者专家担任主要编著者，以他们研究团队多年的科研成果为基础集体完成。本套专著是创新性科技成果集成的再创新，对于中国养猪业未来的发展具有重要的战略引领作用和科学技术支撑作用。

李德发院士 李德发

2022年10月

—序三—

种猪性能水平对生猪产业高质量发展发挥着关键作用，而精准遗传评估是种猪选育的关键技术。长期以来，种业发达的国家和先进的育种企业十分重视高效遗传评估技术体系的应用，为种猪性能持续选育提供强有力的支撑。

2001年挪威生命科学大学的Theo Meuwissen教授提出一项全新的育种理念——基因组选择。自该理念提出以来，国内外育种学家对其理论、技术进行探讨，并对实际应用策略开展了广泛、深入的研究。

潘玉春教授团队长期从事猪基因组选择技术研发，探究其在育种实际中的应用，成效突出。该团队结合多年的种猪遗传改良实践经验，将BLUP遗传评估、基因组选择育种技术与中国的具体实际相结合，编著了此书。全书共分13章：第1章介绍了选择的基本原理、育种值的传统估计等；第2～8章重点介绍基因组选择的基本原理；第9～11章重点介绍开展基因组选择的三大环节——表现组测定、基因组检测、信息化体系；第12～13章重点介绍联合育种体系建设和利用基因组选择平台进行选种选配的方法。

本书内容具有先进性、实践性、实用性等特点，逻辑清晰，言简意赅，适合科研人员、企业技术人员、畜牧行政人员以及政府管理人员使用。希望本书的出版能够为建成“常规育种＋分子育种”相结合的现代育种体系、加快猪品种自主选育的进程提供必要的指导。

王宗礼

全国畜牧总站

2022年9月

— 前言 —

我国传统养猪模式是与农耕文明、小农经济相适应的一种养殖模式。改革开放以来，工业文明、市场经济迅猛发展，养猪模式也发生了根本性的转变，一大特点是养猪业的规模化、集约化。鉴于欧美国家这一过程早于中国一二百年，我国改革开放最初的二三十年，养猪业主要学习国外先进的经验、技术，引进各种先进设施、设备、产品。在猪育种方面体现出来的即大量引进欧美国家早已育成且在持续改良的“集约化猪品种(intensive pig breeds)”，包括杜洛克、长白、大白等，而且往往是“重引种，轻选育”。

自 2009 年以来，我国启动了《全国生猪遗传改良计划(2009—2020)》，开始了集约化猪品种自主选育的进程。十多年来，我国已组建世界最大的猪育种核心群，建立了一个完整的以场内测定为主、测定站测定为辅的生产性能测定体系，搭建了以全国种猪遗传评估中心为核心的育种数据采集、传输、存贮、遗传评估的信息网络体系，一个以“大规模生产性能测定＋最优线性无偏预测(best linear unbiased prediction, BLUP)”为核心的常规育种体系已基本建成。

猪基因组选择(genomic selection, GS)是在生物技术日新月异的 21 世纪初提出并迅速发展完善起来的遗传评估方法，具有里程碑性质，可大大提高遗传评估的准确性，加快遗传进展，进而提高经济效益。近年来，世界知名育种公司都采用基因组选择育种。我国于 2017 年启动了全国性的猪基因组选择平台建设。

《全国生猪遗传改良计划(2021—2035)》的正式启动，目的在于全面实现“集约化猪品种的中国化”。集约化猪品种的中国化需要将最先进的育种技术与中国的具体实际相结合，正是为了满足这一需要我们编著了此书。全书共分 13 章：第 1 章导论介绍了选择的基本原理、育种值的传统估计、最优线性无偏预测等；第 2～8 章重点介绍基因组选择的基本原理，包括最优线性无偏预测、贝叶斯基因组预测、基因组最优线性无偏预测、一步法基因组最优线性无偏预测、基于机器学习的基因组预测、兼顾杂种优势与遗传×环境的基因组育成以及选种与选配；第 9～11 章重点介绍开展基因组选择的三大环节——表现组测定、基因组检测、信息化体系；第 12～13 章重点介绍联合育种体系建设和利用基因组网络平台进行选种选配的方法。

全书特点有三：一是实践性。全书紧密结合集约化猪品种中国化的实际需要，既总结了《全国生猪遗传改良计划(2009—2020)》实施过程中发现的诸多问题，又前瞻性地考虑到了中国未来环境、管理、市场需求的特殊性。二是先进性。本书简短介绍了猪基因组选择的有关方法、技术的发展历程，然后直奔当前应用的最先进、最主要的方法与技术，同时分析了这些方法与技术的发展趋势。三是实用性。集约化猪品种的中国化是一项战略性、持久性任务，需要政、产、学、研的全面合作。本书力图使各类人员均“开卷有益”，但为照顾各类人员的基础与需求不同，在内容、模块、例题、程序等方面进行了系统组织。本书适合科研人员、企业技术人员、畜牧行政人员以及政府管理人员使用。

本书的编写基于《全国生猪遗传改良计划（2009—2020）》实施结果的总结，也希望对后续工作有所帮助。作者由衷感谢农业农村部和全国畜牧总站给予的大力支持，感谢诸多核心育种猪场提供的帮助。同时，感谢本实验室许多学生在本书成书过程中做出的大量工作。

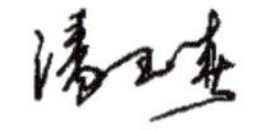

于浙江大学

2022 年 9 月

目录

第1章 导 论

【本章提要】 本章首先在繁育生产体系背景之下介绍育种值等一些基本概念和育种值估计的重要性;进而介绍育种值估计方法的演变,包括简单回归与多元回归、最优线性无偏预测、标记辅助选择及基因组选择等;最后介绍全国生猪遗传改良计划。

简而言之,育种就是选种、选配。选种亦即选优汰劣,选配则是确定待配母猪最适宜的与配公猪。选种、选配贯穿繁育生产体系尤其是育种群管理的日常工作之中。通过选种、选配,使得猪的遗传品质不断改善,进而提高经济效益。然而,无论是选种还是选配,都涉及个体种用价值——育种值的估计。

1.1 选择的基本原理

1.1.1 繁育生产体系

集约化猪常见繁育生产体系模式如图1.1所示。由图可见,整个繁育生产体系按照任务可分为育种、制种、用种三大环节;按照世代,可分曾祖代(GGP)、祖代(GP)、父母代(P)和商品代(C)四个世代。曾祖代通常又分育种群(N)和扩繁群(M)两种类群以及从商品猪父母而论的母系母本(Y)、母系父本(L)以及父系(也称终端父本,D)。育种工作主要是在育种群中进行,但其目的却是提高整个繁育生产体系的经济效益,包括降低制种环节成本、提高用种环节效益。

繁育生产体系是个动态系统。育种旨在通过持续选种、选配使该系统达到"理想"水平,主要包含以下几个要点。

(1)"理想"是在理想条件下繁育生产体系的经济效益最大化。对于制种环节,希望猪产得多、吃得省、产得好;对于用种环节,希望猪死得少、长得快、吃得省、肉质好。实现这些"理想",需要抓住一些具体性状开展遗传改良工作,即以一些性状的改良作为具体"抓手",例如繁殖、生长、胴体、肉质、健康等。这些性状被称为育种目标性状(breeding goal traits),简称目标性状。现实当中,有些育种目标性状与理想状态可能紧密相关,但相关性无法测定或者不易测定。在综合考虑理想与现实条件的基础上确定的具体测定性状,被称为育种测定性状。

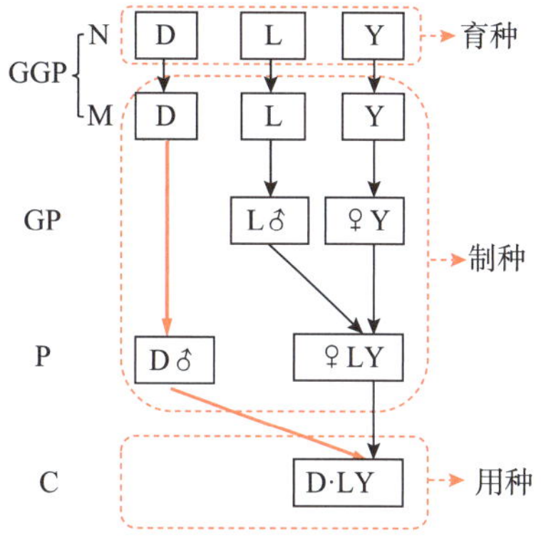

图1.1 集约化猪常见繁育生产体系

D-杜洛克猪;L-长白猪;Y-大白猪

(2)"理想"高于现实,即现有繁育生产体系较之"理想"尚处于不"理想"状态。在此,育种工作最根本的任务就是从测定育种性状入手,使育种目标性状不断改良,最终使繁育生产体系达到理想状态。

(3)在众多育种措施中，选种可以说是最主要的手段。所谓选种，即在不断产生的候选种猪群中选出最优秀的种猪用以繁殖后代。

(4)育种工作主要在育种群中进行，但育种群获得的遗传进展必须传递到繁育体系的所有群体中才能发挥作用。

1.1.2 选种、选配流程

1.1.2.1 选种

1. 基本原则

通常，每个繁育生产体系的育种群都会按照计划进行配种，进而源源不断地一批批产生后代。而猪一旦出生，就面临着选种——选优汰劣。选种多与生产节律配合在（不论公母）初生、断奶、保育期末（70 日龄左右）、育成期末（达上市体重日龄）以及母猪繁殖阶段进行。在常规育种中，选种通常采用如下基本原则。

(1)不论何时，选种都应将新产生的猪与原有的猪（各阶段的猪）放在一起比较优劣并经综合分析后决定是留用还是淘汰。判定优劣的唯一标准是个体的种用价值，即一个个体能使后代改良的程度。利用所测定的性状信息对个体种用价值进行评估，被称为遗传评估（genetic evaluation）。需要注意的是，在不同阶段进行遗传评估，可利用的信息不同（表 1.1）。

(2)为了提高遗传评估的准确性，在达上市体重日龄及背膘厚度、眼肌面积等育种性状被测定之前，最好不要淘汰猪而终止其性状测定。

(3)不论何时发现遗传缺陷，都要在其父母档案中详细记录，将该猪淘汰出核心群，其父母、同窝同胞仔猪除非有可靠证据证明不是携带者，否则也应一律淘汰。

表 1.1 不同阶段进行遗传评估可利用的信息

阶段	个体本身	亲属资料
出生前	无	父母＋其他亲属
初生	出生重＋体型外貌	父母＋其他亲属
断奶	出生重＋断奶重＋体型外貌	父母＋其他亲属↑
达上市体重	出生重＋断奶重＋达上市体重日龄＋背膘厚度＋眼肌面积＋饲料转化率＋体型外貌	父母＋其他亲属↑↑
初产	出生重＋断奶重＋达上市体重日龄＋背膘厚度＋眼肌面积＋饲料转化率＋初产仔数＋初产日龄＋体型外貌	父母＋其他亲属↑↑↑
经产	出生重＋断奶重＋达上市体重日龄＋背膘厚度＋眼肌面积＋饲料转化率＋初产仔数＋初产日龄＋经产仔数＋胎间距＋体型外貌	父母＋其他亲属↑↑↑↑

注：不同时期可利用信息的类别与数量不同，其中↑表示信息量增多，其他亲属主要包括半同胞、全同胞、后裔等。

2. 各期选种要点

(1)初生　重点关注同窝仔猪当中有无遗传缺陷（表 1.2）。如果存在，即按基本原则处理。如果没有遗传缺陷，因为同窝仔猪遗传评估都依据其亲属信息进行，亲属相同而结果一致，所以理论上应全部予以测定，除非因遗传评估结果太差而淘汰掉（不予测定、不予留种）个别的同窝仔猪。

(2)断奶 对于仔猪的选择，一是继续观察有无遗传缺陷并按基本原则处置；二是尽量保证每窝仔猪都予以保留，除非遗传评估结果特别差。对于窝内个体，尽量保证全窝个体都予以保留，但可根据体型、外貌(乳头、四肢)以及生长发育状况适度淘汰少量个体。一般而言，母猪留种数为最终预定留种数量的 5～10 倍及以上。公猪因涉及淘汰后阉割的问题，留种数为最终预定留种数量的 10～20 倍及以上。

(3)保育期末 保育期结束一般是在 70 日龄左右。此时，遗传缺陷可能进一步地表现出来，所以首先仍需观察有无遗传缺陷并按基本原则予以处置。其次，经过断奶、更换环境、更换饲料等考验，同窝的仔猪生长发育、体型外貌差异可能较大，故主要根据窝内差异进行选择，选留体格健壮、体重较大、无瞎乳头(母猪)、睾丸良好(公猪)的猪。遗传评估得分高的同窝仔猪，往往多留，但尽量保证每窝至少 1 公 2 母进入后续性能测定。

(4)育成期末 此时，个体已经完成达上市体重日龄、饲料转化率、背膘厚度与眼肌面积等性状的测定，所以选种首先是以遗传评估结果作为选择依据，兼顾体型外貌。个体性状必须优于在群种猪性状才能留作后备种猪，而且留种比例应高于拟更新的种猪数。

表 1.2 猪的遗传缺陷

遗传缺陷	主要特征	遗传方式
联体双生	“暹罗双胎”，一躯双头，或一头而体躯后部分三叉及其他畸形	不明
短腭	一腭比另一腭短	隐性
裂腭	腭骨未闭合，可能导致兔唇，初生仔猪不能吮乳，致死	隐性
无眼	无眼畸形，眼缺失	似隐性
耳缺陷	耳裂，致死，后肢双生	不明
无毛	几无正常毛囊，可能包括遗传性甲状腺机能障碍	隐性
无腿	无腿，生后不久死亡	隐性
多趾	前脚多趾(有额外趾)	似显性
并蹄畸形	如同一趾的单蹄动物	显性
怪尾	畸形，尾打硬弯	隐性
上皮缺陷	体躯或四肢局部皮肤缺失	隐性
先天性肌阵挛	初生仔猪神经性共济失调，震颤；轻重不一，从身体颤抖到不能吸奶；症状随年龄减轻	不明
雌雄间性	卵巢和睾丸组织并存，可能同时具备雌性和雄性的外貌	1 对或多对修饰基因
鼠蹊疝	肠通过鼠蹊部漏出	不明
阴囊疝	肠通过鼠蹊部落入阴囊	隐性
脐疝	腹壁肌组织缺隐，致使肠透出	显性
腹壁疝	肠突入腹部缺陷肌层和正常肌层之间	不明
隐睾	一侧或双侧睾丸不在阴囊而留在体内，不育	隐性
尿殖道缺陷	各种尿殖道缺陷	隐性
软阴茎综合征	阴茎不能勃起	不明

(5)母猪繁殖阶段　后备母猪配种之前，根据遗传评估结果再次进行选择。同时淘汰至 7 月龄仍无发情征兆者。基础母猪每胎断奶之后，根据遗传评估结果确定是否继续作为核心群的种猪。同时淘汰断奶后 2 个月内仍无发情征兆者和在一个发情期内连续配种 3 次仍未受胎者。

1.1.2.2　选配

选配也是一次选种，选择的与配公猪将决定一头母猪子一代的种用价值。

1. 配种计划

每个育种猪场通常都要制定配种计划。

首先，确定每年所需要的新增纯种种猪数量。在此，新增纯种种猪包括“用于曾祖代育种群、扩繁群以及祖代繁殖群更新用的种猪－转群母猪＋对外销售的种猪”。

其次，根据下列公式确定每年所需要的配种窝数和每批的配种窝数。

每年所需要的纯繁配种窝数＝每年所需要的纯种母猪数/窝均留种母猪数

每批所需要的纯繁配种窝数＝每年所需要的配种窝数/每年配种批数

最后，对所有纯种种猪进行遗传评估，并按遗传评估结果排序，选择排在前面的母猪进行纯繁。

需要注意的是：实践当中每批所需要的纯繁配种窝数无法做到完全均衡，也不需要做到完全均衡。

2. 选配规程

产房技术员一般提前一周提供断奶母猪耳号，配种技术员提前一周提供待配后备母猪耳号，以便提前做好与配公猪精液使用计划，确保按选配计划进行配种。

待配母猪根据下列办法确定与配公猪：一是配后下一代的近交系数，原则上一般要求小于 0.04。二是与配公猪的选择指数，在可接受的近交系数之内越高越好。三是一头公猪的使用次数，不宜太多，核心群各血缘公猪要做到均衡配种，对鉴定特别优秀的公猪可适当增加配种头数，以提高优良基因在群体中所占的比例。四是参考体型外貌。

配种时应严格按照选配计划进行，不能漏配及随意选配。核心群母猪要求均与纯种公猪交配，并首选与核心群公猪交配。育种主管监督选配计划的实施情况，每月月底向技术部汇报，未完成的要书面写明原因。

1.1.3　育种值的概念

通过选种选配流程可知，对猪种用价值的评估贯穿育种场的日常工作始终。在此所谓种用价值是指一头种猪能使其下一代改良的进展多少。而据数量遗传学的知识可知，所有表型都是遗传因素与环境因素共同作用的结果，可按下式计算。

$$p = g + e + g \times e$$

式中：p 为表型值，g 为遗传效应值(基因型值)，e 为环境效应值，$g \times e$ 是遗传因素与环境因素的互作效应(在只有一种环境因素或虽有多种环境因素但不存在互作时可省略)。

其中，g 可进一步剖分为基因加性效应(a)、基因显性效应(d)、基因上位效应(i)三个部分，即 $p=a+d+i+e+g \times e$。

基因加性效应(additive gene effect)是指基因的一般效应,是在上下代的传递过程中可以传递给后代的部分;基因显性效应(dominant gene effect)是同一基因座上两个等位基因间的互作;基因上位效应(epistatic gene effect)是不同基因座间的互作效应。可以看出,一头种猪的种用价值最主要的取决于其基因加性效应(a)的高低,故 a 又被称为育种值(breeding value)。所以,育种意味着代代选择育种值好的优秀个体繁殖下一代以提高下一代的水平直至实现育种目标。

对于单个性状而言,个体的种用价值即个体与该性状有关的基因加性效应值。然而,育种目标如上所说,可能涉及多个性状。这时,个体的种用价值应该如何衡量?其实,此时可用综合育种值(total breeding value)表示,即用带有物理学单位的各性状育种值表示每改变一个物理单位可带来的经济效益的经济重要性(economic weight)加权组合,形成一个综合值。假设目标性状共有 n 个,每一个性状的育种值为 a_1、a_2、…、a_n,相应的经济重要性即经济加权值(权重)为 w_1、w_2、…、w_n,则综合育种值(H)为:

$$H = \sum_{i=1}^{n} w_i a_i = \boldsymbol{w}'\boldsymbol{a}$$

式中:$\boldsymbol{w}'=[w_1 \quad w_2 \quad \cdots \quad w_n]$,$\boldsymbol{a}'=[a_1 \quad a_2 \quad \cdots \quad a_n]$。综合育种值也可以当作一个复合性状的育种值。

依据综合育种值进行选择对于实现育种目标的效率最高,而综合育种值 H 在育种群中均数为 0、标准差为 σ_H,选择就是根据个体综合育种值进行排序,从中选出最优秀的。

可以看出,对于选择而言,重要的参考指标是育种值。但遗憾的是育种值通常不能直接观测,能够直接观测的是目标性状的表型值以及一些与目标性状相关的测定性状的表型值。因此,通常都是根据可资利用的表型信息估计育种值。对于多性状的情况,常利用如下的选择指数估计综合育种值:

$$I = \sum_{i=1}^{n} b_i (x_i - \mu_i) = \boldsymbol{b}'\boldsymbol{X}$$

式中:I 为综合选择指数,b_i 为第 i 个性状的权重,x_i 为第 i 种信息来源的表型值,μ_i 为同一管理群中该性状平均数(假设已知),$\boldsymbol{b}$ 为权重向量,$\boldsymbol{X}$ 为表型值离均差向量。其中,同一管理群是指环境、管理一致,且没有系统环境效应的猪群。

而在实践当中更多采用下列标准化指数计算公式进行计算。

$$I^* = 100 + 25 \times \frac{I}{\sigma_I}$$

该标准化指数的平均数为 100,标准差为 25。这意味着指数超过 100 的个体约有 50%,超过 125 的个体只有约 16%,超过 150 的个体只有约 2.5%。可见运用这种标准化指数评估、选择的方法较之直接运用综合育种值更加直观。

1.1.4 选择反应

种用价值评估不是目的,而通过选择带来下一世代育种值的变化才是目的。选择所带来的下一世代育种值的变化,被称为选择反应(selection response)。选择反应若进一步除以世代间隔(即上、下两代的间隔时间,等于个体出生时其父母的平均年龄),即单位时间内的选择反应，称为遗传进展(selection progress)。假设在一个群体中个体的育种值 $a \sim N(0, \sigma_a^2)$，用 $\hat{a} \sim N(0, \sigma_{\hat{a}}^2)$ 估计 a，二者之间存在下列回归关系：

$$a = b_{a\hat{a}}\hat{a}$$

式中：$b_{a\hat{a}}$ 是 a 对应 $\hat{a}$ 的回归系数。如果选留个体估计育种值(离差)的平均数为 $\hat{a}_s$，则选择反应为：

$$\begin{aligned} a_o &= b_{a\hat{a}}\hat{a}_s \\ &= r_{a\hat{a}}\frac{\sigma_a}{\sigma_{\hat{a}}}\hat{a}_s \\ &= r_{a\hat{a}}\sigma_a i \end{aligned}$$

式中：$\hat{a}_s$ 常被称为选择差，即留种个体的平均估计育种值与群体平均估计育种值的离差；i 为标准化的估计育种值，被称为选择强度。经推导可知：

$$i = \frac{\hat{a}_s}{\sigma_{\hat{a}}} = \frac{z}{p}$$

式中：z 为留种个体中末位个体在正态分布中的概率密度，p 为留种率。其遗传进展如下：

$$\Delta G = \frac{r_{a\hat{a}}\sigma_a i}{L} \tag{1.1}$$

式中：L 表示世代间隔，是指留种个体出生时父母的平均年龄。

式(1.1)的含义十分明确，即遗传进展的大小与可利用的遗传变异(即加性遗传标准差)、选择强度和真实育种值与估计育种值间的相关系数三个因素成正比，与世代间隔成反比。真实育种值与估计育种值间的相关系数，被称为育种值估计的准确度，其平方值被称为可靠度。

1.2 育种值的传统估计

1.2.1 单性状

1.2.1.1 根据单项记录

种用价值评估可谓历史悠久。春秋时期齐国大夫甯戚所撰畜牧书《齐侯大夫甯戚相牛经》即反映了根据表型如何选择牛的诸多经验。但自孟德尔的豌豆杂交实验结果被人们重新发现进而建立起现代遗传学以来，在种用价值评估中从未考虑育种值的概念。而现代种用价值评估是从用回归法估计育种值开始的。

假设 x 个个体的育种值 a_x 与其表型信息源 y_s 存在下列回归关系：

$$a_x = b(y_s - \mu) \tag{1.2}$$

式中：a_x 是以离差表示的 x 个个体的育种值，y_s 是 x 个个体 k 个本身或者亲属的平均表型值，μ 是同一管理群该性状平均数(假设已知)，b 是育种值对应表型值的回归系数。因此，

$$b = \mathrm{cov}(a_x, y_s)/\mathrm{var}(y_s) = r_{a_x y_s}\sigma_{a_x}/\sigma_{y_s} \tag{1.3}$$

在实践中常需获取以下三个信息：①单个个体单次度量表型值，记为 y_i；②k 个度量表型的均值，这包含两种情况，即多个个体单次度量表型均值和单个个体多次度量表型均值，记为 $\bar{y}_i$；③n 个个体各自 k 次度量均值，记为 $\bar{\bar{y}}_i$。

图 1.2 是通用的有关变量间的通径图。根据通径分析原理，在第一种情况下有：

$$r_{a_x y_s}=kr_{(xi)}h=r_{(xi)}\frac{\sigma_a}{\sigma_y}$$

式中：r_{xi}是个体 x 与信息源 i 之间的亲缘系数，h 是性状遗传力的平方根。

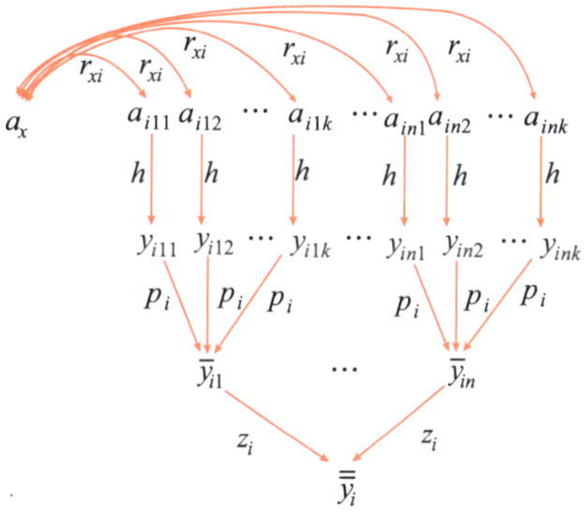

图 1.2　待估个体育种值与其信息源间的通径图

在第二种情况下：

$$r_{a_x y_s}=kr_{(xi)}hp_i$$

式中：p_i是单个表型值到 k 个表型平均值的通径系数。

$$y_s=\bar{y}=\frac{1}{k}y_1+\frac{1}{k}y_2+\cdots+\frac{1}{k}y_k$$

因 p 是标准化的偏回归系数，即：

$$p=\frac{1}{k}\frac{\sigma_y}{\sigma_{\bar{y}}}$$

而另一方面，变量与其自身的相关系数等于 1，所以据图 1.3 可知：

$$1=kp^2+k(k-1)p^2r_y$$

$$p^2=\frac{1}{k[1+(k-1)]r_y}$$

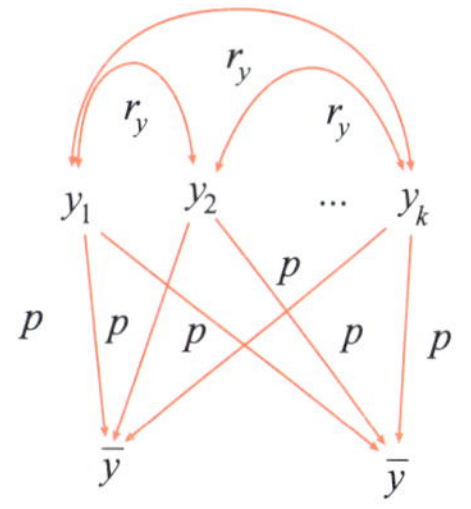

图 1.3　k 个个体表型平均值与单个表型值的关系

综合可得：

$$\sigma_{\bar{y}}^2=\frac{1+(k-1)r_y}{k}\sigma_y^2$$

由此可知，

$$r_{a_x y_s}=kr_{(xi)}hp_i=r_{(xi)}\frac{\sigma_a}{\sigma_{\bar{y}}}=r_{(xi)}h\sqrt{\frac{k}{1+(k-1)r_y}}$$

而 r_y 根据图 1.4，在信息源为个体本身 k 次度量值的平均值时，即重复率 r_e，可得：

$$r_e=h^2+c^2=\frac{\sigma_a^2}{\sigma_y^2}+\frac{\sigma_{pe}^2}{\sigma_y^2}$$

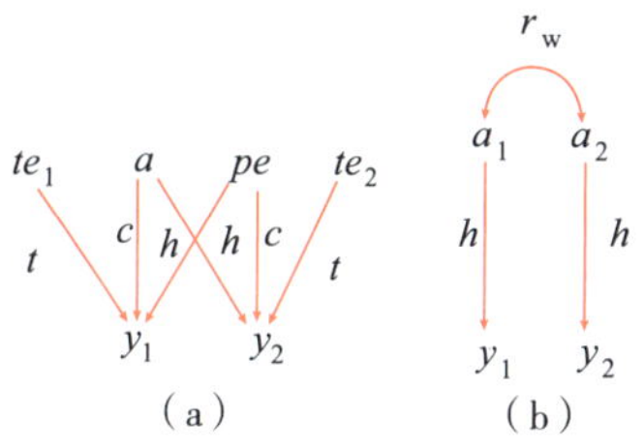

图 1.4　pe 是 1 个个体的永久环境效应，te 是一次特定度量值的特殊环境效应

(a)个体多次度量值间；(b)与同胞间通径关系

而在信息源为 k 个全同胞或半同胞的表型平均值时，可得：

$$r_y=r_wh^2=0.5h^2$$

在第三种情况下：

$$r_{a_x y_s}=knr_{(xi)}hp_iz_i$$

式中：z_i是表型平均值 $\bar{y}_i$ 到 n 个表型平均值 $\bar{\bar{y}}_i$ 的通径系数。与 p 同理，

$$\sigma_{\bar{\bar{y}}}^2=\frac{1+(n-1)r_{\bar{y}}}{n}\sigma_{\bar{y}}^2$$

$$z=\frac{1}{n}\frac{\sigma_{\bar{y}}}{\sigma_{\bar{\bar{y}}}}=\sqrt{\frac{1}{n[1+(n-1)r_{\bar{y}}]}}$$

$$r_{a_x y_s}=knr_{xi}hp_iz_i=r_{xi}h\sqrt{\frac{k}{1+(k-1)r_y}}\sqrt{\frac{n}{1+(n-1)r_{\bar{y}}}}$$

其中，

$$r_{\bar{y}}=k^2h^2r_wp_i^2$$

当 $k=1$ 时，将与第二种情况一样，即第二种情况只是第三种情况的一个特例。把相关结果代到式(1.3)中，则有通式：

$$b=\mathrm{cov}(a_x,y_s)/\mathrm{var}(y_s)=r_{a_x y_s}\sigma_{a_x}/\sigma_{y_s}=r_{xi}h^2\frac{k}{1+(k-1)r_y}\frac{n}{1+(n-1)r_{\bar{y}}} \tag{1.4}$$

其估计的准确性计算如下：

$$r_{a\hat{a}}=\mathrm{cov}[a,b(y_s-\mu)]/(\sigma_a\sigma_{b(y_s-\mu)})=r_{ay_s}=r_{(xi)}h\sqrt{\frac{k}{1+(k-1)r_y}}\sqrt{\frac{n}{1+(n-1)r_{\bar{y}}}} \tag{1.5}$$

表 1.3 是用不同信息估计个体育种值的回归系数，包括一个个体单次度量值、一个个体 k 次度量均值以及 n 个同类个体单次度量均值估计个体育种值时的回归系数。表 1.4 是表型信息和遗传力对选择准确性的影响。下面仅对一些具体情况逐个深入分析。

1. 根据亲本记录

利用系谱信息估计个体育种值也被称为系谱测定。根据亲本信息估计育种值有下列 4 种情况：一个亲本单次度量值、一个亲本 k 次度量均值、双亲单次度量均值以及双亲各自 k 次度量的均值。其中前面三种情况的回归系数已被列入表 1.3，最后一种情况可以作为两种信息来源处理。

前三种估计育种值的准确性利用式(1.5)分别计算可得：

$$r_{a\hat{a}}=0.5h;r_{a\hat{a}}=0.5h\sqrt{\frac{k}{1+(k-1)r_e}};r_{a\hat{a}}=0.5\sqrt{2}h\approx0.7h$$

其中，第三种假定两个亲本无亲缘关系。对比个体本身记录可知前两种准确性只是个体测定的 0.5 倍，第三种是 0.7 倍。

实践中也可以利用亲缘更远的信息。但当利用更远的亲缘信息估计育种值时，r_{xi} 越来越小，估计的准确性越来越差，利用价值也越来越低。一般而言，祖代以上的信息对估计个体育种值意义不大。

尽管亲本信息的估计效率相对较低，利用亲本信息估计育种值的最大好处是可以进行早期选择，甚至在个体未出生前就可根据配种方案中已确定的两亲本数据来预测其后代的育种值。

表 1.3 不同信息估计个体育种值的回归系数

信息类型	一个个体单次度量值	一个个体 k 次度量均值	n 个同类个体单次度量均值
亲本	$0.5h^2$	$\frac{0.5kh^2}{1+(k-1)r_e}$	$h^2(n=2)$（非近交，两亲本平均值）
本身	h^2	$\frac{kh^2}{1+(k-1)r_e}$	—
全同胞	$0.5h^2$	$\frac{0.5kh^2}{1+(k-1)r_e}$	$\frac{0.5nh^2}{1+0.5(n-1)h^2}$
半同胞	$0.25h^2$	$\frac{0.25kh^2}{1+(k-1)r_e}$	$\frac{0.25nh^2}{1+0.25(n-1)h^2}$
全同胞后裔	$0.5h^2$	$\frac{0.5kh^2}{1+(k-1)r_e}$	$\frac{0.5nh^2}{1+0.5(n-1)h^2}$
半同胞后裔	$0.5h^2$	$\frac{0.5kh^2}{1+(k-1)r_e}$	$\frac{0.5nh^2}{1+0.25(n-1)h^2}$

表 1.4 表型信息和遗传力对选择准确性的影响

信息类型与数量	遗传力		
	0.10	**0.25**	**0.50**
个体本身 1 次度量	0.32	0.50	0.71
个体本身 3 次度量(重复力=0.5)	0.39	0.61	0.87
个体本身 5 次度量(重复力=0.5)	0.41	0.65	0.91
1 个全同胞	0.16	0.25	0.35
3 个全同胞	0.26	0.39	0.50
5 个全同胞	0.32	0.46	0.56
10 个全同胞	0.42	0.54	0.62
1 个半同胞	0.08	0.13	0.18
3 个半同胞	0.13	0.20	0.27
5 个半同胞	0.17	0.25	0.32
10 个半同胞	0.23	0.32	0.38
1 个后裔	0.16	0.25	0.35
5 个半同胞后裔	0.34	0.50	0.65
10 个半同胞后裔	0.45	0.63	0.77
20 个半同胞后裔	0.58	0.76	0.86
40 个半同胞后裔	0.71	0.85	0.92

2. 根据个体本身记录

利用个体本身信息估计育种值的过程也被称为个体测定。个体本身信息可以是单次度量值，也可以是多次度量值。当一头猪只有本身一个表型记录值可被利用时，则根据式(1.4)与式(1.5)有：

$$b=h^2;r_{a\hat{a}}=h$$

因此，对于同一群体的个体来讲，个体育种值的估计值大小顺序与个体表型值是完全一致的，而育种值估计的准确性等于遗传力的平方根，即遗传力越大，估计结果越准确。当一头猪同一性状有本身多次度量值时，如有一头母猪多个胎次的总产仔数，则此时个体与其本身的亲缘关系 $r_{(xi)}=1$，本身多次度量值间的 $r_y=r_e$（即重复率），而：

$$b=\frac{kh^2}{1+(k-1)r_e};r_{a\hat{a}}=\sqrt{\frac{kh^2}{1+(k-1)r_e}}$$

由 $r_{a\hat{a}}$ 可知，较之单次度量记录，多次记录估计育种值的准确性因可消除个体一部分特殊环境效应的影响而有所增加。增加的幅度取决于重复率的大小和记录次数。假定 $k\to\infty$ 时，准确性最高，即：

$$r_{a\hat{a}}=\sqrt{\frac{h^2}{[1+(k-1)r_e]/k}}\approx\sqrt{\frac{h^2}{r_e}}$$

则 k 次记录的相对准确性可用下式表示：

$$\sqrt{\frac{kh^2}{1+(k-1)r_e}}\Bigg/\sqrt{\frac{h^2}{r_e}}=\sqrt{\frac{kr_e}{1+(k-1)r_e}}$$

表 1.5 是不同重复率时不同次数度量均值估计育种值的相对准确性。由表可知，要达到相同的相对准确性，重复率越低需要度量的次数越高。

表 1.5　不同重复率时不同次数度量均值估计育种值的相对准确性

r_e	k									
	1	2	3	4	5	6	7	8	9	10
0.10	0.316	0.426	0.500	0.555	0.598	0.632	0.661	0.686	0.707	0.725
0.25	0.500	0.632	0.707	0.756	0.791	0.816	0.837	0.853	0.866	0.877
0.50	0.707	0.816	0.866	0.894	0.913	0.926	0.935	0.943	0.949	0.953
0.75	0.866	0.926	0.949	0.961	0.968	0.973	0.977	0.980	0.982	0.984

然而，在实际育种工作中应注意到，不同个体多次度量可能带来系统环境效应，导致相互之间无法比较。另外，多次度量可能带来的选择进展的提高，有时不一定能弥补由于延长世代间隔而减少的单位时间的选择进展。因此，除非性状重复力特别低，一般不采取多次度量后再进行选择的方法，而是随着记录依据随时计算获得的 k 次育种值均值进行选择。

由于个体本身的信息估计育种值的准确性直接取决于性状遗传力大小，因此遗传力高的性状应尽可能充分利用这一信息。

3. 根据多个同胞记录

根据同胞信息估计个体育种值也被称为同胞测定。同胞有全同胞和半同胞之分，同父同母的子女间为全同胞，在没有近交的情况下，全同胞个体间的亲缘系数为 0.5；同父异母或同母异父的子女间为半同胞，在没有近交的情况下，半同胞个体间的亲缘系数为 0.25。

当一头猪有 k 个全同胞的表型平均值时，则个体与其全同胞间的亲缘系数 $r_{(xi)}=0.5$，而全同胞表型值间的相关关系有 $r_y=r_{(w)}h^2=0.5h^2$，故根据式(1.4)和式(1.5)得：

$$b=\frac{0.5kh^2}{1+0.5(k-1)h^2};r_{a\hat{a}}=0.5h\sqrt{\frac{k}{1+0.5(k-1)h^2}}$$

同理，当一头猪有 k 个半同胞的表型平均值时，则个体与其半同胞间的亲缘系数 $r_{(xi)}=0.25$，而半同胞表型值间的相关关系有 $r_y=r_{(w)}h^2=0.25h^2$。于是，根据式(1.4)与式(1.5)有：

$$b=\frac{0.25kh^2}{1+0.25(k-1)h^2};r_{a\hat{a}}=0.25h\sqrt{\frac{k}{1+0.25(k-1)h^2}}$$

由准确性公式可见，全同胞估计的准确性约等于半同胞的二倍；而在 $k=1$ 时，全同胞测定和半同胞测定分别是个体测定准确性的 1/2 和 1/4，意味着两种测定的价值是不同的。另一方面，个体同胞的出生时间是不同的，要求所有个体处于相同的饲养管理条件之下也是困难的。

4. 根据多个后裔记录

利用后裔信息估计个体育种值也被称为后裔测定。当已知一头猪 k 个子女的表型平均值时，则个体与其子女间的亲缘系数 $r_{(xi)}=0.5$，而在无近交时子女表型值间的相关关系根据其间是全同胞或半同胞而分别为 $r_y=r_{(w)}h^2=0.5h^2$ 或 $r_y=r_{(w)}h^2=0.25h^2$，进而可知以下关系。

当为全同胞子女时，$b=\frac{0.5kh^2}{1+0.5(k-1)h^2}$，$r_{a\hat{a}}=0.5h\sqrt{\frac{k}{1+0.5(k-1)h^2}}$；

当为半同胞子女时，$b=\frac{0.5kh^2}{1+0.25(k-1)h^2}$，$r_{a\hat{a}}=0.5h\sqrt{\frac{k}{1+0.25(k-1)h^2}}$。

由准确性公式可见，k 个全同胞后裔估计准确性等同于由 k 个个体本身的全同胞估计准确性，而由 k 个半同胞后裔平均值估计个体育种值略优于由 k 个全同胞后裔估计的结果。但由 k 个半同胞后裔估计是由 k 个个体本身的半同胞估计的准确性的 2 倍，由 1 个后裔的单次估计准确性只有个体本身的 0.5 倍。

估计育种值的最大作用就是依据它进行选择使后代获得最大的选择进展，因此一个个体的后代性能表现是评价该值最可靠的标准。然而，后代的遗传性能并不完全取决于该个体，而与它所配对的另一性别个体的遗传性能也有关，并且数量性状的表型值同样受到环境的很大影响，因而只有当后裔数量较大时，才能得到较为可靠的估计育种值。后裔信息估计育种值的最大缺点是延长了世代间隔，缩短了种畜使用期限，还会大大增加育种费用。

1.2.1.2 根据相关性状间接估计

假设两个性状之间存在遗传相关 $r_{(xy)}$，则可由一个相关性状的估计育种值 $\hat{a}_y$ 予以间接估计：

$$\hat{a}_x=b\hat{a}_y=r_{(xy)}\frac{\sigma_{a_x}}{\sigma_{a_y}}\hat{a}_y$$

其中，$\hat{a}_y$ 可以采用前述方法进行估计。

根据式(1.1)可知，目标性状 x 的直接选择遗传进展为：

$$\Delta G_1=\frac{r_{a_x\hat{a}_x}\sigma_{a_x}i_x}{L_x}$$

按照相关性状选择的间接选择遗传进展为：

$$\Delta G_2=r_{(xy)}\frac{\sigma_{a_x}}{\sigma_{a_y}}\frac{r_{a_y\hat{a}_y}\sigma_{a_y}i_y}{L_y}=r_{(xy)}\frac{\sigma_{a_x}r_{a_y\hat{a}_y}i_y}{L_y}$$

间接选择遗传进展与直接选择遗传进展的相对效率如下：

$$\frac{\Delta G_2}{\Delta G_1}=r_{(xy)}\frac{L_x r_{a_y\hat{a}_y}i_y}{L_y r_{a_x\hat{a}_x}i_x}$$

根据上式可知，较之直接选择，间接选择的效果取决于四个方面：①两个性状间的遗传相关程度；②与直接选择相比是否可以缩短世代间隔；③是否有助于提高育种值估计的准确性；④是否可以提高选择强度。

1.2.1.3 根据多项记录

1. 合并选择

根据选种选配流程可知，有时需对整个家系进行选留，有时需在家系内选择个体。前者称为家系选择，后者称为家系内选择。在此，家系选择与家系内选择不同的是利用的信息需包含个体表型值在内的家系平均表型值，所关注的是家系的平均育种值而非个体的育种值。此时：

$$\bar{y}_f=\frac{1}{k}y_1+\cdots+\frac{1}{k}y_f$$

$$\bar{a}_f=\frac{1}{k}a_1+\cdots+\frac{1}{k}a_f$$

构建 $\bar{a}_f=b_f(\bar{y}_f-\mu_f)$ 以估计家系的平均育种值。参照前述推导，可得：

$$b_f=\frac{\mathrm{cov}(\bar{a}_f,\bar{y}_f)}{\mathrm{var}(\bar{y}_f)}=\frac{\mathrm{var}(\bar{a}_f)}{\mathrm{var}(\bar{y}_f)}=\frac{1+(k-1)r_{(w)}}{1+(k-1)r_y}h^2$$

同理，家系内有：

$$y_w=y_i-\bar{y}_f$$

$$a_w=a_i-\bar{a}_f$$

构建 $a_w=b_w(y_w-\mu_w)$ 以估计家系内的育种值。可知：

$$\mathrm{var}(y_w)=\mathrm{var}(y)-\mathrm{var}(\bar{y}_f)$$

$$\mathrm{var}(a_w)=\mathrm{var}(a)-\mathrm{var}(\bar{a}_f)$$

故可得：

$$b_w=\frac{\mathrm{cov}(a_w,y_w)}{\mathrm{var}(y_w)}=\frac{\mathrm{var}(a_w)}{\mathrm{var}(y_w)}=\frac{\mathrm{var}(a)-\mathrm{var}(\bar{a}_f)}{\mathrm{var}(y)-\mathrm{var}(\bar{y}_f)}$$

$$=\frac{(k-1)(1-r_{(w)})}{(k-1)(1-r_y)}h^2$$

然而，一个个体的育种值等于家系平均育种值与家系内离差育种值之和，因此完全可以将两方面育种值的估计值之和作为个体育种值的估计值用于选择。这被称为合并选择，即：

$$a_x=b_f(\bar{y}_f-\mu_f)+b_w(y_w-\mu_w)$$

其选择准确性通过推导如下：

$$r_{a\hat{a}}=h\sqrt{1+\frac{(r_{(w)}-r_y)^2(k-1)}{(1-r_y)[1+(k-1)r_y]}}$$

可以证明，合并选择的准确性高于个体选择、家系选择以及家系内选择，因此可获得理想的遗传进展。

2. 一般情况

合并选择只是在应用中的一种基于信息源(个体及其所在家系)选择的特殊情况。更一般的情况是有 t 种信息来源，采用多元回归方法获取估计育种值。假设个体育种值与多种信息源之间存在下列多元回归关系：

$$a=b_1(x_1-\mu_1)+b_2(x_2-\mu_2)+\cdots+b_t(x_t-\mu_t)=\boldsymbol{b}'\boldsymbol{X} \tag{1.6}$$

式中：x_i 为第 i 种来源的表型值信息，以离均差表示；$\boldsymbol{X}$ 为信息表型值向量；b_i 为个体育种值对 x_i 的偏回归系数；$\boldsymbol{b}$ 为偏回归系数向量。利用多个信息源估计育种值的通径关系如图 1.5 所示。根据通径分析原理，可以构建下列方程：

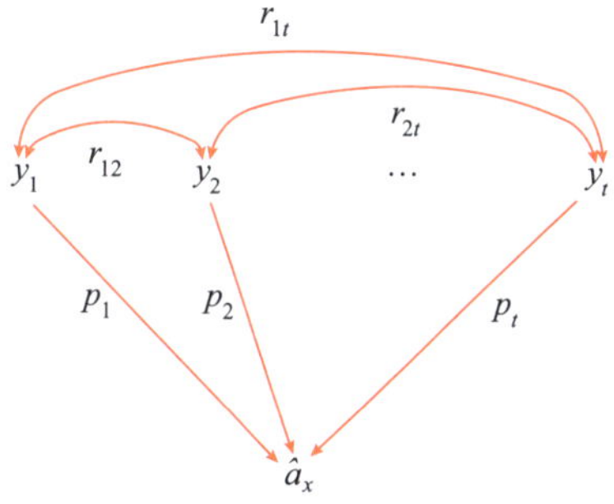

图 1.5 利用多个信息源估计育种值的通径关系

$$\begin{cases}p_1+r_{12}p_2+\cdots+r_{1t}p_t=r_{1a}\\ r_{21}p_1+p_2+\cdots+r_{2t}p_t=r_{2a}\\ \vdots\\ r_{t1}p_1+r_{t2}p_2+\cdots+p_t=r_{ta}\end{cases}$$

而据图 1.6 的通径关系，可得：

$$r_{ai}=r_{(xi)}\frac{\sigma_a}{\sigma_i};p_i=b_i\frac{\sigma_i}{\sigma_a};r_{ij}=r_{(ij)}\frac{\sigma_a^2}{\sigma_i\sigma_j}$$

据此，可以得到下列方程：

$$\begin{bmatrix}\cdots & \cdots & \cdots & \cdots & \cdots\\ \cdots & \frac{\sigma_i^2}{\sigma_a^2} & \cdots & r_{(ij)} & \cdots\\ \vdots & \vdots & \vdots & \vdots & \vdots\\ \cdots & r_{(ji)} & \cdots & \frac{\sigma_j^2}{\sigma_a^2} & \cdots\\ \cdots & \cdots & \cdots & \cdots & \cdots\end{bmatrix}\begin{bmatrix}\vdots\\ b_i\\ \vdots\\ b_j\\ \vdots\end{bmatrix}=\begin{bmatrix}\vdots\\ r_{(ix)}\\ \vdots\\ r_{(jx)}\\ \vdots\end{bmatrix}$$

解上述方程，即可得到各偏回归系数。

利用式(1.6)估计育种值的准确度就等于这一多元回归的复相关系数，可知：

$$r_{a\hat{a}} = \sum b_i r_{(ix)}$$

待估个体育种值与信息源间的通径关系见图 1.6。

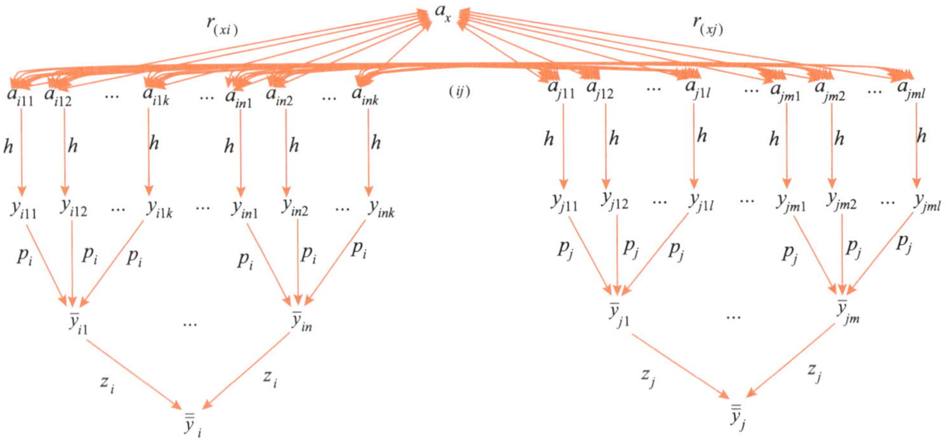

图 1.6　待估个体育种值与信息源间的通径关系

1.2.2　多性状

1.2.2.1　综合选择指数

根据前述已知育种目标往往包括 n 个性状。因此，评价一头种猪的遗传价值需要考虑其综合育种值。

$$H = \sum_{i=1}^{n} w_i a_i = \boldsymbol{w}'\boldsymbol{a} \tag{1.7}$$

而个体的综合育种值 H 可以利用个体本身和(或)有关亲属的相关性状的表型值 y_1、y_2、…、y_t(表示为与相应的群体均值的离差)来估计。这些性状被称为信息性状，信息性状与目标性状可以相同，也可以不同，但必须与目标性状有较高的遗传相关。这种估计最简单可行的方法就是建立一个信息性状的线性函数 I，即选择指数，用它来估计 H 值，即：

$$I = \sum_{i=1}^{m} b_i y_i = \boldsymbol{b}'\boldsymbol{Y} \tag{1.8}$$

式中：$\boldsymbol{Y}' = [y_1 \quad y_2 \quad \cdots \quad y_t]$；$\boldsymbol{b}' = [b_1 \quad b_2 \quad \cdots \quad b_t]$；$b_i$ 是性状 y_i 的加权系数，即偏回归系数。

显然，多性状选择的目的是要获得一个指数 I，用它可以最准确地估计 H 值，从而获得最大的综合育种值进展，利用求极大值方法可以得到如下多元正规方程组：

$$\boldsymbol{Pb} = \boldsymbol{DAw}$$

式中：$\boldsymbol{P}$ 是信息性状表型值之间的方差-协方差矩阵，$\boldsymbol{A}$ 是各信息源与目标性状育种值之间的协方差矩阵，$\boldsymbol{D}$ 是每一信息源个体与被估计个体间的亲缘相关对角矩阵。其具体形式为：

$$P=\begin{bmatrix} \cdots & \cdots & \cdots & \cdots & \cdots \\ \cdots & \sigma_i^2 & \cdots & \mathrm{cov}(y_i,y_j) & \cdots \\ \vdots & \vdots & \vdots & \vdots & \vdots \\ \cdots & \mathrm{cov}(y_j,y_i) & \cdots & \sigma_j^2 & \cdots \\ \cdots & \cdots & \cdots & \cdots & \cdots \end{bmatrix}$$

$$D=\begin{bmatrix} \cdots & 0 & 0 & 0 & 0 \\ 0 & r_{(i,x)} & 0 & 0 & 0 \\ 0 & 0 & \cdots & 0 & 0 \\ 0 & 0 & 0 & r_{(j,x)} & 0 \\ 0 & 0 & 0 & 0 & \cdots \end{bmatrix}$$

$$A=\begin{bmatrix} \cdots & \cdots & \cdots & \cdots & \cdots \\ \cdots & \mathrm{cov}(a_i,a_k) & \cdots & \mathrm{cov}(a_i,a_l) & \cdots \\ \vdots & \vdots & \vdots & \vdots & \vdots \\ \cdots & \mathrm{cov}(a_j,a_k) & \cdots & \mathrm{cov}(a_j,a_l) & \cdots \\ \cdots & \cdots & \cdots & \cdots & \cdots \end{bmatrix}$$

其中，$\boldsymbol{P}$ 中的对角线元素为信息源性状表型值的方差，非对角线元素为各个信息源性状表型值间的协方差；$\boldsymbol{A}$ 中的元素 $\mathrm{cov}(a_i,a_k)$ 为第 i 个信息源性状与第 k 个目标性状间的育种值协方差，依此类推。当目标性状与信息源性状完全相同时，$\boldsymbol{A}$ 与 $\boldsymbol{P}$ 有相同的结构。在性状的表型方差、遗传力、表型相关和遗传相关、提供信息的个体与被估计综合育种值的个体(x)亲缘系数都已知的情况下，可以利用这些参数来确定这 3 个矩阵。$\boldsymbol{D}$ 中的元素 $r(i,x)$ 为提供第 i 个信息的个体与被估个体之间的亲缘系数。例如提供信息的是个体本身时，它等于 1；如果是个体的半同胞提供信息，则在随机交配情况下等于 0.25。

选择指数对综合育种值估计的准确性为：$r_{HI}=\dfrac{\mathrm{cov}(H,I)}{\sigma_H\sigma_I}=\dfrac{\sigma_I}{\sigma_H}=\sqrt{\dfrac{\boldsymbol{b}'\boldsymbol{DAw}}{\boldsymbol{w}'\boldsymbol{Gw}}}$。式中的 $\boldsymbol{G}$ 表示目标性状间的育种值方差-协方差矩阵。

此外，考虑多性状选择与单性状选择的效果比较，如果所有选择的性状间都不存在相关，而且各性状的表型方差、遗传力和经济加权值都相同，那么可以证明在同样的选择强度下，用综合选择指数同时选择多个性状时，每一个性状的遗传进展只有单独选择该性状时的 $1/\sqrt{n}$。即使当各性状的表型方差、遗传力和经济加权值不相同，但性状间存在相关时，多性状的改进也低于单独选择某一个性状。因此，一般情况下在选择方案中尽量不要包括太多的目标性状。

1.2.2.2 约束与最宜选择指数

在猪遗传改良当中，对于不同性状要求不同：对于有的性状，可在一定方向上尽情改良；对于有的性状，则希望按预期的方向和大小改进；对于有的性状，则不希望改变，包括因为间接选择而导致的改变。第一种选择，即为前面介绍的综合选择；第二种称为最宜选择(optimum selection)；第三种称为约束选择(restricted selection)。

约束选择、最宜选择都是通过对性状的改进施加某种限制来达到其目的，因而均可被称为约束选择。约束选择可参照约束选择指数实施，它是在上述综合选择指数基础上通过一定方式施加一些约束条件来实现的。因此，综合育种值(H)和选择指数(I)仍由式(1.7)和式(1.8)

定义。约束选择的目的是在给定的约束条件下使得确定的选择指数尽量准确地估计综合育种值,从而获得最大的综合育种值进展。为了对某些性状的遗传进展施加一定的约束,需要引入如下的约束矩阵 $\boldsymbol{R}$,即:

$$\boldsymbol{R}=\begin{bmatrix} r_{11} & r_{12} & \cdots & r_{1s} \\ r_{21} & r_{22} & \cdots & r_{2s} \\ \vdots & \vdots & \vdots & \vdots \\ r_{n1} & r_{n2} & \cdots & r_{s} \end{bmatrix}$$

式中:n 为目标性状的数目,s 为施加约束的性状数。

$\boldsymbol{R}$ 中的每一列向量对应于一个约束性状。在该列向量中,对应于约束性状的元素取值为1,其余元素取值为0,使得 $\boldsymbol{R'a}$ 只含有约束性状的育种值向量,从而对其中某些性状施加约束条件。如果限制所约束的性状按比例向量 $\boldsymbol{\Delta}'=[\Delta_1 \quad \Delta_2 \quad \cdots \quad \Delta_r]$ 变化,采用 Lagrange 乘子法,引入一个不定乘子向量 λ,则可以得出如下的求解方程组:

$$\begin{bmatrix} \boldsymbol{b} \\ \boldsymbol{\lambda} \end{bmatrix}=\begin{bmatrix} \boldsymbol{P} & \boldsymbol{DAR} \\ \boldsymbol{R'A'D} & \boldsymbol{0} \end{bmatrix}^{-1}\begin{bmatrix} \boldsymbol{DAw} \\ \boldsymbol{\Delta} \end{bmatrix} \tag{1.9}$$

解此方程组,将得到的 $\boldsymbol{b}$ 代入式(1.8),即得到所需的约束选择指数。应用分块矩阵求逆法可得:

$$\boldsymbol{b}=[\boldsymbol{I}-\boldsymbol{P}^{-1}\boldsymbol{DAR}(\boldsymbol{R'A'D}\,\boldsymbol{P}^{-1}\boldsymbol{DAR})^{-1}\boldsymbol{R'A'D}]\boldsymbol{P}^{-1}\boldsymbol{DAw}+\boldsymbol{P}^{-1}\boldsymbol{DAR}(\boldsymbol{R'A'D}\,\boldsymbol{P}^{-1}\boldsymbol{DAR})^{-1}\boldsymbol{\Delta}$$

式中:$\boldsymbol{I}$ 为单位矩阵。此式为最佳选择指数的计算公式。

1.3 最优线性无偏预测

20 世纪 80 年代前的几十年间,育种值的估计方法主要采用上述的简单回归或多元回归分析。但是这些回归分析有个基本假设前提,就是不存在影响表型值的系统环境效应,或者这些效应是已知的。只有在这一假设成立的前提下,由回归分析得到的估计育种值($\hat{a}$)才具有如下性质:

(1)是真实育种值 a 的无偏估计值,即 $E(a-\hat{a})=0$;

(2)估计误差的方差 $\mathrm{var}(a-\hat{a})$ 最小,这意味着估计值的准确性最大;

(3)若将群体中所有个体按 $\hat{a}$ 排序,则此序列与按真实育种值排序所得序列相吻合的概率最大。

遗憾的是该基本假设只有在理想条件下才能成立。因此,通常做法是将个体的表型值减去与其同群同期的所有其他个体的平均数,从而达到对系统环境效应进行校正的目的。但这样做存在一个重要缺陷,那就是如果在不同群体或不同世代之间存在着遗传上的差异,则这种差异也会随之被校正掉,因而所得到的估计育种值就不再是无偏估计值,选择指数法的上述理想性也就不再成立。

测定站测定(station test)在 20 世纪 80 年代前盛行。所谓测定站测定即把各猪场的种猪集中到测定站里,在统一的饲养管理环境之下进行测定。其优点有三:一是能严格控制统一规范的测定条件;二是利于比较不同来源的猪;三是具有准确、公正、权威的特点。但缺点同样有三：其一，测定费用高昂、测定规模有限，一起测定的猪可进行比较，而对其他的猪仍然存在饲养管理环境不一致的问题；其二，容易对猪造成应激，增大场与场间疫病交叉传染的可能性；其三，需要考虑测定前不同环境的影响等。

对于以上缺陷，美国学者 C. R. Henderson 于 1948 年提出的最优线性无偏预测(best linear unbiased prediction，BLUP)可以有效弥补。该法可以消除系统环境效应对表型值的影响，因而在回归分析要求的假设不成立时估计值依然具有线性(即估计育种值是观测值的线性函数)、无偏(即估计育种值是真实育种值的无偏估计量)、最优(估计量的误差方差最小)的特点。但在当时由于计算条件的限制，这个方法并未被用到育种实践中。到了 20 世纪 70 年代，计算机技术的高速发展，使这一方法的应用成为可能，Henderson 又重新提出这一方法，并对它做了较为系统的阐述，从而引起了世界各国育种工作者的广泛关注，纷纷开展了对它的系统研究，并逐渐将它应用于育种实践中，使其迅速成为世界各国(尤其是发达国家)家畜遗传评定的规范方法。下面简要介绍这一方法。

1.3.1 基本原理

1.3.1.1 统计模型

假设一个试验或者一项研究可用下列混合模型予以描述：

$$\boldsymbol{y}=\boldsymbol{Xb}+\boldsymbol{Zu}+\boldsymbol{e} \tag{1.10}$$

$$E\begin{bmatrix}\boldsymbol{y}\\ \boldsymbol{u}\\ \boldsymbol{e}\end{bmatrix}=\begin{bmatrix}\boldsymbol{Xb}\\ \boldsymbol{0}\\ \boldsymbol{0}\end{bmatrix}$$

$$V\begin{bmatrix}\boldsymbol{y}\\ \boldsymbol{u}\\ \boldsymbol{e}\end{bmatrix}=\begin{bmatrix}\boldsymbol{V} & \boldsymbol{ZG} & \boldsymbol{R}\\ \boldsymbol{GZ'} & \boldsymbol{G} & \boldsymbol{0}\\ \boldsymbol{R} & \boldsymbol{0} & \boldsymbol{R}\end{bmatrix}$$

式中：$\boldsymbol{y}$ 为所有观察值构成的向量，$\boldsymbol{b}$ 为所有固定效应(包括平均数 μ)构成的向量，$\boldsymbol{X}$ 为固定效应的关联矩阵(也称设计矩阵)，$\boldsymbol{u}$ 为所有随机效应构成的向量，$\boldsymbol{Z}$ 为随机效应的关联矩阵，$\boldsymbol{e}$ 为所有随机误差构成的向量，E、V 分别表示模型中随机变量的数学期望和方差-协方差矩阵。其中，

$$\begin{aligned}\boldsymbol{V}&=V(\boldsymbol{Zu}+\boldsymbol{e})\\&=V(\boldsymbol{Zu})+V(\boldsymbol{e})+2\mathrm{cov}(\boldsymbol{Zu},\boldsymbol{e}')\\&=\boldsymbol{ZGZ'}+\boldsymbol{R}\end{aligned}$$

若上式中的 $\boldsymbol{Zu}$ 不存在时，则称模型为固定模型：$\boldsymbol{y}=\boldsymbol{Xb}+\boldsymbol{e}$；

若上式中 $\boldsymbol{Xb}=\boldsymbol{1}\mu$，则称模型为随机模型：$\boldsymbol{y}=\boldsymbol{1}\mu+\boldsymbol{Zu}+\boldsymbol{e}$。

因此，固定模型和随机模型均可看成是混合模型的特例。

1.3.1.2 预估方程

当假设试验取得结果后，需要估计 $\boldsymbol{b}$、预测 $\boldsymbol{u}$，或预估 $\boldsymbol{K'b}+\boldsymbol{M'u}$，并且要求满足线性、无偏、最优三个条件，可表示为：

$$\begin{cases} \boldsymbol{K}'\hat{\boldsymbol{b}}+\boldsymbol{M}'\hat{\boldsymbol{u}}=\boldsymbol{L}'\boldsymbol{y} \\ \boldsymbol{E}(\boldsymbol{K}'\hat{\boldsymbol{b}}+\boldsymbol{M}'\hat{\boldsymbol{u}})=\boldsymbol{K}'\boldsymbol{b}+\boldsymbol{M}'\boldsymbol{u} \\ \boldsymbol{V}[(\boldsymbol{K}'\hat{\boldsymbol{b}}+\boldsymbol{M}'\hat{\boldsymbol{u}})-(\boldsymbol{K}'\boldsymbol{b}+\boldsymbol{M}'\boldsymbol{u})]\rightarrow \boldsymbol{Min}. \end{cases}$$

即：

$$\begin{aligned} & V[\boldsymbol{L}'\boldsymbol{y}-(\boldsymbol{K}'\boldsymbol{b}+\boldsymbol{M}'\boldsymbol{u})] \\ &=V[\boldsymbol{L}'\boldsymbol{y}-\boldsymbol{M}'\boldsymbol{u})] \\ &=\boldsymbol{L}'V(\boldsymbol{y})\boldsymbol{L}+\boldsymbol{M}'V(\boldsymbol{u})\boldsymbol{M}-\boldsymbol{L}'\mathrm{cov}(\boldsymbol{y},\boldsymbol{u}')\boldsymbol{M}-\boldsymbol{M}'\mathrm{cov}(\boldsymbol{u},\boldsymbol{y}')\boldsymbol{L} \\ &=\boldsymbol{L}'\boldsymbol{V}\boldsymbol{L}+\boldsymbol{M}'\boldsymbol{G}\boldsymbol{M}-\boldsymbol{L}'\boldsymbol{Z}\boldsymbol{G}\boldsymbol{M}-\boldsymbol{M}'\boldsymbol{G}\boldsymbol{Z}'\boldsymbol{L} \end{aligned}$$

依据 LaGrange 乘子法可以建立如下函数：

$$F=\boldsymbol{L}'\boldsymbol{V}\boldsymbol{L}+\boldsymbol{M}'\boldsymbol{G}\boldsymbol{M}-\boldsymbol{L}'\boldsymbol{Z}\boldsymbol{G}\boldsymbol{M}-\boldsymbol{M}'\boldsymbol{G}\boldsymbol{Z}'\boldsymbol{L}+(\boldsymbol{L}'\boldsymbol{X}-\boldsymbol{K}')\boldsymbol{\theta}$$

分别对 $\boldsymbol{L}'$ 和 $\boldsymbol{\theta}'$ 求偏导数：

$$\frac{\partial F}{\partial \boldsymbol{L}'}=2\boldsymbol{V}\boldsymbol{L}-2\boldsymbol{Z}\boldsymbol{G}\boldsymbol{M}+\boldsymbol{X}\boldsymbol{\theta}$$

$$\frac{\partial F}{\partial \boldsymbol{\theta}'}=\boldsymbol{X}'\boldsymbol{L}-\boldsymbol{K}$$

令其等于 0，并重新计算得：$\boldsymbol{V}=\boldsymbol{Z}\boldsymbol{G}\boldsymbol{Z}'+\boldsymbol{R}$，$\boldsymbol{\Omega}=\boldsymbol{\theta}(0.5)$。

$$\begin{bmatrix} \boldsymbol{Z}\boldsymbol{G}\boldsymbol{Z}'+\boldsymbol{R} & \boldsymbol{X} \\ \boldsymbol{X}' & \boldsymbol{0} \end{bmatrix}\begin{bmatrix} \boldsymbol{L} \\ \boldsymbol{\Omega} \end{bmatrix}=\begin{bmatrix} \boldsymbol{Z}\boldsymbol{G}\boldsymbol{M} \\ \boldsymbol{K} \end{bmatrix}$$

由上式可知 $\boldsymbol{R}\boldsymbol{L}+\boldsymbol{Z}\boldsymbol{G}(\boldsymbol{Z}'\boldsymbol{L}-\boldsymbol{M})+\boldsymbol{X}\boldsymbol{\Omega}=\boldsymbol{0}$。

令 $\boldsymbol{S}=\boldsymbol{G}(\boldsymbol{Z}'\boldsymbol{L}-\boldsymbol{M})$，则 $\boldsymbol{G}^{-1}\boldsymbol{S}=\boldsymbol{Z}'\boldsymbol{L}-\boldsymbol{M}$，$\boldsymbol{M}=\boldsymbol{Z}'\boldsymbol{L}-\boldsymbol{G}^{-1}\boldsymbol{S}$。

令其等于 0，得：

$$\begin{bmatrix} \boldsymbol{X}'\boldsymbol{R}^{-1}\boldsymbol{X} & \boldsymbol{X}'\boldsymbol{R}^{-1}\boldsymbol{Z} \\ \boldsymbol{Z}'\boldsymbol{R}^{-1}\boldsymbol{X} & \boldsymbol{Z}\boldsymbol{R}^{-1}\boldsymbol{Z}+\boldsymbol{G}^{-1} \end{bmatrix}\begin{bmatrix} \hat{\boldsymbol{b}} \\ \hat{\boldsymbol{u}} \end{bmatrix}=\begin{bmatrix} \boldsymbol{X}'\boldsymbol{R}^{-1}\boldsymbol{y} \\ \boldsymbol{Z}'\boldsymbol{R}^{-1}\boldsymbol{y} \end{bmatrix}$$

上式被称为混合模型方程组（mixed model equations，MME），其中左侧第一项被称为系数矩阵，右侧项称为右端数。解 MME，即得 $\boldsymbol{b}$ 的估计值和 $\boldsymbol{u}$ 的预测值。

1.3.1.3 准确程度

假设系数矩阵满秩，并记：

$$\begin{bmatrix} \boldsymbol{X}'\boldsymbol{R}^{-1}\boldsymbol{X} & \boldsymbol{X}'\boldsymbol{R}^{-1}\boldsymbol{Z} \\ \boldsymbol{Z}'\boldsymbol{R}^{-1}\boldsymbol{X} & \boldsymbol{Z}\boldsymbol{R}^{-1}\boldsymbol{Z}+\boldsymbol{G}^{-1} \end{bmatrix}^{-1}=\begin{bmatrix} \boldsymbol{C}_{11} & \boldsymbol{C}_{12} \\ \boldsymbol{C}_{21} & \boldsymbol{C}_{22} \end{bmatrix}$$

则有：

$$\begin{bmatrix} \boldsymbol{C}_{11} & \boldsymbol{C}_{12} \\ \boldsymbol{C}_{21} & \boldsymbol{C}_{22} \end{bmatrix}\begin{bmatrix} \boldsymbol{X}'\boldsymbol{R}^{-1}\boldsymbol{X} & \boldsymbol{X}'\boldsymbol{R}^{-1}\boldsymbol{Z} \\ \boldsymbol{Z}'\boldsymbol{R}^{-1}\boldsymbol{X} & \boldsymbol{Z}\boldsymbol{R}^{-1}\boldsymbol{Z}+\boldsymbol{G}^{-1} \end{bmatrix}=\begin{bmatrix} \boldsymbol{I}_{11} & \boldsymbol{0}_{12} \\ \boldsymbol{0}_{21} & \boldsymbol{I}_{22} \end{bmatrix}$$

由此可得：

$$
\begin{aligned}
\operatorname{var}(\hat{\boldsymbol{b}}) &= \left\{ [\boldsymbol{C}_{11} \quad \boldsymbol{C}_{12}] \begin{bmatrix} \boldsymbol{X}' \\ \boldsymbol{Z}' \end{bmatrix} \boldsymbol{R}^{-1} \boldsymbol{y} \right\} \\
&= [\boldsymbol{C}_{11} \quad \boldsymbol{C}_{12}] \begin{bmatrix} \boldsymbol{X}' \\ \boldsymbol{Z}' \end{bmatrix} \boldsymbol{R}^{-1} (\boldsymbol{ZGZ}' + \boldsymbol{R}) \boldsymbol{R}^{-1} [\boldsymbol{X} \quad \boldsymbol{Z}] \begin{bmatrix} \boldsymbol{C}_{11} \\ \boldsymbol{C}_{21} \end{bmatrix} \\
&= [\boldsymbol{C}_{11} \quad \boldsymbol{C}_{12}] \begin{bmatrix} \boldsymbol{X}' \\ \boldsymbol{Z}' \end{bmatrix} \boldsymbol{R}^{-1} [\boldsymbol{X} \quad \boldsymbol{Z}] \begin{bmatrix} \boldsymbol{C}_{11} \\ \boldsymbol{C}_{21} \end{bmatrix} - \boldsymbol{C}_{12} \boldsymbol{Z}' \boldsymbol{R}^{-1} [\boldsymbol{X} \quad \boldsymbol{Z}] \begin{bmatrix} \boldsymbol{C}_{11} \\ \boldsymbol{C}_{12} \end{bmatrix} \\
&= [\boldsymbol{I} \quad -\boldsymbol{C}_{12} \boldsymbol{G}^{-1}] \begin{bmatrix} \boldsymbol{C}_{11} \\ \boldsymbol{C}_{12} \end{bmatrix} - \boldsymbol{C}_{12} (-\boldsymbol{G}^{-1} \boldsymbol{C}_{21}) \\
&= \boldsymbol{C}_{11} - \boldsymbol{C}_{12} \boldsymbol{G}^{-1} \boldsymbol{C}_{12} + \boldsymbol{C}_{12} \boldsymbol{G}^{-1} \boldsymbol{C}_{21} \\
&= \boldsymbol{C}_{11}
\end{aligned}
$$

$$
\begin{aligned}
\operatorname{var}(\hat{\boldsymbol{u}}) &= [\boldsymbol{C}_{21} \quad \boldsymbol{C}_{22}] \begin{bmatrix} \boldsymbol{X}' \\ \boldsymbol{Z}' \end{bmatrix} \boldsymbol{R}^{-1} (\boldsymbol{ZGZ}' + \boldsymbol{R}) \boldsymbol{R}^{-1} [\boldsymbol{X} \quad \boldsymbol{Z}] \begin{bmatrix} \boldsymbol{C}_{12} \\ \boldsymbol{C}_{22} \end{bmatrix} \\
&= (\boldsymbol{GZ}' - \boldsymbol{C}_{22} \boldsymbol{Z}') \boldsymbol{R}^{-1} [\boldsymbol{X} \quad \boldsymbol{Z}] \begin{bmatrix} \boldsymbol{C}_{12} \\ \boldsymbol{C}_{22} \end{bmatrix} + [\boldsymbol{O} \quad \boldsymbol{I} - \boldsymbol{C}_{22} \boldsymbol{A}^{-1}] \begin{bmatrix} \boldsymbol{C}_{12} \\ \boldsymbol{C}_{22} \end{bmatrix} \\
&= (\boldsymbol{G} - \boldsymbol{C}_{22})(\boldsymbol{I} - \boldsymbol{G}^{-1} \boldsymbol{C}_{22}) + \boldsymbol{C}_{22} - \boldsymbol{C}_{22} \boldsymbol{G}^{-1} \boldsymbol{C}_{22} \\
&= \boldsymbol{G} - \boldsymbol{C}_{22} - \boldsymbol{C}_{22} + \boldsymbol{C}_{22} \boldsymbol{G}^{-1} \boldsymbol{C}_{22} + \boldsymbol{C}_{22} - \boldsymbol{C}_{22} \boldsymbol{G}^{-1} \boldsymbol{C}_{22} \\
&= \boldsymbol{G} - \boldsymbol{C}_{22}
\end{aligned}
$$

$$
\begin{aligned}
\operatorname{var}(\hat{\boldsymbol{b}} - \boldsymbol{b}) &= \operatorname{var}(\hat{\boldsymbol{b}}) - \operatorname{var}(\boldsymbol{b}) \\
&= \boldsymbol{C}_{11} - \boldsymbol{0} \\
&= \boldsymbol{C}_{11}
\end{aligned}
$$

$$
\begin{aligned}
\operatorname{var}(\hat{\boldsymbol{u}} - \boldsymbol{u}) &= \operatorname{var}(\hat{\boldsymbol{u}}) + \operatorname{var}(\boldsymbol{u}) - \operatorname{cov}(\hat{\boldsymbol{u}}, \boldsymbol{u}) - \operatorname{cov}(\boldsymbol{u}, \hat{\boldsymbol{u}}) \\
&= \boldsymbol{G} - \boldsymbol{C}_{22} + \boldsymbol{G} - [\boldsymbol{C}_{21} \quad \boldsymbol{C}_{22}] \begin{bmatrix} \boldsymbol{X}' \\ \boldsymbol{Z}' \end{bmatrix} \boldsymbol{R}^{-1} \boldsymbol{ZG} - \boldsymbol{GZ}' \boldsymbol{R}' [\boldsymbol{X} \quad \boldsymbol{Z}] \begin{bmatrix} \boldsymbol{C}_{12} \\ \boldsymbol{C}_{22} \end{bmatrix} \\
&= \boldsymbol{G} - \boldsymbol{C}_{22} + \boldsymbol{G} - 2(\boldsymbol{G} - \boldsymbol{C}_{22}) \\
&= \boldsymbol{C}_{22}
\end{aligned}
$$

1.3.1.4 几种特例

1. 固定模型

对于如下固定模型：

$$
\boldsymbol{y} = \boldsymbol{Xb} + \boldsymbol{e}
$$

$$
E\begin{bmatrix} \boldsymbol{y} \\ \boldsymbol{e} \end{bmatrix} = \begin{bmatrix} \boldsymbol{Xb} \\ \boldsymbol{0} \end{bmatrix}; V\begin{bmatrix} \boldsymbol{y} \\ \boldsymbol{e} \end{bmatrix} = \begin{bmatrix} \boldsymbol{R} & \boldsymbol{R} \\ \boldsymbol{R} & \boldsymbol{R} \end{bmatrix}
$$

可得如下混合模型方程组：

$$
[\boldsymbol{X}' \boldsymbol{R}^{-1} \boldsymbol{X}][\hat{\boldsymbol{b}}] = [\boldsymbol{X} \boldsymbol{R}^{-1} \boldsymbol{y}]
$$

此时，$\hat{\boldsymbol{b}}$ 也称为 $\boldsymbol{b}$ 的最优线性无偏估计(BLUE)或最小二乘估计(LS)。

2. 随机模型

对于如下随机模型：

$$\boldsymbol{y}=\boldsymbol{1}\mu+\boldsymbol{ZU}+\boldsymbol{e}$$

$$E\begin{bmatrix}\boldsymbol{y}\\\boldsymbol{U}\\\boldsymbol{e}\end{bmatrix}=\begin{bmatrix}\boldsymbol{1}\mu\\\boldsymbol{0}\\\boldsymbol{0}\end{bmatrix};V\begin{bmatrix}\boldsymbol{y}\\\boldsymbol{U}\\\boldsymbol{e}\end{bmatrix}=\begin{bmatrix}\boldsymbol{V}&\boldsymbol{ZG}&\boldsymbol{R}\\\boldsymbol{GZ'}&\boldsymbol{G}&\boldsymbol{0}\\\boldsymbol{R}&\boldsymbol{0}&\boldsymbol{R}\end{bmatrix}$$

相应的混合模型方程组如下：

$$\begin{bmatrix}\boldsymbol{1'R^{-1}1}&\boldsymbol{1'R^{-1}Z}\\\boldsymbol{Z'R^{-1}1}&\boldsymbol{Z'R^{-1}1+G^{-1}}\end{bmatrix}\begin{bmatrix}\hat{\boldsymbol{\mu}}\\\hat{\boldsymbol{U}}\end{bmatrix}=\begin{bmatrix}\boldsymbol{1'R^{-1}y}\\\boldsymbol{Z'R^{-1}y}\end{bmatrix}$$

3. 随机误差方差-协方差矩阵

当随机误差独立且相同分布，即 $\boldsymbol{R}=\boldsymbol{I}\sigma_e^2$ 时，模型及其混合模型方程组如下：

$$\boldsymbol{y}=\boldsymbol{Xb}+\boldsymbol{ZU}+\boldsymbol{e}$$

$$E\begin{bmatrix}\boldsymbol{y}\\\boldsymbol{U}\\\boldsymbol{e}\end{bmatrix}=\begin{bmatrix}\boldsymbol{Xb}\\\boldsymbol{0}\\\boldsymbol{0}\end{bmatrix};V\begin{bmatrix}\boldsymbol{y}\\\boldsymbol{U}\\\boldsymbol{e}\end{bmatrix}=\begin{bmatrix}\boldsymbol{V}&\boldsymbol{ZG}&\boldsymbol{I}\sigma_e^2\\\boldsymbol{GZ'}&\boldsymbol{G}&\boldsymbol{0}\\\boldsymbol{I}\sigma_e^2&\boldsymbol{0}&\boldsymbol{I}\sigma_e^2\end{bmatrix}$$

$$\begin{bmatrix}\boldsymbol{X'X}&\boldsymbol{X'Z}\\\boldsymbol{Z'X}&\boldsymbol{Z'Z}+\sigma_e^2\boldsymbol{G}^{-1}\end{bmatrix}\begin{bmatrix}\hat{\boldsymbol{\mu}}\\\hat{\boldsymbol{U}}\end{bmatrix}=\begin{bmatrix}\boldsymbol{X'y}\\\boldsymbol{Z'y}\end{bmatrix}$$

此时，BLUP 称为正规 BLUP（regular BLUP，RBLUP）。进一步对固定模型，此时的 BLUP 称正规 BLUE(RBLUE)或正规最小二乘(RLS)。

4. 随机误差方差-协方差矩阵

当随机误差独立但不同分布时，$\boldsymbol{R}=\mathrm{diag}\left[\sigma_1^2\quad\cdots\quad\sigma_q^2\right]$是一个对角矩阵。此时，BLUP 被称为加权 BLUP（weighted BLUP，W-BLUP），其固定模型则称为加权 BLUE（weighted BLUE，W-BLUE）或加权最小二乘（WLS）。

1.3.2 模型偏差

其实试验模型可以分为三个层次：一是真实模型，即对试验过程、本质的真实写照，但是通常并不知晓；二是理想模型，是指依据现有认识所能建立的同真实模型差距最小的模型；三是操作模型，亦即兼顾计算手段、分析技术以及使用者素质等因素而实际采用的模型。实践当中用的都是操作模型，而因操作模型与真实模型之间存在一定偏差，从而可能会带来一些问题。对于这些问题，科研人员很有必要了解其可能带来的影响，从而指明未来在构建模型时应努力的方向。

1.3.2.1 忽略固定效应

假设真实模型如下：

$$\boldsymbol{y}=\boldsymbol{X}_1\boldsymbol{b}_1+\boldsymbol{X}_2\boldsymbol{b}_2+\boldsymbol{Zu}+\boldsymbol{e}$$

$$E\begin{bmatrix}\boldsymbol{y}\\\boldsymbol{u}\\\boldsymbol{e}\end{bmatrix}=\begin{bmatrix}\boldsymbol{X}_1\boldsymbol{b}_1+\boldsymbol{X}_2\boldsymbol{b}_2\\\boldsymbol{0}\\\boldsymbol{0}\end{bmatrix};V\begin{bmatrix}\boldsymbol{y}\\\boldsymbol{u}\\\boldsymbol{e}\end{bmatrix}=\begin{bmatrix}\boldsymbol{V}&\boldsymbol{ZG}&\boldsymbol{R}\\\boldsymbol{GZ'}&\boldsymbol{G}&\boldsymbol{0}\\\boldsymbol{R}&\boldsymbol{0}&\boldsymbol{R}\end{bmatrix}$$

如果因为某种原因，具体的操作模型中没有包括 $\boldsymbol{X}_2\boldsymbol{b}_2$，此时根据 BLUP 原理可知（假定满秩)MME 如下：

$$\begin{bmatrix}\hat{\boldsymbol{b}}_1\\ \hat{\boldsymbol{u}}\end{bmatrix}=\begin{bmatrix}\boldsymbol{X}_1'\boldsymbol{R}^{-1}\boldsymbol{X}_1 & \boldsymbol{X}_1'\boldsymbol{R}^{-1}\boldsymbol{Z}\\ \boldsymbol{Z}'\boldsymbol{R}^{-1}\boldsymbol{X}_1 & \boldsymbol{Z}'\boldsymbol{R}^{-1}\boldsymbol{Z}+\boldsymbol{G}^{-1}\end{bmatrix}^{-1}\begin{bmatrix}\boldsymbol{X}_1'\boldsymbol{R}^{-1}\boldsymbol{y}\\ \boldsymbol{Z}'\boldsymbol{R}^{-1}\boldsymbol{y}\end{bmatrix}$$
$$=\begin{bmatrix}(\boldsymbol{C}_{11}^*\boldsymbol{X}_1'+\boldsymbol{C}_{12}^*\boldsymbol{Z}')\boldsymbol{R}^{-1}\boldsymbol{y}\\ (\boldsymbol{C}_{21}^*\boldsymbol{X}_1'+\boldsymbol{C}_{22}^*\boldsymbol{Z}')\boldsymbol{R}^{-1}\boldsymbol{y}\end{bmatrix}$$

由此，预估量的数学期望如下：

$$\begin{aligned}E(\hat{\boldsymbol{b}}_1)&=(\boldsymbol{C}_{11}^*\boldsymbol{X}'_1+\boldsymbol{C}_{12}^*\boldsymbol{Z}')\boldsymbol{R}^{-1}(\boldsymbol{X}_1\boldsymbol{b}_1+\boldsymbol{X}_2\boldsymbol{b}_2)\\&=(\boldsymbol{C}_{11}^*\boldsymbol{X}'_1\boldsymbol{R}^{-1}\boldsymbol{X}_1+\boldsymbol{C}_{12}^*\boldsymbol{Z}'\boldsymbol{R}^{-1}\boldsymbol{X}_1)\boldsymbol{b}_1+(\boldsymbol{C}_{11}^*\boldsymbol{X}_1'\boldsymbol{R}^{-1}\boldsymbol{X}_2+\boldsymbol{C}_{12}^*\boldsymbol{Z}'\boldsymbol{R}^{-1}\boldsymbol{X}_2)\boldsymbol{b}_2\\&=\boldsymbol{b}_1+(\boldsymbol{C}_{11}^*\boldsymbol{X}_1'\boldsymbol{R}^{-1}\boldsymbol{X}_2+\boldsymbol{C}_{12}^*\boldsymbol{Z}'\boldsymbol{R}^{-1}\boldsymbol{X}_2)\boldsymbol{b}_2\end{aligned}$$

$$\begin{aligned}E(\hat{\boldsymbol{u}})&=(\boldsymbol{C}_{21}^*\boldsymbol{X}_1'+\boldsymbol{C}_{22}^*\boldsymbol{Z}')\boldsymbol{R}^{-1}(\boldsymbol{X}_1\boldsymbol{b}_1+\boldsymbol{X}_2\boldsymbol{b}_2)\\&=(\boldsymbol{C}_{21}^*\boldsymbol{X}_1'\boldsymbol{R}^{-1}\boldsymbol{X}_1+\boldsymbol{C}_{22}^*\boldsymbol{Z}'\boldsymbol{R}^{-1}\boldsymbol{X}_1)\boldsymbol{b}_1+(\boldsymbol{C}_{21}^*\boldsymbol{X}_1'\boldsymbol{R}^{-1}\boldsymbol{X}_2+\boldsymbol{C}_{22}^*\boldsymbol{Z}'\boldsymbol{R}^{-1}\boldsymbol{X}_2)\boldsymbol{b}_2\\&=\boldsymbol{0}+(\boldsymbol{C}_{21}^*\boldsymbol{X}_1'\boldsymbol{R}^{-1}\boldsymbol{X}_2+\boldsymbol{C}_{22}^*\boldsymbol{Z}'\boldsymbol{R}^{-1}\boldsymbol{X}_2)\boldsymbol{b}_2\end{aligned}$$

可见，预估量将是有偏的。进一步可得，预估量的误差方差如下：

$$\begin{aligned}\mathrm{MSE}(\boldsymbol{\theta}^*)&=E(\boldsymbol{\theta}^*-\boldsymbol{\theta})^2=E[\boldsymbol{\theta}^*-E(\boldsymbol{\theta}^*)+E(\boldsymbol{\theta}^*)-\boldsymbol{\theta}]^2\\&=E[\boldsymbol{\theta}^*-E(\boldsymbol{\theta}^*)]^2+[E(\boldsymbol{\theta}^*)-\boldsymbol{\theta}]^2\\&=V(\boldsymbol{\theta}^*)+\mathrm{Bias}^2(\boldsymbol{\theta}^*)\end{aligned}$$

故预估量的误差方差增大，即准确度降低。

1.3.2.2 忽略随机效应

假设真实模型如下：

$$\boldsymbol{y}=\boldsymbol{X\beta}+\boldsymbol{Z}_1\boldsymbol{u}_1+\boldsymbol{Z}_2\boldsymbol{u}_2+\boldsymbol{e}$$

$$E\begin{bmatrix}\boldsymbol{y}\\ \boldsymbol{u}_1\\ \boldsymbol{u}_2\\ \boldsymbol{e}\end{bmatrix}=\begin{bmatrix}\boldsymbol{Xb}\\ \boldsymbol{0}\\ \boldsymbol{0}\\ \boldsymbol{0}\end{bmatrix};V\begin{bmatrix}\boldsymbol{y}\\ \boldsymbol{u}_1\\ \boldsymbol{u}_2\\ \boldsymbol{e}\end{bmatrix}=\begin{bmatrix}\boldsymbol{V} & \boldsymbol{Z}_1\boldsymbol{G}_{11} & \boldsymbol{Z}_2\boldsymbol{G}_{22} & \boldsymbol{R}\\ \boldsymbol{G}_{11}\boldsymbol{Z}_1' & \boldsymbol{G}_{11} & \boldsymbol{G}_{12} & \boldsymbol{0}\\ \boldsymbol{G}_{22}\boldsymbol{Z}_2' & \boldsymbol{G}_{12} & \boldsymbol{G}_{22} & \boldsymbol{0}\\ \boldsymbol{R} & \boldsymbol{0} & \boldsymbol{0} & \boldsymbol{R}\end{bmatrix}$$

如果模型中忽略了 $\boldsymbol{Z}_2\boldsymbol{u}_2$ 项，则有：

$$\begin{bmatrix}\hat{\boldsymbol{b}}^*\\ \hat{\boldsymbol{u}}_1^*\end{bmatrix}=\begin{bmatrix}\boldsymbol{X}'\boldsymbol{R}^{-1}\boldsymbol{X} & \boldsymbol{X}'\boldsymbol{R}^{-1}\boldsymbol{Z}_1\\ \boldsymbol{Z}_1'\boldsymbol{R}^{-1}\boldsymbol{X} & \boldsymbol{Z}_1'\boldsymbol{R}^{-1}\boldsymbol{Z}_1+\boldsymbol{G}_{11}^{-1}\end{bmatrix}^{-1}\begin{bmatrix}\boldsymbol{X}'\boldsymbol{R}^{-1}\boldsymbol{y}\\ \boldsymbol{Z}_1'\boldsymbol{R}^{-1}\boldsymbol{y}\end{bmatrix}$$
$$=\begin{bmatrix}(\boldsymbol{C}_{11}^*\boldsymbol{X}_1'+\boldsymbol{C}_{12}^*\boldsymbol{Z}'_1)\boldsymbol{R}^{-1}\boldsymbol{y}\\ (\boldsymbol{C}_{21}^*\boldsymbol{X}'+\boldsymbol{C}_{22}^*\boldsymbol{Z}'_1)\boldsymbol{R}^{-1}\boldsymbol{y}\end{bmatrix}$$

由此可得预估量的数学期望如下：

$$E[\hat{\boldsymbol{b}}^*]=\boldsymbol{b};E[\hat{\boldsymbol{u}}_1^*]=\boldsymbol{0}$$

此预估量仍然是无偏估计量。而预估量的误差方差如下：

$$\begin{aligned}\mathrm{var}(\hat{\boldsymbol{b}}^{*}-\boldsymbol{b})&=(\boldsymbol{C}_{11}^{*}\boldsymbol{X}'+\boldsymbol{C}_{12}^{*}\boldsymbol{Z}_1')\boldsymbol{R}^{-1}\boldsymbol{V}\boldsymbol{R}^{-1}(\boldsymbol{X}\boldsymbol{C}_{11}^{*}+\boldsymbol{Z}_1^{*}\boldsymbol{C}_{21})\\&=(\boldsymbol{C}_{11}^{*}\boldsymbol{X}'+\boldsymbol{C}_{12}^{*}\boldsymbol{Z}_1')\boldsymbol{R}^{-1}(\boldsymbol{Z}_1\boldsymbol{G}_{11}\boldsymbol{Z}_1'+\boldsymbol{Z}_2\boldsymbol{G}_{22}\boldsymbol{Z}_2'+\boldsymbol{R})\boldsymbol{R}^{-1}(\boldsymbol{X}\boldsymbol{C}_{11}^{*}+\boldsymbol{Z}_1^{*}\boldsymbol{C}_{21})\\&=\boldsymbol{C}_{11}^{*}+[\boldsymbol{C}_{11}^{*}\boldsymbol{X}'+\boldsymbol{C}_{12}^{*}\boldsymbol{Z}_1]\boldsymbol{R}^{-1}\boldsymbol{Z}_2\boldsymbol{G}_{22}\boldsymbol{Z}_2'\boldsymbol{R}^{-1}(\boldsymbol{X}\boldsymbol{C}_{11}^{*}+\boldsymbol{Z}_1\boldsymbol{C}_{21}^{*})\end{aligned}$$

一般情况下，$\mathrm{var}(\hat{\boldsymbol{b}}^{*}-\boldsymbol{b})$的对角线元素永远大于依据真实模型获得的估计值的误差方差。

$$\mathrm{MSE}(\hat{\boldsymbol{u}}_1^{*})=V[\hat{\boldsymbol{u}}_1^{*}]=\boldsymbol{C}_{22}^{*}+[\boldsymbol{C}_{21}^{*}\boldsymbol{X}'+\boldsymbol{C}_{22}^{*}\boldsymbol{Z}_1']\boldsymbol{R}^{-1}\boldsymbol{Z}_2\boldsymbol{G}_{22}\boldsymbol{Z}_2'\boldsymbol{R}^{-1}(\boldsymbol{X}\boldsymbol{C}_{21}^{*}+\boldsymbol{Z}_1\boldsymbol{C}_{22}^{*})$$

同时，$V[\hat{\boldsymbol{u}}_1^{*}]$的对角线元素永远大于依据真实模型时的估计值的方差。

1.3.2.3 把所有的随机效应视为固定效应

首先，真实模型可以改写为下列形式：

$$\boldsymbol{W}=\boldsymbol{Y}-\boldsymbol{X}\boldsymbol{b}=\boldsymbol{Z}\boldsymbol{u}+\boldsymbol{e}$$

$$E\begin{bmatrix}\boldsymbol{W}\\\boldsymbol{u}\\\boldsymbol{e}\end{bmatrix}=\begin{bmatrix}\boldsymbol{0}\\\boldsymbol{0}\\\boldsymbol{0}\end{bmatrix};V\begin{bmatrix}\boldsymbol{W}\\\boldsymbol{u}\\\boldsymbol{e}\end{bmatrix}=\begin{bmatrix}\boldsymbol{V}&\boldsymbol{Z}\boldsymbol{G}&\boldsymbol{R}\\\boldsymbol{G}\boldsymbol{Z}'&\boldsymbol{G}&\boldsymbol{0}\\\boldsymbol{R}&\boldsymbol{0}&\boldsymbol{R}\end{bmatrix}$$

此时，混合模型方程组如下：

$$\begin{aligned}&[\boldsymbol{Z}'\boldsymbol{R}^{-1}\boldsymbol{Z}+\boldsymbol{G}^{-1}]\hat{\boldsymbol{u}}=[\boldsymbol{Z}'\boldsymbol{R}^{-1}\boldsymbol{W}]\\&E(\hat{\boldsymbol{u}})=[\boldsymbol{Z}'\boldsymbol{R}^{-1}\boldsymbol{Z}+\boldsymbol{G}^{-1}]^{-1}\boldsymbol{Z}'\boldsymbol{R}^{-1}E(\boldsymbol{W})=\boldsymbol{0}\\&V(\hat{\boldsymbol{u}})=[\boldsymbol{Z}'\boldsymbol{R}^{-1}\boldsymbol{Z}+\boldsymbol{G}^{-1}]^{-1}\boldsymbol{Z}'\boldsymbol{R}^{-1}\boldsymbol{V}\boldsymbol{R}^{-1}\boldsymbol{Z}[\boldsymbol{Z}'\boldsymbol{R}^{-1}\boldsymbol{Z}+\boldsymbol{G}^{-1}]^{-1}\\&\quad=\boldsymbol{G}-[\boldsymbol{Z}'\boldsymbol{R}^{-1}\boldsymbol{Z}+\boldsymbol{G}^{-1}]^{-1}\\&V(\hat{\boldsymbol{u}}-\boldsymbol{u})=[\boldsymbol{Z}'\boldsymbol{R}^{-1}\boldsymbol{Z}+\boldsymbol{G}^{-1}]^{-1}\end{aligned}$$

如果把随机效应 $\boldsymbol{u}$ 视为固定效应，则 BLUE 方程为：

$$\begin{aligned}&\boldsymbol{Z}'\boldsymbol{R}^{-1}\boldsymbol{Z}\hat{\boldsymbol{u}}^{*}=\boldsymbol{Z}'\boldsymbol{R}^{-1}\boldsymbol{W}\\&E(\hat{\boldsymbol{u}}^{*})=[\boldsymbol{Z}'\boldsymbol{R}^{-1}\boldsymbol{Z}+\boldsymbol{G}^{-1}]^{-1}\boldsymbol{Z}'\boldsymbol{R}^{-1}E(\boldsymbol{W})=\boldsymbol{0}\\&V(\hat{\boldsymbol{u}}^{*})=[\boldsymbol{Z}'\boldsymbol{R}^{-1}\boldsymbol{Z}]^{-1}\boldsymbol{Z}'\boldsymbol{R}^{-1}(\boldsymbol{Z}\boldsymbol{G}\boldsymbol{Z}'+\boldsymbol{R})\boldsymbol{R}^{-1}\boldsymbol{Z}[\boldsymbol{Z}'\boldsymbol{R}^{-1}\boldsymbol{Z}]^{-1}\\&\quad=\boldsymbol{G}+[\boldsymbol{Z}'\boldsymbol{R}^{-1}\boldsymbol{Z}]^{-1}\\&V(\hat{\boldsymbol{u}}^{*}-\hat{\boldsymbol{u}})=[\boldsymbol{Z}'\boldsymbol{R}^{-1}\boldsymbol{Z}]^{-1}\end{aligned}$$

可得：

$$V(\hat{\boldsymbol{u}}_i-\boldsymbol{u}_i)<V(\hat{\boldsymbol{u}}_i^{*}-\boldsymbol{u}_i)$$

将随机效应 $\boldsymbol{u}$ 视为固定效应，虽然可以保持无偏，但将使预测值的误差增大。

1.3.2.4 把固定效应视为随机效应

假设将固定效应视为随机效应，且建模型如下：

$$\boldsymbol{y}=\boldsymbol{X}\boldsymbol{b}+\boldsymbol{Z}\boldsymbol{u}+\boldsymbol{e}$$
$$V(\boldsymbol{b})=\boldsymbol{G}^{*};\mathrm{cov}(\boldsymbol{b},\boldsymbol{u})=\boldsymbol{0}$$

假定 MME 的系数矩阵为满秩，则有：

$$\begin{bmatrix}\hat{\boldsymbol{b}}^{*}\\\hat{\boldsymbol{u}}^{*}\end{bmatrix}=\begin{bmatrix}\boldsymbol{X}'\boldsymbol{R}^{-1}\boldsymbol{X}+\boldsymbol{G}^{*-1}&\boldsymbol{X}'\boldsymbol{R}^{-1}\boldsymbol{Z}\\\boldsymbol{Z}'\boldsymbol{R}^{-1}\boldsymbol{X}&\boldsymbol{Z}'\boldsymbol{R}^{-1}\boldsymbol{Z}+\boldsymbol{G}^{-1}\end{bmatrix}^{-1}\begin{bmatrix}\boldsymbol{X}'\boldsymbol{R}^{-1}\boldsymbol{Y}\\\boldsymbol{Z}'\boldsymbol{R}^{-1}\boldsymbol{Y}\end{bmatrix}$$

$$=\begin{bmatrix}(C_{11}^{*}X'+C_{12}^{*}Z')R^{-1}Y\\(C_{21}^{*}X'+C_{22}^{*}Z')R^{-1}Y\end{bmatrix}$$

由此可得：

$$E(\hat{b}^{*})=(C_{11}^{*}X_{1}'+C_{12}^{*}Z')R^{-1}Xb$$
$$=[C_{11}^{*}(X'R^{-1}X+G^{*-1})+C_{12}^{*}Z'R^{-1}X-C_{11}^{*}G^{*-1}]b$$
$$=[I-C_{11}^{*}G^{*-1}]b$$
$$E(\hat{b})=(C_{21}^{*}X'+C_{22}^{*}Z')R^{-1}Xb$$
$$=[C_{21}^{*}X'R^{-1}X+C_{22}^{*}Z'R^{-1}X]b$$
$$=[0-C_{21}^{*}G^{-1}]b$$
$$V(\hat{b}^{*})=(C_{11}^{*}X'+C_{12}^{*}Z')R^{-1}(ZGZ'+R)R^{-1}(XC_{11}^{*}+ZC_{21}^{*})$$
$$=C_{11}^{*}-C_{11}^{*}G^{*-1}C_{11}^{*}$$
$$V(\hat{u}^{*})=(C_{21}^{*}X'+C_{22}^{*}Z')R^{-1}(ZGZ'+R)R^{-1}(XC_{12}^{*}+ZC_{22}^{*})$$
$$=G-C_{22}^{*}-C_{22}^{*}G^{*-1}C_{12}^{*}$$
$$\text{cov}(\hat{u}^{*},u')=(C_{21}^{*}X'+C_{22}^{*}Z')R^{-1}ZG$$
$$=G-C_{22}^{*}$$
$$V(\hat{b}^{*}-b)=C_{11}^{*}-C_{11}^{*}G^{*-1}C_{11}^{*}$$
$$V(\hat{u}^{*}-u)=V(\hat{u}^{*})+V(u)-Z\text{cov}(\hat{u}^{*},u')$$
$$=C_{22}^{*}-C_{21}^{*}G^{-1}C_{12}^{*}$$

由此可知，把固定效应视为随机效应，将使估计值和预测值有偏，估计值和预测值的误差也将发生变化。

1.3.2.5 使用非真实的 G 和 R

假定使用 G^{*}、R^{*} 代替 G、R，则有：

$$\begin{bmatrix}\hat{b}^{*}\\\hat{u}^{*}\end{bmatrix}=\begin{bmatrix}X'R^{*-1}X & X'R^{*-1}Z\\Z'R^{*-1}X & Z'R^{*-1}Z+G^{*-1}\end{bmatrix}^{-1}\begin{bmatrix}X'R^{*-1}y\\Z'R^{*-1}y\end{bmatrix}$$
$$=\begin{bmatrix}(C_{11}^{*}X'+C_{12}^{*}Z')R^{*-1}Y\\(C_{21}^{*}X'+C_{22}^{*}Z')R^{*-1}Y\end{bmatrix}$$
$$E(\hat{b})=[C_{11}^{*}X'R^{*-1}X+C_{12}^{*}Z'R^{*-1}X]b=b$$
$$E(\hat{u})=(C_{21}^{*}X'_{1}R^{*-1}X+C_{22}^{*}Z'R^{*-1}X)b=0$$
$$V(\hat{b}^{*})=(C_{11}^{*}X'+C_{12}^{*}Z')R^{*-1}(ZGZ'+R)R^{*-1}(XC_{11}^{*}+ZC_{21}^{*})$$
$$=(C_{11}^{*}X'+C_{12}^{*}Z')R^{*-1}RR^{*-1}(XC_{11}^{*}+ZC_{21}^{*})-C_{12}^{*}G^{*-1}GG^{*-1}C_{21}^{*}$$
$$V(\hat{u}^{*})=(C_{21}^{*}X'+C_{22}^{*}Z')R^{*-1}(ZGZ'+R)R^{*-1}(XC_{21}^{*}+ZC_{22}^{*})$$
$$=(I-C_{22}^{*}G^{*-1})G(I-G^{*-1}C_{22}^{*})+(C_{21}^{*}X'+C_{22}^{*}Z')R^{*-1}RR^{*-1}(XC_{21}^{*}+ZC_{22}^{*})$$
$$\text{cov}(\hat{u}^{*},u')=(C_{21}^{*}X'+C_{22}^{*}Z')R^{-1}ZG$$
$$=(I-C_{22}^{*}G^{*-1})G$$
$$V(\hat{u}^{*}-u)=V(\hat{u}^{*})+V(u)-\text{cov}(\hat{u}^{*},u')-\text{cov}(u,\hat{u}^{*'})$$

使用非真实的 G 和 R，虽不改变估计值和预测值的无偏特性，但有可能改变估计值和预测值的方差和误差方差。

1.3.3 实际应用

BLUP 可以视为一种通用的统计方法，可以用于各个领域，但其源于动物育种问题，并因用于动物育种而需面对许多实际问题。

实际育种中面临的第一个问题是统计模型问题。如上所述，实践当中所用的统计模型往往都是操作模型，即兼顾各方面制约因素后妥协的结果。目前最常用的模型称为动物模型（animal model），即

$$\boldsymbol{y}=\boldsymbol{Xb}+\boldsymbol{Za}+\boldsymbol{e} \tag{1.11}$$

式中：$\boldsymbol{y}$ 是 n 维观测值向量，$\boldsymbol{b}$ 是固定效应向量，$\boldsymbol{a}$ 是 m 维育种值向量，$\boldsymbol{e}$ 为 n 维随机误差向量，$\boldsymbol{X}$、$\boldsymbol{Z}$ 为设计矩阵。需要指明的是，通常 $m \geqslant n$，即待估育种值的个体数大于具有表型值的个体数，但无表型值的个体与其他个体应存在亲缘关系。可以认为，动物模型是最趋近真实模型的模型类型，但在 BLUP 应用过程中，由于存贮、运算能力的限制，历史上还用过公畜模型（sire model）、公畜-母畜模型（sire-dam model）、外祖父模型（maternal grandsire model）等。

由于个体的基因一半来自父亲，另一半来自母亲，所以任一个体的育种值 a_i 都可表示为：

$$a_i=0.5a_s+0.5a_d+m_i \tag{1.12}$$

式中：a_s 为个体 i 父亲的育种值；a_d 为其母亲的育种值；m_i 为基因从亲代到子代传递过程中由于随机分离和自由组合所造成的随机离差，称为孟德尔抽样（Mendelian sampling）离差。

于是，式（1.11）可写为：

$$\boldsymbol{y}=\boldsymbol{Xb}+0.5\boldsymbol{Z}_s\boldsymbol{a}_s+0.5\boldsymbol{Z}_d\boldsymbol{a}_d+\boldsymbol{m}+\boldsymbol{e} \tag{1.13}$$

式中：$\boldsymbol{a}_s$ 为待估个体父亲育种值向量；$\boldsymbol{a}_d$ 为待估个体母亲育种值向量；$\boldsymbol{m}$ 为孟德尔抽样离差向量。

所谓公畜模型，就是将式（1.13）中的最后 3 项（$0.5\boldsymbol{Z}_d\boldsymbol{a}_d+\boldsymbol{m}+\boldsymbol{e}$）合并成随机误差项，此时式（1.13）可写为：

$$\boldsymbol{y}=\boldsymbol{Xb}+\boldsymbol{Zs}+\boldsymbol{\varepsilon} \tag{1.14}$$

式中：$\boldsymbol{s}$ 等于 $0.5\boldsymbol{a}_s$，通常称为父亲效应或公畜效应。

公畜模型只可用来估计公畜的育种值，而且有 3 个重要假设：①公畜在群体中与母畜的交配是完全随机的；②母亲之间没有血缘关系；③每个母亲只有一个后代，即一个公畜的所有后代都是父系半同胞。这些假设在生产实际中一般很难满足，因此应用时如 1.3.2 所述，将带来一系列的偏差。尽管如此，这个模型由于在计算上比动物模型要简单易行，因而它于 20 世纪 70 年代和 80 年代前期在奶牛育种中得到了广泛应用。

所谓公畜-母畜模型，就是将式（1.13）中的最后 2 项（$\boldsymbol{m}+\boldsymbol{e}$）合并为随机误差项，此时式（1.13）可写为：

$$\boldsymbol{y}=\boldsymbol{Xb}+\boldsymbol{Z}_s\boldsymbol{s}+\boldsymbol{Z}_d\boldsymbol{d}+\boldsymbol{\varepsilon} \tag{1.15}$$

式中：$\boldsymbol{s}$ 等于 $0.5\boldsymbol{a}_s$，为父亲效应向量（同公畜模型）；$\boldsymbol{d}$ 等于 $0.5\boldsymbol{a}_d$，为母亲效应向量。

若将式（1.13）中的 $\boldsymbol{a}_d$ 再按 a_i 的方式作进一步剖分，然后在模型中保留父亲效应和母亲的

父亲效应(外祖父效应,$\boldsymbol{g}=0.25\boldsymbol{a}_g$,$\boldsymbol{a}_g$ 为外祖父育种值),其余遗传效应均归入随机误差,则得到外祖父模型:

$$\boldsymbol{y}=\mathbf{X}\boldsymbol{b}+\mathbf{Z}_s\boldsymbol{s}+\mathbf{Z}_g\boldsymbol{g}+\boldsymbol{\varepsilon} \tag{1.16}$$

由此可知,无论何种模型,较之动物模型而言,与真实模型的距离都将更远,从而都有可能影响预估值的统计属性。这是目前广泛使用动物模型的原因。在实际应用中,动物模型的构建还可根据实际情况有所变换,例如有重复观测值的动物模型、多性状的动物模型等。

实际育种中面临的另一问题是方差组分问题。对于 BLUP 而言,模型式(1.10)中随机变量的方差-协方差矩阵假设是已知的,包括 $\boldsymbol{G}$、$\boldsymbol{R}$,而事实上在育种值的预测时它们却是未知的。此时,我们需要对 $\boldsymbol{G}$、$\boldsymbol{R}$ 进行估计,并且要求估计的尽量准确,因为根据 1.3.2.5 使用非真实的 $\boldsymbol{G}$、$\boldsymbol{R}$ 估计,虽不改变估计量和预测量的无偏特性,但有可能改变估计量和预测量的方差和误差方差。

为此,在实际的育种值估计中通常假定一个起始群体,该群体的个体育种值 $\boldsymbol{a}\sim N(\boldsymbol{0},\boldsymbol{I}\sigma_a^2)$,即起始群体中的个体相互独立(不存在亲缘关系),配子间也相互独立。

$$a=g_1+g_2$$
$$\sigma_a^2=2\sigma_g^2$$

式中:g_1、g_2 分别为 2 个配子的效应,σ_g^2 是配子效应方差。以起始群体为起点,按照特定系谱结构产生个体,当起始群体与系谱结构一定时,产生个体的育种值是个随机变量且 $\boldsymbol{a}\sim N(\boldsymbol{0},\boldsymbol{A}\sigma_a^2)$。此时,$\boldsymbol{A}$ 是个体间加性遗传相关矩阵。假定 a_i、a_j 是 i、j 2 个个体的育种值,下脚标 1、2 和 3、4 分别是组成这 2 个个体的配子,则 i、j 育种值间的协方差为:

$$\text{cov}(a_i,a_j)=E(g_1+g_2)(g_3+g_4)=A_{ij}\sigma_a^2$$

式中:A_{ij} 是 $\boldsymbol{A}$ 矩阵中 i、j 对应的行与列交叉位置上的元素,表示二者间的加性遗传相关(亦称分子亲缘系数),可以根据系谱进行估计。此时,对于模型式(1.10)而言,需要确定的项已由 G 变为 σ_a^2。

另一方面,模型式(1.10)中,R 也需确定。通常为了方便,一般假定 $\boldsymbol{e}\sim N(\boldsymbol{0},\boldsymbol{I}\sigma_e^2)$,即 $\boldsymbol{R}=\boldsymbol{I}\sigma_e^2$。此时,问题变为需要确定 σ_e^2。

实践中,模型式(1.10)中可能涉及更多随机效应,尽管通过上述假定可以简化,但仍需要解决一些随机效应的方差与协方差确定的问题。目前,解决这一问题最常用的途径是根据已知资料对各方差进行估计。而对方差组分估计,从最初的方差分析(ANOVA)法到 Henderson 法 1、法 2、法 3、新法,再到 MINQUE 法、MIVQUE 法及最大似然法(ML)、约束最大似然法(REML),其间经历了漫长的发展过程。目前,基本通用的是 REML 法。

BLUP 法尽管可以用跨场联合遗传评估提高评估的准确性,但有一个前提条件,即场间要有一定程度的遗传关联。在此,“关联”可定义为场间或同期猪群间的相关,在场间猪群存在一定关联度的条件下,场间猪群性能具有可比性,使猪群的跨场遗传评估成为可能,场间猪群关联度越大,所获得的评估准确性也相对较高。场间的遗传交流可以增加总的遗传进展,特别是在遗传交流开始的早期世代,当达到一定关联度时,遗传评估准确性仍可提高。

实际育种中面临的还有很多其他问题,例如算法问题。因为环境因素往往很多,待估个体更是成千上万乃至以百万、千万计,此时混合模型方程组的求解将会十分困难。而目前对此已有大量研究，并开发出了很多软件，如 BLUPf90、DMU、ASReml、BGLR。

与奶牛育种相比，BLUP 法在猪的育种中应用较晚。20 世纪 80 年代中后期，计算技术的发展和人工授精技术的广泛使用，促进了 BLUP 法在猪育种上的应用。加拿大的 Hudson 和 Kennedy 于 1985 年率先将 BLUP 法应用于猪的遗传评估中（主要是针对达 100kg 体重日龄和背膘厚度 2 个性状），并大大提高了遗传改良的速度，使两性状的年遗传进展分别达到 1.5 d 和 0.35 mm，其中背膘厚度的改进速度为 1985 年使用 BLUP 法以前的 2 倍以上。其后，许多国家纷纷仿效将这一方法应用于猪的遗传评估中，并取得了很好的遗传改良效果。研究表明，BLUP 法对于低遗传力的繁殖性状也有很好的改良效果（Groeneveld and Spilke，1998；Belonsky and Kennedy，1988；Ferraz and Johnson，1993）。进入 20 世纪 90 年代末期，这一方法在国际猪育种界已成为标准的遗传评估方法。

BLUP 法之所以能够提高选种的准确性，基于以下几个方面的优点：①充分利用了所有亲属的信息；②可校正固定环境效应，更有效地消除由环境造成的偏差；③能考虑不同群体、不同世代的遗传差异；④可校正选配造成的偏差；⑤当利用个体的多项记录时，可将由于淘汰造成的偏差降低到最低。

但是实践证明，BLUP 法也有一定的局限性：①场间遗传联系必须达到一定程度才能进行跨场遗传评估；②其将个体的遗传基础视为黑箱，没有利用性状的遗传基础信息；③育种值被视为起始群体在特定系谱结构下的随机变量，而与该随机变量方差-协方差有关的个体间的遗传关系只是概率估计。如非近交前提下同父半同胞之间的亲缘系数均为 25%，可实际个体的育种值是该随机变量的一个具体取值，正如实际两两半同胞间的相似度可能差异很大；④需依赖大规模、持续性的表型测定，可有些性状比较容易（如体型外貌、繁殖性状）测定，但有些测定十分困难（如饲料转化率、胴体）甚至几乎难以做到（如肉质、健康性状）；⑤有的性状育种效率很低，尤其是低遗传力性状（如繁殖性状）、限性性状、难以度量的性状（饲料转化率、胴体与肉质、健康性状）、无法早期度量的性状（如使用寿命）。

1.4 标记辅助选择与基因组选择

1.4.1 标记辅助选择

随着分子测定技术的发展，打破性状遗传基础的黑箱、鉴定控制性状的基因或标记并检测其基因型成为可能。由此，利用性状相关的基因和标记辅助进行选择的标记辅助选择法（marker assisted selection，MAS）出现在了育种方案中。标记辅助选择使用分子标记对个体在特定经济性状下的表现进行预测。标记辅助选择的假设是分子标记与影响性状的数量性状基因座（quantitative trait loci，QTL）紧密连锁，分子标记可用于对性状进行直接选择。由于分子标记在动物刚出生时就可以测定，因此使用分子标记辅助选择可以进行早期选种或者两步法选择（根据标记进行预选）。另一方面，分子标记可与传统育种值相结合，合并成一个选择指数进行选择。

但标记辅助选择也有一定的局限性。首先，大多数经济性状都是由多个 QTL 控制的，因此 1 个 QTL 的效应一般较小。其次，标记辅助选择的可行性也与标记和 QTL 的连锁程度有关，连锁越紧密，标记估计的正确率越高。而有限的标记并不能保证 QTL 一定与所检测的标记紧密连锁。

1.4.2 基因组选择

Meuwissen 等(2001)提出了利用全基因组标记信息对个体进行育种值估计的方法,即基因组选择(genomic selection, GS)。其理论基础是对于某一经济性状,影响它的 QTL 至少与分布于全基因组的标记中的一个标记紧密连锁,因此若能估计出各个标记基因型的效应,则只要知道一个个体的各种标记的基因型,即可知道该个体的育种值。在最初的基因组选择理论中,QTL 和标记的连锁不平衡是影响准确选择的因素。但是,后续研究表明,标记能够准确地构建个体间的亲缘系数,对全基因组选择具有重大贡献(Habier, et al., 2007),由此又发展了一系列的方法。

基因组选择在动物刚出生时就可以进行实施,因此基因组选择具有可早期选择和准确选择的优点。由于遗传进展与选择准确性成正比关系,和世代间隔成反比关系,因此基因组选择有助于加快遗传进展。2006 年,Schaeffer 对加拿大常规后裔测定 BLUP 法和基因组选择法的成本进行了比较。结果显示,基因组选择法可以降低 92%的成本并可相对提高遗传进展。随着鸡、牛、猪、羊等畜禽基因组序列图谱的测定完成以及单核苷酸多态性标记(single nucleotide polymorphism,SNP)芯片技术的发展,基因组选择在世界各国的动物育种中开始广泛使用。在猪育种领域,PIC、Topigs、Hypor、Danbred、Genesus 等世界大型育种公司自 2010 年起陆续启动猪基因组选择工作。以 PIC 为例,该公司 2013 年开始启动猪基因组选择工作,平均每年用 GeneSeek 芯片检测约 10 万个个体的基因组;2015 年 11 月又启动了与罗斯林研究所合作的基因组测序项目,计划测定 PIC 14 000 头猪个体的全部基因组信息(WGS)。根据分析可得,育种值估计的死亡率准确性提高了近 150%、总产仔数与背膘厚度提高了近 30%,综合指数提高了 35%,每年遗传进展 PSY(每头母猪每年提供断奶仔猪数)提高 1.1 头、MSY(每头母猪年提供上市商品猪数)提高 1.0 头,每头商品猪利润增加 25.6 元(PIC 内部资料)。可以看出,GS 的作用十分可观。

1.5 全国生猪遗传改良计划

1.5.1 2009—2020 计划

1949 年后,我国养猪业经历了“以地方脂肪型猪种饲养为主的小农生产”“培育品种与现代生产繁育体系逐步建立”和“商业品种持续选育与瘦肉型猪集约化生产”三个阶段。尤其是自 1978 年改革开放以来,我国陆续从美国、丹麦、英国、加拿大等国家及 PIC、DanBred、TOPIGS 等跨国育种公司引入了大量杜洛克、长白、大白等集约化猪品种,养猪业得到了迅猛发展。2008 年,全国生猪存栏数 4.63 亿头,出栏数 6.1 亿头,猪肉产量 4 620.5 万 t,分别比 1978 年增长了 53.8%、278.9%和 361.4%。与此同时,生产水平也得到了明显改善。生猪存栏率从 1978 年的 53.5%提高到 2008 年的 131.7%;胴体体重从 1980 年的 57.1 kg,提高到 76.5 kg;育肥猪出栏周期从 1978 年的 300 d 左右缩短到 180 d 左右;生猪配合饲料转化率与“八五”时期相比提高了 20%以上。

尽管如此,我国养猪业的育种基础工作仍很薄弱。大多数的种猪企业缺乏育种积极性,

"重引进、轻选育",育种基础设施、设备落后,性能测定工作不规范,测定种猪数量少,育种群间缺乏遗传联系,以致联合遗传评估无从谈起。结果造成我国生猪遗传改良工作与发达国家相比差距很大,对国外优良种猪依赖程度较高,存在"引种—退化—再引种—再退化"的现象。

鉴于此,农业部(现农业农村部)于 2009 年推出了《全国生猪遗传改良计划(2009—2020)》(农办牧[2009]55 号)。该计划主要内容有五:一是制订遴选标准,严格筛选国家生猪核心育种场,作为开展生猪联合育种的主体力量;二是对国家生猪核心育种场开展在群纯种猪登记,建立健全种猪系谱档案;三是规范开展种猪生产性能测定,获得完整、准确的生产性能记录,作为品种选育的依据;四是有计划地在核心育种场间开展遗传交流与集中遗传评估,通过纯种猪的持续选育,不断提高种猪生产性能;五是推广普及猪人工授精技术,将优良种猪精液迅速应用到生产一线,改善生猪生产水平。

经过十年左右,我国生猪遗传改良工作稳步推进,取得了显著成效。一是建成了相对完善的育种体系;遴选了 89 家国家生猪核心育种场和 4 家服务于核心场间遗传交流的种公猪站,覆盖全国 24 个省份;组建了 15 万头猪的核心群,这些核心群至少辐射了 60 万头母猪的扩繁群以及至少 3 亿头商品猪。二是建立了规范的种猪登记和以场内测定为主的性能测定体系,累计收集品种登记数据近 900 万条、有效性能测定数据 700 万条。三是构建了全国种猪遗传评估系统。该系统由全国遗传评估中心和场内遗传评估组成,是目前全球最大的国家种猪数据库,定期发布种猪遗传评估报告,指导企业科学选育。四是场间遗传联系稳步提升,初步实现了局部联合育种。五是种群生产性能水平得以不断提高。杜洛克猪、大白猪和长白猪的重要经济性状遗传进展获得稳步提升,达 100 kg 体重日龄分别降低 9 d、6.7 d 和 5 d,大白猪和长白猪总产仔数分别提高 1.7 头和 1 头,基本形成了持续改良、稳步提升的良性循环,扭转了"引种—退化—再引种—再退化"的局面。

1.5.2 2021—2035 计划

《全国生猪遗传改良计划(2009—2020)》的有效实施使得一个以"大规模的生产性能测定+BLUP 法测定"为基础的常规育种体系已经基本建立起来。但是尽管如此,较之发达国家,我国猪的遗传改良工作仍然存在下列问题:一是在表型组测定方面的发展尚且不够。例如:丹麦的测定体系已积累了上百年的测定数据;法国种猪育种体系每年 80%的猪场数据(包括屠宰后的肉质数据)都进入国家数据库,他们随时可对整个国家的养猪业情况进行评估;PIC 公司也已积累了 2 000 多万头猪的性能测定信息。二是新技术、新成果的转化方面差距明显。如基因组选择(GS)技术,早在 2010 年丹麦便开始将其纳入国家育种体系之中,PIC、海波尔、托佩克等大型育种公司均在 10 年前应用该项技术。我国虽于 2018 年开始着手策划,但在产业中全面应用仍需一段时间。

鉴于此,农业农村部颁布了《全国生猪遗传改良计划(2021—2035)》。该计划提出来的主要任务有五:

其一,打造协同高效的育种体系。基于"国家生猪核心育种场+国家核心种公猪站+国家生猪战略种源基地",建立统筹兼顾、系统完备、前瞻布局的育种框架,有力支撑生猪种业创新。

其二,构建全产业链育种数据体系。建立高效智能化种猪性能测定体系,大幅提升育种数据采集能力。

其三,提高生猪育种服务效能。加强国家种猪遗传评估中心建设,自主开发算法和评估系统，提升评估结果的准确性、及时性与权威性，指导企业实施精准选育。完善猪基因组选择技术平台发展；不断提升参考群规模和质量，并加快推广应用；提升低遗传力性状（繁殖力等）、难以度量性状（肉质等）的育种效率。建立多元化高效育种技术服务和种猪质量认证体系，支持育种企业提升精准育种效率。

其四，提升品种创新和资源利用水平。系统评价我国地方资源种质特性，发挥地方品种资源优势，提升品种创新能力和育种企业核心竞争力。

其五，完善种猪生物安全体系。构建和完善种猪生物安全防控体系，大幅提高种猪健康水平。

简而言之，在过去的70多年里，我国已从农业文明迅速跨越到了工业文明，目前正向生态文明发展，养猪业也从小农经济、粗放式饲养跨越到了商品经济、集约化饲养。集约化饲养需要集约化的猪品种与其配套。鉴于欧美国家在集约化猪品种培育方面先行几十年乃至上百年，我国在改革开放的前二三十年大量从欧美引进种猪。伴随我国经济改革的不断深入，我国启动了《全国生猪遗传改良计划（2009—2020）》，加快了集约化猪品种自主选育的进程。十多年来，已组建了世界上最大的猪育种核心群，建立了一个完整的以场内测定为主、测定站测定为辅的生产性能测定体系，搭建了以全国种猪遗传评估中心为核心的育种数据采集、传输、存贮、遗传评估的信息网络体系，一个以“大规模生产性能测定＋最优线性无偏预测（best linear unbiased prediction，BLUP）”为核心的常规育种体系已经基本建成。2021年，《全国生猪遗传改良计划（2021—2035）》正式启动，目的在于全面实现“集约化猪品种的中国化”。集约化猪品种的中国化需要将最先进的育种技术与中国的具体实际结合起来。其中一项主要内容是在常规育种技术体系基础之上纳入猪基因组选择技术，建成“常规育种＋分子育种”相结合的现代育种体系，从而实现弯道超车。

第 2 章　最优线性无偏预测

【本章提要】 最优线性无偏预测(BLUP)方法是将遗传效应看成一个黑箱，利用混合线性模型，通过表型值和个体间的亲缘关系对育种值进行无偏预测。本章将根据模型的发展历史，顺序介绍单性状 BLUP 模型、多性状 BLUP 模型和纵向性状 BLUP 模型的原理，并结合实际案例演示相应育种值的计算流程。

动物个体的表型值是遗传和环境效应共同作用的结果，其中遗传效应可以进一步剖分为基因的加性效应、显性效应和上位效应。由于基因的分离和自由重组，显性效应和上位效应是不能保障遗传给下一代的，在育种过程中不能被固定，难以实现育种改良的目的。基因的加性效应部分是能够遗传给下一代的，因此将控制一个数量性状的所有基因座上基因的加性效应总和称为基因的加性效应值(也称育种值)，可以通过育种改良稳定改进。但育种值是不能直接度量的，最优线性无偏预测(best linear unbiased prediction, BLUP)方法即把遗传效应看成一个黑箱，利用统计分析方法，通过表型值和个体间的亲缘关系对育种值进行估计，由此得到的估计值被称为估计育种值(estimated breeding value，EBV)。

2.1　单性状 BLUP 模型

2.1.1　模型方法

对于动物个体的单次度量性状(如达 100kg 体重日龄)，可用单性状动物模型(animal model BLUP)进行遗传评估。模型如下：

$$\boldsymbol{y}=\boldsymbol{X\beta}+\boldsymbol{Z\gamma}+\boldsymbol{e}$$

式中：$\boldsymbol{y}$ 为观测值向量，$\boldsymbol{\beta}$ 为固定效应向量，$\boldsymbol{\gamma}$ 为个体加性效应(即育种值效应)向量，$\boldsymbol{e}$ 为随机误差向量，$\boldsymbol{X}$ 和 $\boldsymbol{Z}$ 为相应的设计矩阵。进一步做如下假定：

$$\boldsymbol{\gamma}\sim N(\boldsymbol{0},\boldsymbol{G})$$

$$\boldsymbol{e}\sim N(\boldsymbol{0},\boldsymbol{R})$$

$$\mathrm{var}\begin{bmatrix}\boldsymbol{\gamma}\\ \boldsymbol{e}\end{bmatrix}=\begin{bmatrix}\mathrm{var}(\boldsymbol{\gamma}) & \boldsymbol{0}\\ \boldsymbol{0} & \mathrm{var}(\boldsymbol{e})\end{bmatrix}=\begin{bmatrix}\boldsymbol{G} & \boldsymbol{0}\\ \boldsymbol{0} & \boldsymbol{R}\end{bmatrix}$$

$$\mathrm{var}(\boldsymbol{y})=\boldsymbol{V}=\boldsymbol{ZGZ}'+\boldsymbol{R}$$

当 $\boldsymbol{G}$ 和 $\boldsymbol{R}$ 已知或通过当前样本得到估计值后，可通过下列混合模型方程组(MME)直接求解固定效应向量 $\boldsymbol{\beta}$ 和育种值效应向量 $\boldsymbol{\gamma}$：

$$\begin{bmatrix}\boldsymbol{X}'\boldsymbol{R}^{-1}\boldsymbol{X} & \boldsymbol{X}'\boldsymbol{R}^{-1}\boldsymbol{Z}\\ \boldsymbol{Z}'\boldsymbol{R}^{-1}\boldsymbol{X} & \boldsymbol{Z}'\boldsymbol{R}^{-1}\boldsymbol{Z}+\boldsymbol{G}^{-1}\end{bmatrix}\begin{bmatrix}\hat{\boldsymbol{\beta}}\\ \hat{\boldsymbol{\gamma}}\end{bmatrix}=\begin{bmatrix}\boldsymbol{X}'\boldsymbol{R}^{-1}\boldsymbol{y}\\ \boldsymbol{Z}'\boldsymbol{R}^{-1}\boldsymbol{y}\end{bmatrix}$$

对于单性状动物模型 $\boldsymbol{G}=\boldsymbol{A}\sigma_\gamma^2$，$\boldsymbol{A}$ 为个体间加性遗传相关矩阵，σ_γ^2 为育种值方差。$\boldsymbol{R}=\boldsymbol{I}\sigma_e^2$，$\sigma_e^2$ 为随机误差方差。混合模型方程组如下：

$$\begin{bmatrix}\boldsymbol{X}'\boldsymbol{X} & \boldsymbol{X}'\boldsymbol{Z}\\ \boldsymbol{Z}'\boldsymbol{X} & \boldsymbol{Z}'\boldsymbol{Z}+\boldsymbol{A}^{-1}\boldsymbol{\alpha}\end{bmatrix}\begin{bmatrix}\hat{\boldsymbol{\beta}}\\ \hat{\boldsymbol{\gamma}}\end{bmatrix}=\begin{bmatrix}\boldsymbol{X}'\boldsymbol{y}\\ \boldsymbol{Z}'\boldsymbol{y}\end{bmatrix}$$

其中，$\alpha=\dfrac{\sigma_e^2}{\sigma_\gamma^2}=\dfrac{(1-h^2)}{h^2}$，$h^2$ 为性状遗传力。

在 σ_γ^2 和 σ_e^2 等参数未知时，可以通过极大似然法(ML)或约束极大似然法(REML)来求解。

对于极大似然法，参数 $\theta=\{\boldsymbol{\beta},\sigma_\gamma^2,\sigma_e^2\}$ 通过最大化下列对数似然函数。

$$L(\theta)=-\frac{1}{2}\ln|\mathbf{V}|-\frac{1}{2}(\boldsymbol{y}-\boldsymbol{X\beta})^{\mathbf{V}-1}(\boldsymbol{y}-\boldsymbol{X\beta})$$

为更便捷进行迭代求解，进一步设 $\lambda=\sigma_\gamma^2/\sigma_e^2$，则：

$$\mathbf{V}=\boldsymbol{ZAZ}'\sigma_\gamma^2+\boldsymbol{I}\sigma_e^2=(\boldsymbol{ZAZ}'\boldsymbol{\lambda}+\boldsymbol{I})\sigma_e^2=\boldsymbol{H}\sigma_e^2$$

$$L(\theta)=-\frac{n}{2}\ln(\sigma_e^2)-\frac{1}{2}\ln|\boldsymbol{H}|-\frac{1}{2\sigma_e^2}(\boldsymbol{y}-\boldsymbol{X\beta})'\boldsymbol{H}^{-1}(\boldsymbol{y}-\boldsymbol{X\beta})$$

另有，

$$\frac{\partial}{\partial\beta}L(\theta)=\frac{1}{\sigma_e^2}\boldsymbol{X}'\boldsymbol{H}^{-1}(\boldsymbol{y}-\boldsymbol{X\beta})=0$$

$$\frac{\partial}{\partial\sigma_e^2}L(\theta)=-\frac{n}{2\sigma_e^2}+\frac{1}{2\sigma_e^4}(\boldsymbol{y}-\boldsymbol{X\beta})'\boldsymbol{H}^{-1}(\boldsymbol{y}-\boldsymbol{X\beta})=0$$

解得：

$$\boldsymbol{\beta}=(\boldsymbol{X}'\boldsymbol{H}^{-1}\boldsymbol{X})^{-1}\boldsymbol{X}'\boldsymbol{H}^{-1}\boldsymbol{y}$$

$$\sigma_e^2=\frac{1}{n}(\boldsymbol{y}-\boldsymbol{X\beta})'\boldsymbol{H}^{-1}(\boldsymbol{y}-\boldsymbol{X\beta})$$

基于似然函数中的 $\boldsymbol{\beta}$ 和 σ_e^2，并忽略常数项，则有：

$$L(\lambda)=-\frac{n}{2}\ln(\boldsymbol{r}'\boldsymbol{H}^{-1}\boldsymbol{r})-\frac{1}{2}\ln|\boldsymbol{H}|$$

其中，

$$\boldsymbol{r}=\boldsymbol{y}-\boldsymbol{X\beta}=\boldsymbol{y}-\boldsymbol{X}(\boldsymbol{X}'\boldsymbol{H}^{-1}\boldsymbol{X})^{-1}\boldsymbol{X}'\boldsymbol{H}^{-1}\boldsymbol{y}$$

进一步通过 Newton 迭代法求解参数 λ：

$$\lambda^{(t+1)}=\lambda^{(t)}-\left[\frac{\partial^2L(\lambda)}{\partial\lambda^2}\right]^{-1}\frac{\partial L(\lambda)}{\partial\lambda}$$

相似的可用约束极大似然法求解参数 $\theta=\{\boldsymbol{\beta},\sigma_\gamma^2,\sigma_e^2\}$，即通过最大化下列对数似然函数：

$$L(\theta)=-\frac{1}{2}\ln|\mathbf{V}|-\frac{1}{2}\ln|\boldsymbol{X}'\mathbf{V}^{-1}\boldsymbol{X}|-\frac{1}{2}(\boldsymbol{y}-\boldsymbol{X\beta})'\mathbf{V}^{-1}(\boldsymbol{y}-\boldsymbol{X\beta})$$

同理设 $\lambda=\sigma_\gamma^2/\sigma_e^2$，可将似然函数转化成如下形式：

$$L(\theta)=-\frac{1}{2}\ln|\boldsymbol{H}|-\frac{n}{2}\ln(\sigma_e^2)-\frac{1}{2}\ln|\boldsymbol{X}^T\boldsymbol{H}^{-1}\boldsymbol{X}|+\frac{p}{2}\ln(\sigma_e^2)$$

$$-\frac{1}{2\sigma_e^2}(\boldsymbol{y}-\boldsymbol{X\beta})'\boldsymbol{H}^{-1}(\boldsymbol{y}-\boldsymbol{X\beta})$$

分别对 β 和 σ_e^2 求偏导可知：

$$\frac{\partial}{\partial\beta}L(\theta)=\frac{1}{\sigma_e^2}\boldsymbol{X}'\boldsymbol{H}^{-1}(\boldsymbol{y}-\boldsymbol{X\beta})=0$$

$$\frac{\partial}{\partial\sigma_e^2}L(\theta)=-\frac{n-p}{2\sigma_e^2}+\frac{1}{2\sigma_e^4}(\boldsymbol{y}-\boldsymbol{X\beta})'\boldsymbol{H}^{-1}(\boldsymbol{y}-\boldsymbol{X\beta})=0$$

上述等式解得：

$$\boldsymbol{\beta}=(\boldsymbol{X}'\boldsymbol{H}^{-1}\boldsymbol{X})^{-1}\boldsymbol{X}'\boldsymbol{H}^{-1}\boldsymbol{y}$$

$$\sigma_e^2=\frac{1}{n-p}(\boldsymbol{y}-\boldsymbol{X\beta})'\boldsymbol{H}^{-1}(\boldsymbol{y}-\boldsymbol{X\beta})$$

替换 log 似然函数中的 β 和σ_e^2，并忽略常数项，则：

$$L(\lambda)=-\frac{1}{2}\ln|\boldsymbol{H}|+\frac{n-p}{2}\ln(\boldsymbol{r}'\boldsymbol{H}^{-1}\boldsymbol{r})-\frac{1}{2}\ln|\boldsymbol{X}'\boldsymbol{H}^{-1}\boldsymbol{X}|$$

其中，

$$\boldsymbol{r}=\boldsymbol{y}-\boldsymbol{X\beta}=\boldsymbol{y}-\boldsymbol{X}(\boldsymbol{X}'\boldsymbol{H}^{-1}\boldsymbol{X})^{-1}\boldsymbol{X}'\boldsymbol{H}^{-1}\boldsymbol{y}$$

进一步可通过 Newton 迭代法等方法求解参数 λ。一旦求得 λ，则可以通过求解混合线性模型方程组的方法得到动物个体的育种值。

2.1.2 数据演示

假设同一个育种公司同一品种 5 个个体的性别信息、系谱信息和校正达 100 kg 体重日龄见表 2.1。

表 2.1 单性状 BLUP 评估数据

个体号	性别	父	母	校正达 100 kg 体重日龄/d
个体 4	公	个体 1	未知	154.5
个体 5	母	个体 3	个体 2	152.9
个体 6	母	个体 1	个体 2	153.9
个体 7	公	个体 4	个体 5	153.5
个体 8	公	个体 3	个体 6	155.1

可建立如下线性模型：

$$y_{ij}=\beta_i+\gamma_j+e_{ij}$$

式中：y_{ij} 是在第 i 个性别组中的第 j 个个体的校正达 100 kg 体重日龄，为可观察的随机变量；β_i 是第 i 个性别组的效应，为固定效应；e_{ij} 为随机误差。

于是，对每一观察值都可根据上面的模型建立一个方程式：

$$
\begin{array}{lllllllll}
y_{14}= & 154.5= & \beta_1 & & +\gamma_4 & & & & +e_{14} \\
y_{25}= & 152.9= & & \beta_2 & & +\gamma_5 & & & +e_{25} \\
y_{26}= & 153.9= & & \beta_2 & & & +\gamma_6 & & +e_{26} \\
y_{17}= & 153.5= & \beta_1 & & & & & +\gamma_7 \quad & +e_{17} \\
y_{18}= & 155.1= & \beta_1 & & & & & \quad +\gamma_8 & +e_{18}
\end{array}
$$

基于上述已知系谱关系可得亲缘关系矩阵如下：

$$
\boldsymbol{A}=\begin{bmatrix}
1.000 & 0.000 & 0.000 & 0.500 & 0.000 & 0.500 & 0.250 & 0.250 \\
0.000 & 1.000 & 0.000 & 0.000 & 0.500 & 0.500 & 0.250 & 0.250 \\
0.000 & 0.000 & 1.000 & 0.000 & 0.500 & 0.000 & 0.250 & 0.500 \\
0.500 & 0.000 & 0.000 & 1.000 & 0.000 & 0.250 & 0.500 & 0.125 \\
0.000 & 0.500 & 0.500 & 0.000 & 1.000 & 0.250 & 0.500 & 0.375 \\
0.500 & 0.500 & 0.000 & 0.250 & 0.250 & 1.000 & 0.250 & 0.500 \\
0.250 & 0.250 & 0.250 & 0.500 & 0.500 & 0.250 & 1.000 & 0.250 \\
0.250 & 0.250 & 0.500 & 0.125 & 0.375 & 0.500 & 0.250 & 1.000
\end{bmatrix}
$$

相应的系数矩阵和向量如下：

$$
\boldsymbol{X}'=\begin{bmatrix}
1 & 0 & 0 & 1 & 1 \\
0 & 1 & 1 & 0 & 0
\end{bmatrix}
$$

$$
\boldsymbol{Z}'=\begin{bmatrix}
0 & 0 & 0 & 1 & 0 & 0 & 0 & 0 \\
0 & 0 & 0 & 0 & 1 & 0 & 0 & 0 \\
0 & 0 & 0 & 0 & 0 & 1 & 0 & 0 \\
0 & 0 & 0 & 0 & 0 & 0 & 1 & 0 \\
0 & 0 & 0 & 0 & 0 & 0 & 0 & 1
\end{bmatrix}
$$

$$
\boldsymbol{y}'=[154.5 \quad 152.9 \quad 153.9 \quad 153.5 \quad 155.1]
$$

假定遗传方差 $\sigma_\gamma^2=15$，$\sigma_e^2=25$，将上述数据带入混合模型方程组，可得：

$$
\begin{bmatrix}
\hat{\beta}_1 \\ \hat{\beta}_2 \\ \hat{\gamma}_1 \\ \hat{\gamma}_2 \\ \hat{\gamma}_3 \\ \hat{\gamma}_4 \\ \hat{\gamma}_5 \\ \hat{\gamma}_6 \\ \hat{\gamma}_7 \\ \hat{\gamma}_8
\end{bmatrix}
=\begin{bmatrix}
3.000 & 0.000 & 0.000 & 0.000 & 0.000 & 1.000 & 0.000 & 0.000 & 1.000 & 1.000 \\
0.000 & 2.000 & 0.000 & 0.000 & 0.000 & 0.000 & 1.000 & 1.000 & 0.000 & 0.000 \\
0.000 & 0.000 & 3.055 & 0.833 & 0.000 & -1.112 & 0.000 & -1.667 & 0.000 & 0.000 \\
0.000 & 0.000 & 0.833 & 3.333 & 0.833 & 0.000 & -1.667 & -1.667 & 0.000 & 0.000 \\
0.000 & 0.000 & 0.000 & 0.833 & 3.333 & 0.000 & -1.667 & 0.833 & 0.000 & -1.667 \\
1.000 & 0.000 & -1.112 & 0.000 & 0.000 & 4.055 & 0.833 & 0.000 & -1.667 & 0.000 \\
0.000 & 1.000 & 0.000 & -1.667 & -1.667 & 0.833 & 5.167 & 0.000 & -1.667 & 0.000 \\
0.000 & 1.000 & -1.667 & -1.667 & 0.833 & 0.000 & 0.000 & 5.167 & 0.000 & -1.667 \\
1.000 & 0.000 & 0.000 & 0.000 & 0.000 & -1.667 & -1.667 & 0.000 & 4.333 & 0.000 \\
1.000 & 0.000 & 0.000 & 0.000 & -1.667 & 0.000 & 0.000 & -1.667 & 0.000 & 4.333
\end{bmatrix}^{-1}
\begin{bmatrix}
463.1 \\ 306.8 \\ 0.0 \\ 0.0 \\ 0.0 \\ 154.5 \\ 152.9 \\ 153.9 \\ 153.5 \\ 155.1
\end{bmatrix}
$$

动物单性状 BLUP 评估数据结果见表 2.2。

表 2.2 单性状 BLUP 评估数据结果

效应	结果
性别	
公	154.398
母	153.401
动物	
个体 1	0.107
个体 2	−0.019
个体 3	−0.036
个体 4	−0.025
个体 5	−0.206
个体 6	0.204
个体 7	−0.296
个体 8	0.227

结果可知，基于动物模型可以估计没有表型个体（个体 1、个体 2 和个体 3）的育种值。更重要的是表型值和育种值的排序不同，表型值（校正达 100 kg 体重日龄/d）从小到大排序为个体 5、个体 7、个体 6、个体 4、个体 8，育种值从小到大排序为个体 7、个体 5、个体 4、个体 6、个体 8，会发现排序发生了变化，留种个体的筛选要按照育种值排序而不是表型值排序进行。

2.1.3 程序代码

```
#单性状动物模型
Xt<-read.csv(file = "Xt.csv",header = TRUE)
Xt<- as.matrix(Xt[,])
X<-t(Xt)
Z<-read.csv(file = "Z.csv",header = TRUE)
Z<- as.matrix(Z[,])
Zt<- t(Z)
Y<-read.csv(file = "Y.csv",header = TRUE)
Y<- as.matrix(Y[,])
sigmae2<-25
sigmaa2<-15
alpha1<- sigmae2/sigmaa2
Ainv<-read.csv(file = "Ainv.csv",header = TRUE)
Ainv<- as.matrix(Ainv[,])
left1<- cbind(Xt%*%X,Xt%*%Z)
left2<- cbind(Zt%*%X,Zt%*%Z + Ainv*alpha 1)
left<-rbind(left1,left2)
right1<- Xt%*%Y
right2<- Zt%*%Y
right<- rbind(right1,right2)
result<-solve(left)%*%right
```

2.2 多性状 BLUP 模型

2.2.1 模型方法

相比单性状模型而言，当性状间存在遗传相关时，考虑多个性状之间遗传相关会使遗传参数、EBV 等的估计比使用单性状模型更加准确。以两性状模型为例，相应的混合线性模型方程组如下：

$$\begin{pmatrix} \boldsymbol{X}'\boldsymbol{R}^{-1}\boldsymbol{X} & \boldsymbol{X}'\boldsymbol{R}^{-1}\boldsymbol{Z} \\ \boldsymbol{Z}'\boldsymbol{R}^{-1}\boldsymbol{X} & \boldsymbol{Z}'\boldsymbol{R}^{-1}\boldsymbol{Z}+\boldsymbol{A}^{-1}\otimes\boldsymbol{G}^{-1} \end{pmatrix}\begin{pmatrix} \hat{\boldsymbol{\beta}} \\ \hat{\boldsymbol{\gamma}} \end{pmatrix}=\begin{pmatrix} \boldsymbol{X}'\boldsymbol{R}^{-1}\boldsymbol{Y} \\ \boldsymbol{Z}'\boldsymbol{R}^{-1}\boldsymbol{Y} \end{pmatrix}$$

式中：$\boldsymbol{G}$ 为两性状遗传方差-协方差矩阵，$\boldsymbol{R}$ 为两性状残差方差-协方差矩阵，$\otimes$代表矩阵的 Kronecker 积。

2.2.2 数据演示

假设同一育种公司同一品种 5 个个体的性别、系谱信息和校正达 100 kg 体重日龄及背膘厚度见表 2.3。

表 2.3 两性状 BLUP 评估数据

个体号	性别	父	母	校正达 100 kg 体重日龄/d	校正达 100 kg 体重背膘厚度/mm
个体 4	公	个体 1	未知	154.5	10.8
个体 5	母	个体 3	个体 2	152.9	9.1
个体 6	母	个体 1	个体 2	153.9	10.8
个体 7	公	个体 4	个体 5	153.5	10.2
个体 8	公	个体 3	个体 6	155.1	11.5

假定日龄和背膘加性遗传方差-协方差 $\boldsymbol{G}$ 矩阵为：

$$\boldsymbol{G}=\begin{bmatrix} 15 & -2.5 \\ -2.5 & 8 \end{bmatrix}$$

假定日龄和背膘残差方差-协方差 $\boldsymbol{R}$ 矩阵为：

$$\boldsymbol{R}=\begin{bmatrix} 25 & -1.8 \\ -1.8 & 7 \end{bmatrix}$$

$$\boldsymbol{X}'=\begin{bmatrix} 1 & 0 & 0 & 0 & 0 & 0 & 1 & 0 & 1 & 0 \\ 0 & 0 & 1 & 0 & 1 & 0 & 0 & 0 & 0 & 0 \\ 0 & 1 & 0 & 0 & 0 & 0 & 0 & 1 & 0 & 1 \\ 0 & 0 & 0 & 1 & 0 & 1 & 0 & 0 & 0 & 0 \end{bmatrix}$$

$$\boldsymbol{y}'=[154.5 \quad 10.8 \quad 152.9 \quad 9.1 \quad 153.9 \quad 10.8 \quad 153.5 \quad 10.2 \quad 155.1 \quad 11.5]$$

$$
\boldsymbol{Z}=\begin{bmatrix}
0&0&0&0&0&0&1&0&0&0&0&0&0&0&0&0\\
0&0&0&0&0&0&0&1&0&0&0&0&0&0&0&0\\
0&0&0&0&0&0&0&0&1&0&0&0&0&0&0&0\\
0&0&0&0&0&0&0&0&0&1&0&0&0&0&0&0\\
0&0&0&0&0&0&0&0&0&0&1&0&0&0&0&0\\
0&0&0&0&0&0&0&0&0&0&0&1&0&0&0&0\\
0&0&0&0&0&0&0&0&0&0&0&0&1&0&0&0\\
0&0&0&0&0&0&0&0&0&0&0&0&0&1&0&0\\
0&0&0&0&0&0&0&0&0&0&0&0&0&0&1&0\\
0&0&0&0&0&0&0&0&0&0&0&0&0&0&0&1
\end{bmatrix}
$$

将上述数据带入混合线性模型方程组，可知：

$$
\boldsymbol{Z'R}^{-1}\boldsymbol{Z}+\boldsymbol{A}^{-1}\otimes\boldsymbol{G}^{-1}=
$$

$$
\begin{bmatrix}
0.129&0.040&0.035&0.011&0.000&0.000&-0.047&-0.015&0.000&0.000&-0.070&-0.022&0.000&0.000&0.000&0.000\\
0.040&0.242&0.011&0.066&0.000&0.000&-0.015&-0.088&0.000&0.000&-0.022&-0.132&0.000&0.000&0.000&0.000\\
0.035&0.011&0.141&0.044&0.035&0.011&0.000&0.000&-0.070&-0.022&-0.070&-0.022&0.000&0.000&0.000&0.000\\
0.011&0.066&0.044&0.264&0.011&0.066&0.000&0.000&-0.022&-0.132&-0.022&-0.132&0.000&0.000&0.000&0.000\\
0.000&0.000&0.035&0.011&0.141&0.044&0.000&0.000&-0.070&-0.022&0.035&0.011&0.000&0.000&-0.070&-0.022\\
0.000&0.000&0.011&0.066&0.044&0.264&0.000&0.000&-0.022&-0.132&0.011&0.066&0.000&0.000&-0.022&-0.132\\
-0.047&-0.015&0.000&0.000&0.000&0.000&0.170&0.051&0.035&0.011&0.000&0.000&-0.070&-0.022&0.000&0.000\\
-0.015&-0.088&0.000&0.000&0.000&0.000&0.051&0.387&0.011&0.066&0.000&0.000&-0.022&-0.132&0.000&0.000\\
0.000&0.000&-0.070&-0.022&-0.070&-0.022&0.035&0.011&0.217&0.065&0.000&0.000&-0.070&-0.022&0.000&0.000\\
0.000&0.000&-0.022&-0.132&-0.022&-0.132&0.011&0.066&0.065&0.475&0.000&0.000&-0.022&-0.132&0.000&0.000\\
-0.070&-0.022&-0.070&-0.022&0.035&0.011&0.000&0.000&0.000&0.000&0.217&0.065&0.000&0.000&-0.070&-0.022\\
-0.022&-0.132&-0.022&-0.132&0.011&0.066&0.000&0.000&0.000&0.000&0.065&0.475&0.000&0.000&-0.022&-0.132\\
0.000&0.000&0.000&0.000&0.000&0.000&-0.070&-0.022&-0.070&-0.022&0.000&0.000&0.181&0.054&0.000&0.000\\
0.000&0.000&0.000&0.000&0.000&0.000&-0.022&-0.132&-0.022&-0.132&0.000&0.000&0.054&0.409&0.000&0.000\\
0.000&0.000&0.000&0.000&-0.070&-0.022&0.000&0.000&0.000&0.000&-0.070&-0.022&0.000&0.000&0.181&0.054\\
0.000&0.000&0.000&0.000&-0.022&-0.132&0.000&0.000&0.000&0.000&-0.022&-0.132&0.000&0.000&0.054&0.409
\end{bmatrix}
$$

求解混合线性模型方程组，可得两性状 BLUP 评估数据结果(表 2.4)。

表 2.4　两性状 BLUP 评估数据结果

效应	校正达 100 kg 体重日龄/d	校正达 100 kg 体重背膘厚度/mm
性别		
公	154.395	153.405
母	10.856	9.920
动物		
个体 1	0.078	0.233
个体 2	-0.020	0.009
个体 3	-0.018	-0.145
个体 4	-0.021	-0.028

续表 2.4

效应	校正达 100 kg 体重日龄/d	校正达 100 kg 体重背膘厚度/mm
个体 5	−0.156	−0.389
个体 6	0.146	0.450
个体 7	−0.248	−0.367
个体 8	0.184	0.328

结果可见，当前案例中多性状模型校正达 100 kg 体重日龄 EBV 排序与单性状的排序略有不同。

2.2.3 程序代码

```
#多性状动物模型
Xt<-read.csv(file = "Xt.csv",header = TRUE)
Xt<- as.matrix(Xt[,])
X<- t(Xt)
Z<-read.csv(file = "Z.csv",header = TRUE)
Z<- as.matrix(Z[,])
Zt<- t(Z)
Y<-read.csv(file = "Y.csv",header = TRUE)
Y<- as.matrix(Y[,])
G<-read.csv(file = "G.csv",header = TRUE)
G<- as.matrix(G[,])
R<-read.csv(file = "R.csv",header = TRUE)
R<- as.matrix(R[,])
Ri<- kronecker(diag(5),solve(R))
Ainv<-read.csv(file = "Ainv.csv",header = TRUE)
Ainv<- as.matrix(Ainv[,])
left1<- cbind(Xt%*%Ri%*%X,Xt%*%Ri%*%Z)
left2<- cbind(Zt%*%Ri%*%X,Zt%*%Ri%*%Z+kronecker(Ainv,solve(G)))
left<-rbind(left1,left2)
right1<- Xt%*%Ri%*%Y
right2<- Zt%*%Ri%*%Y
right<- rbind(right1,right2)
result<-solve(left)%*%right
write.csv(result,"result2.csv")
```

2.3 纵向数据随机回归模型

2.3.1 模型方法

纵向数据性状(longitudinal traits)即随着时间(生命时期、日龄、年龄等)或其他定量因素

(生产水平、代谢率等)变化的数量性状。如畜禽产奶量、产仔数、产蛋率等多属于纵向数据性状。由于这些性状可用一些独立的连续函数来描述,故也称之为无限维性状或函数值性状(Kirkpatriek, et al. ,1989;Pletcher and Geyer,1999)。目前,在动物遗传育种领域,普遍采用随机回归分析模型(random regression model, RRM)进行遗传评估,求出动物本身的育种值,指导动物的选种、选配。

随机回归模型的优点有很多。它能够准确地模拟性状的方差和协方差结构,通常这些性状是变化的,可以通过曲线来度量。随机回归模型能够预测在一个连续尺度中任意一点的协方差结构。使用随机回归模型时不必对每一个标记年龄参数进行校正。例如,拟选择某一年龄时猪的体重,而该年龄相关参数没有确切的记录,随机回归模型能够利用已有的数据对缺失记录进行估计,从而更好地在动物之间进行比较。另外,随机回归模型与多变量模型相比,它需要的参数较少,估计的方差和协方差更加准确,偏差也更小(Kirkpatrick, et al. , 1990)。因此随机回归模型成为动物育种中分析纵向数据的常用方法,它通过曲线来揭示性状的具体变化形式。同时随机回归模型在理论上考虑了一个更加完整的模型和动物在每天生长中非线性的变化,这样随机回归模型可以更加准确地估计效应值,获得相对更大的遗传进展。

随机回归模型的一般形式为:

$$y_{ijkn:t}=F_i+g\ (t)_j+r\ (\gamma,x,m_1)_k+r\ (pe,x,m_2)_k+e_{ijkn:t}$$

式中:y 表示时间 t 的观测值;F_i 是固定效应,是不随时间变化的衡量尺度;$g\ (t)_j$ 是所有动物观测平均值的表型曲线;$r\ (a,x,m_1)_k$ 为加性遗传效应的回归函数;$r\ (pe,x,m_2)_k$ 为永久环境效应的回归函数。

模型的矩阵形式为:

$$\boldsymbol{y}=\boldsymbol{X\beta}+\boldsymbol{Q\gamma}+\boldsymbol{Zp}+\boldsymbol{e}$$

相应的混合线性模型方程组为:

$$\begin{pmatrix} \boldsymbol{X'R^{-1}X} & \boldsymbol{X'R^{-1}Q} & \boldsymbol{X'R^{-1}Z} \\ \boldsymbol{Q'R^{-1}X} & \boldsymbol{Q'R^{-1}Q+A^{-1}\otimes G^{-1}} & \boldsymbol{Q'R^{-1}Z} \\ \boldsymbol{Z'R^{-1}X} & \boldsymbol{Z'R^{-1}Q} & \boldsymbol{Z'R^{-1}Z+I\otimes P} \end{pmatrix} \begin{pmatrix} \hat{\boldsymbol{\beta}} \\ \hat{\boldsymbol{\gamma}} \\ \hat{\boldsymbol{p}} \end{pmatrix} = \begin{pmatrix} \boldsymbol{X'R^{-1}Y} \\ \boldsymbol{Q'R^{-1}Y} \\ \boldsymbol{Z'R^{-1}Y} \end{pmatrix}$$

$\boldsymbol{Q}$ 为随机回归系数对应的协变量矩阵,以 Legendre 正交多项式为例,$\boldsymbol{Q}$ 矩阵中相应的元素可参照如下方法计算。

如果 Legendre 多项式的阶数为 s,则 $L\ (\tau)_{ij}$ 为 s 阶向量:

$$L\ (\tau)_{ij}=[\varphi_{i0}(\tau_{ij})\quad \varphi_{i1}(\tau_{ij})\quad \cdots\quad \varphi_{is}(\tau_{ij})]'$$

Legendre 多项式具体描述如下:

$$P_0(\tau)=1$$

$$P_1(\tau)=\tau$$

$$P_{n+1}(\tau)=\frac{1}{n+1}[(2n+1)\tau P_n(\tau)-nP_{n-1}(\tau)]$$

正则化为:

$$\phi_n(\tau)=\left(\frac{2n+1}{2}\right)^{0.5}P_n(\tau)$$

$$\phi_0(\tau)=\left(\frac{1}{2}\right)^{0.5}P_0(\tau)=0.707\ 0$$

$$\phi_1(\tau)=\left(\frac{3}{2}\right)^{0.5}P_1(\tau)=1.224\ 7\tau$$

$$P_2(\tau)=\frac{1}{2}[3\tau P_1(\tau)-1P_0(\tau)]$$

$$\phi_2(\tau)=\left(\frac{5}{2}\right)^{0.5}\left(\frac{3}{2}\tau^2-\frac{1}{2}\right)=-0.790\ 6+2.371\ 7\tau^2$$

首先将个体纵向数据的观测时间 t 标准化为 τ：

$$\tau=-1+2\times\frac{t-t_{\min}}{t_{\max}-t_{\min}},\tau\in[-1,+1]$$

式中：$t_{\min}$ 为数据中的最小观测时间，$t_{\max}$ 为最大观测时间。

2.3.2 数据演示

随机回归模型 BLUP 评估数据见表 2.5，其中系谱信息与表 2.1 一致。

表 2.5 随机回归模型 BLUP 评估数据

胎次	个体 4		个体 5		个体 6		个体 7		个体 8	
	年季	产仔数	年季	产仔数	年季	产仔数	年季	产仔数	年季	产仔数
1	1	9	1	10	5	12	3	13	1	13
2	2	10	2	11	6	14	4	14	2	15
3	3	11	3	13	7	14	5	12	3	14
4	4	13	4	14	8	15	6	11	4	15
5	5	14	5	12	9	11	7	12	5	14
6	6	12	6	13			8	13	6	12
7	7	12	7	11			9	12	7	11
8	8	11	8	10					8	11
9	9	10	9	10					9	10
10	10	10	10	10					10	11

$$T=\begin{bmatrix}T_0\\T_1\\T_2\\T_3\\T_4\\T_5\\T_6\\T_7\\T_8\\T_9\end{bmatrix}=\begin{bmatrix}1\\2\\3\\4\\5\\6\\7\\8\\9\\10\end{bmatrix}\qquad t=\begin{bmatrix}t_0\\t_1\\t_2\\t_3\\t_4\\t_5\\t_6\\t_7\\t_8\\t_9\end{bmatrix}=\begin{bmatrix}-1.000\\-0.778\\-0.556\\-0.333\\-0.111\\0.111\\0.333\\0.556\\0.778\\1.000\end{bmatrix}$$

胎次与对应的标准时间单位的 Legendre 多项式值如表 2.6 所示。

表 2.6　胎次与 Legendre 多项式值

胎次	标准时间单位的 Legendre 多项式值				
	Z_0	Z_1	Z_2	Z_3	Z_4
1	0.707 1	−1.224 7	1.581 1	−1.870 9	2.121 3
2	0.707 1	−1.001 8	0.796 3	−0.264 5	−0.372 1
3	0.707 1	−0.778 9	0.168 7	0.581 5	−0.903 7
4	0.707 1	−0.557 2	−0.299 6	0.836 2	−0.453 6
5	0.707 1	−0.334 3	−0.613 8	0.670 9	0.254 1
6	0.707 1	−0.111 4	−0.770 9	0.251 8	0.730 2
7	0.707 1	0.111 4	−0.770 9	−0.251 8	0.730 2
8	0.707 1	0.334 3	−0.613 8	−0.670 9	0.254 1
9	0.707 1	0.557 2	−0.299 6	−0.836 2	−0.453 6
10	0.707 1	0.778 9	0.168 7	−0.581 5	−0.903 7

$$G=\begin{bmatrix} 1.797 & 0.326 & -0.785 \\ 0.326 & 0.821 & -0.139 \\ -0.785 & -0.139 & 0.925 \end{bmatrix};P=\begin{bmatrix} 2.874 & -0.206 & -0.825 \\ -0.206 & 1.171 & 0.136 \\ -0.825 & 0.136 & 1.231 \end{bmatrix}$$

$$Q'=\begin{bmatrix} Q'_4 & 0 & 0 & 0 & 0 \\ 0 & Q'_5 & 0 & 0 & 0 \\ 0 & 0 & Q'_6 & 0 & 0 \\ 0 & 0 & 0 & Q'_7 & 0 \\ 0 & 0 & 0 & 0 & Q'_8 \end{bmatrix}$$

$$Q'_7=\begin{bmatrix} 0.707\,1 & 0.707\,1 & 0.707\,1 & 0.707\,1 & 0.707\,1 & 0.707\,1 & 0.707\,1 \\ -1.224\,7 & -0.952\,6 & -0.680\,4 & -0.408\,2 & -0.136\,1 & 0.136\,1 & 0.408\,2 \\ 1.581\,1 & 0.644\,2 & -0.058\,6 & -0.527\,0 & -0.761\,3 & -0.761\,3 & -0.527\,0 \end{bmatrix}$$

随机回归模型 BLUP 评估数据结果如表 2.7 所示。

表 2.7　随机回归模型 BLUP 评估数据结果

效应	效应值
年季效应	
1	−2.048 5
2	−1.050 3
3	−0.516 3
4	0.817 4
5	−0.071 6
6	−0.016 4
7	0.207 1
8	0.879 3

续表 2.7

效应	效应值		
9	−0.039 9		
10	0		
固定回归系数			
1	16.815 1		
	−1.573 0		
	−0.399 3		
4	0.466 8		
5	0.221 2		
动物个体		回归系数	
1	0.055 2	−0.125 2	0.016 6
2	−0.029 0	0.131 5	−0.146 8
3	−0.026 3	−0.006 3	0.130 3
4	0.046 9	0.182 5	−0.150 1
5	−0.090 5	0.014 7	−0.070 1
6	−0.079 4	−0.134 0	−0.020 1
7	0.046 8	0.129 6	0.182 2
8	0.134 3	−0.223 6	0.194 4
永久环境效应		回归系数	
4	−0.508 5	0.466 2	−0.420 1
5	−0.214 9	−0.012 2	−0.209 0
6	−0.098 4	−0.203 0	−0.053 8
7	−0.101 8	0.513 7	0.544 5
8	0.923 5	−0.764 7	0.138 5

2.3.3 程序代码

随机回归模型 BLUP 评估数据程序代码如下。

```
#随机回归模型
x1t<-read.csv(file = "x1t.csv",header = TRUE)
x1t<- as.matrix(x1t[-10,-1])
x2<-read.csv(file = "x2.csv",header = TRUE)
x2<- as.matrix(x2[,c(9:13)])
x2t<- t(x2)
Xt<- rbind(x1t,x2t)
X<-t(Xt)
Qt<-read.csv(file = "Qt.csv",header = TRUE)
Qt<- as.matrix(Qt[,])
```

```
Q<- t(Qt)
Zt<-read.csv(file = "Zt.csv",header = TRUE)
Zt<- as.matrix(Zt[,])
Z<- t(Zt)
Y<-read.csv(file = "Y.csv",header = TRUE)
Y<- as.matrix(Y[,])
sigmae2<-1.625
R<- diag(42) * sigmae2
Ri<-solve(R)
G_P<-read.csv(file = "G_P.csv",header = TRUE)
G<- as.matrix(G_P[1:3,1:3])
P<- as.matrix(G_P[1:3,4:6])
Ainv<-read.csv(file = "Ainv.csv",header = TRUE)
Ainv<- as.matrix(Ainv[,])
left1<- cbind(Xt%*%Ri%*%X,Xt%*%Ri%*%Q,Xt%*%Ri%*%Z)
left2<- cbind(Qt%*%Ri%*%X,Qt%*%Ri%*%Q + kronecker(Ainv,solve(G)),Qt%*%Ri%*%Z)
left3<- cbind(Zt%*%Ri%*%X, Zt%*%Ri%*%Q, Zt%*%Ri%*%Z + kronecker(diag(5),solve
(P)))
left<-rbind(left1,left2,left3)
right1<- Xt%*%Ri%*%Y
right2<- Qt%*%Ri%*%Y
right3<- Zt%*%Ri%*%Y
right<- rbind(right1,right2,right3)
result<-solve(left)%*%right
```

第 3 章　贝叶斯基因组预测

【本章提要】 该章作为本书基因组选择相关方法及应用的开章，首先阐述了基因组选择的基本原理和步骤。之后对基因组选择方法中的一大类方法——贝叶斯方法进行了介绍，包括 BayesA、BayesB、BayesC 以及 Bayes Lasso。进而介绍了各方法的模型以及各变量先验假设。最后在模拟实例中给出了运行各方法的程序代码，并估计了预测准确性。

在第 2 章中，介绍了使用系谱记录构建个体间的亲缘关系，进而使用动物模型 BLUP 利用所有可利用亲属关系个体信息，得到目标个体的估计育种值。而个体间的真实关系，应该是由基因型之间的相似性计算的。传统 BLUP 法将每个个体的基因型组合当作黑箱处理。自 20 世纪 70 年代以来，该方法在很多动植物育种中得到了应用。在该方法的应用下，一些性状取得了较大的遗传进展，而部分性状的遗传进展则非常缓慢。例如，自 1980 年至 2000 年间大白猪产仔数的遗传进展不足 1 头。经统计可得，遗传力低的性状、难以测定的性状、限性性状、在生命晚期表达的性状的选择效率都比较低。随着分子遗传技术的发展，标记辅助选择开始作为一项新的技术用于提高选择的准确性。人们逐渐打开黑箱，研究控制性状的基因。但由于找到的基因有限，该方法在猪的育种中并没有像 BLUP 方法的应用一样大幅度地提高遗传进展。2001 年，Meuwissen 等通过模拟数据提出了基因组选择（Meuwissen, et al., 2001）。其基本设想是当全基因组高密度的标记被测定后，影响性状的 QTL 会被测定或者是与已测定标记紧密连锁，因此可以直接通过对这些标记进行效应估计，进而计算个体的基因组育种值。而当时由于分子测定的费用非常昂贵，该方法并没有在实际应用中检测其效力。2006 年，基因芯片技术的发展，促使这一方法开始在各种动植物选择中使用。

3.1　基因组选择

基因组选择方法关键点可概括为：三大步骤，两大环节。其中三大步骤包括：建立参考群体、估计标记效应以及预测候选群体育种值。两大环节包括：表型组测定和基因组测定。

参考群体是指同时具有表型及基因型的个体，这部分信息使用基因组选择方法估计标记效应。通常参考群体具有完善且可靠的表型信息，通过线性模型关联表型信息与标记信息，估计出可靠的标记效应。在基因组选择初期，通常只有少数的个体进行基因型测定。而标记芯片在最初开发的标记数即为 60k 左右，可见标记数远远大于表型记录数。因此，我们必须使用科学的统计方法对标记效应进行估计。贝叶斯法即其中的一种，其在基因组选择上的应用最早在 Meuwissen 等的文章中可见，根据标记先验方差的不同提出了 BayesA 法和 BayesB 法。之后研究人员相继提出 BayesC、BayesCπ、BayesR 等方法。

因为效应值的估计依赖于表型的数量以及准确性，因此表型测定是基因组选择至关重要的环节。Mike Coffey 说过“在基因组学的时代，表型为王”。这句话在多个与基因组选择相关的研究或演讲中被提到，足见表型的重要性。在进行参考群体表型测定时，应尽量测定获得较多的表型，对基因型的利用达到最大化。

基因组选择一开始使用的基因型测定方法是芯片测定。Illumina 公司、Affymatrix 公司等根据不同物种多个群体全基因组单核苷酸多态性（single nucleotide polymorphism，SNP）的调查统计，设计了分布均匀的基因型测定芯片。如牛的 50k 芯片、猪的 60k 芯片等在牛、猪的全基因组选择中得到了广泛的应用。50k 代表有 5 万个左右的 SNP 在芯片上。由于芯片上的 SNP 是通过最小等位基因频率（minor allele frequency，MAF）筛选的，即这些标记在多个群体上的最小等位基因频率较高，因此，使用芯片进行测定的个体可以获得较一致的变异位点。芯片的设计需要基于已有基因组信息的物种，而部分物种，如水貂等并没有完整的参考基因组，因此出现了使用内切酶将基因组随意打断，对片段进行测序的 GBS 技术。GBS 技术成本较低，因此在一些研究中也使用 GBS 技术进行常规家畜的基因组选择。随着测序技术成本逐渐降低，全基因组测序（whole-genome sequencing）也开始用于全基因组选择。

3.2 贝叶斯方法

贝叶斯方法假设只有少数影响性状的 QTL 具有大效应，其他 QTL 效应微小。而全基因组 SNP 中，只有少数与大效应 QTL 连锁，能够检测到其效应，大多数 SNP 并没有效应。

3.2.1 模型

贝叶斯方法基于的线性模型为如下：

$$\boldsymbol{y} = \boldsymbol{X}\boldsymbol{b} + \sum_{j=1}^{M} \boldsymbol{Z}_j \alpha_j + \boldsymbol{e}$$

式中：$\boldsymbol{y}$ 为反应变量，$\boldsymbol{b}$ 为固定效应向量，M 为标记数，α_j 为第 j 个标记的效应，$\boldsymbol{X}$ 和$\boldsymbol{Z}_j$ 分别为 $\boldsymbol{b}$ 和 α_j 的关联矩阵，$\boldsymbol{e}$ 为随机残差，服从正态分布 $N(0, \boldsymbol{I}\sigma_e^2)$，其中 $\boldsymbol{I}$ 为单位矩阵，σ_e^2 是随机残差方差。

由贝叶斯理论可知，固定效应及标记效应参数概率 $P(\boldsymbol{\alpha},\boldsymbol{b}|\boldsymbol{y})=\dfrac{P(\boldsymbol{y}|\boldsymbol{\alpha},\boldsymbol{b})P(\boldsymbol{\alpha},\boldsymbol{b})}{P(\boldsymbol{y})}\propto P(\boldsymbol{y}|\boldsymbol{\alpha},\boldsymbol{b})P(\boldsymbol{\alpha},\boldsymbol{b})$，其中 $P(\boldsymbol{y}) = \int P(\boldsymbol{y},\boldsymbol{b},\boldsymbol{\alpha})d(\boldsymbol{b},\boldsymbol{\alpha})$ 与参数变量 $\boldsymbol{\alpha}$ 及 $\boldsymbol{b}$ 无关，$P(\boldsymbol{\alpha},\boldsymbol{b})$为 $\boldsymbol{\alpha}$ 和 $\boldsymbol{b}$ 的先验分布密度函数。效应方差概率 $P(\sigma_{\alpha_j}^2|\alpha_j)\propto P(\alpha_j|\sigma_{\alpha_j}^2)P(\sigma_{\alpha_j}^2)$，其中 $\sigma_{\alpha_j}^2$ 为第 j 个 SNP 效应方差，$P(\sigma_{\alpha_j}^2)$为先验分布密度函数，$P(\alpha_j|\sigma_{\alpha_j}^2)$是 α_j 的似然函数。

通过该模型估计得到所有标记的效应 g_j，则具有基因型的候选个体 i 的育种值为 $g_i = \sum_{j=1}^{M} \boldsymbol{Z}_{ij}\alpha_j$。其中，$\boldsymbol{Z}_{ij}$ 为第 i 个个体与第 j 个标记的基因型。

近年来，根据假设的效应先验分布以及效应方差先验分布不同，提出了 BayesA、BayesB、BayesC、BayesCπ、BayesR、Bayes Lasso 等方法，本章将对经常使用的方法进行介绍。

3.2.2 BayesA

BayesA 和 BayesB 是 Meuwissen 等于 2001 年提出基因组选择时使用的分析方法（Meuwissen，2001)。BayesA 也用于全基因组关联分析(genome-wide association study)，但通常命名为贝叶斯收缩估计(Bayesian shrinkage estimation)。

ByesA 与 BayesB 的理念基于多层贝叶斯先验分布。在 BayesA 中，首先假设固定效应 $\boldsymbol{b}$ 先验分布为均匀分布，SNP 效应先验分布 $P(\boldsymbol{\alpha})$ 为正态分布，即其服从分布为 $N(\alpha_j|0,\sigma_j^2)$。因此需要定义 σ_j^2 的先验分布 $P(\sigma_{\alpha_j}^2)$。Meuwissen 等提出当效应方差先验分布为尺度化逆卡方分布时，其后验分布同样为尺度化的逆卡方分布。即：

$$P(\sigma_{\alpha_j}^2)=\chi^{-2}(v,S)$$

式中：v 是先验自由度，S 是先验尺度参数。Meuwissen 等的研究表明，基于突变-漂变平衡模型推导出的 2 个参数的值分别是 4.012 和 0.002。Xu 等则推荐使用 0、0 这 2 个数值，在该假设条件下的尺度化逆卡方分布被称为 Jeffrey 先验。效应方差的条件后验分布为：

$$P(\sigma_{\alpha_j}^2|\alpha_i)=\chi^{-2}[v+1,(vS+\alpha_i'\alpha_i)/(v+1)]$$

在对 $\sigma_{\alpha_j}^2$ 进行抽样时，首先从 χ_{v+1}^{-2} 抽样，可得：

$$\sigma_{\alpha_j}^2=\frac{S+\alpha_j^2}{\chi_{v+1}^{-2}}$$

当 $v=0$、$S=0$ 时，

$$\sigma_{\alpha_j}^2=\frac{\alpha_j^2}{\chi_1^{-2}}$$

随机残差方差的先验分布为 $P(\sigma_e^2)=\chi^{-2}(-2,0)$，即自由度为 -2，尺度参数为 0 的逆卡方分布。

因此，似然函数即正态概率密度函数为：

$$P(\boldsymbol{y}|\boldsymbol{\alpha},\boldsymbol{b},\sigma_e^2)\propto(\sigma_e^2)^{-\frac{n}{2}}\exp[-\frac{1}{2\sigma_e^2}(\boldsymbol{y}-\boldsymbol{Xb}-\boldsymbol{Z\alpha})'(\boldsymbol{y}-\boldsymbol{Xb}-\boldsymbol{Z\alpha})]$$

使用马尔科夫蒙特卡洛算法(Markov Chain Monte Carlo，MCMC)通过各参数的完全后验分布抽样。抽样次数要比较大，比如 100 000 次。最初的循环(比如 10 000 次)是预热链，由于抽样结果此时并不稳定，因此要从结果中删除。对于剩余的循环，则每隔 n(比如 20)个取一次值保留，对所有保留结果计算平均数获得各参数值。

ByesA 不会产生稀疏结果，有可能一个 SNP 的效应非常小，但是只能是无限接近于 0，并不会等于 0。而 BayesB 则允许一部分 SNP 效应为 0。

3.2.3 BayesB

BayesB 是一种随机搜索变量选择(stochastic search variable selection，SSVS)方法，是近年来使用较多的方法。BayesB 假设大部分片段对于特定性状没有效应，这一假设更符合数量性状的特性，而少数片段具有效应且效应方差不同。BayesB 中具有效应的部分 SNP 效应及效应方差先验假设为：

$$\alpha_j|\pi,\sigma_j^2\sim(iid)\begin{cases}0 & \pi\\ N(0,\sigma_j^2) & 1-\pi\end{cases}$$

$$\sigma_j^2 \mid v_a, S_a^2 \sim (iid)\chi^{-2}(v, S)$$

其他假设都与BayesA相同。由于BayesB的效应方差分布为混合分布，难以给定完全后验分布，在进行抽样时使用M-H(Metropolis-Hasting)抽样方法，产生的新的$\sigma_{\alpha_j}^2$并不完全保留，而是通过相关检验在一个概率范围内进行保留。

3.2.4 BayesC

BayesC及BayesCπ的提出首先是用于解决BayesA与BayesB中都假设标记效应方差先验为逆卡方分布的问题。由于逆卡方分布的先验与后验只有一个自由度的差异，导致BayesA与BayesB对标记效应的压缩依赖于尺度参数。当标记密度增大时，该问题会更加显著。BayesC方法使用共同的效应方差替代特异的效应方差解决这一问题。这样尺度参数的影响则会被削弱(Gianola, et al., 2009)。另外，在BayesB中，π是给定参数，对SNP效应的压缩依赖于π值。BayesCπ假定π未知，其先验为0到1的均匀分布。BayesC及BayesCπ的效应方差及效应先验分布为：

$$\alpha_j \mid \pi, \sigma_j^2 \sim (iid)\begin{cases} 0 & \pi \\ N(0, \sigma^2) & 1-\pi \end{cases}$$

$$\sigma^2 \mid v_a, S_a^2 \sim (iid)\chi^{-2}(v, S)$$

3.2.5 Bayes Lasso

Bayes Lasso(least absolute shrinkage and selection operator)(Tibshirani, 1996)是通过将部分效应向0压缩实现的。Bayes Lasso可以处理预测变量数(标记数)远远大于观测值数(表型数)的情况，但是仅能得到小于观测值数的非0回归系数(即标记效应)。Bayes Lasso的先验假设为：

$$\alpha_j \mid \sigma_j^2 \sim (iid)N(0, \sigma_j^2)$$

$$\sigma_j^2 \mid \lambda^2 \sim (iid)\frac{\lambda^2}{2}\exp\left(-\frac{\lambda^2\sigma_j^2}{2}\right)$$

其方差服从指数分布，因此效应分布为方差服从指数分布的正态分布，即Laplace分布。Laplace分布与Student's t分布有相同的特点，但具有“尖峰厚尾”的特性。Bayes Lasso是通过最小化残差平方和以及约束回归系数绝对值的和获得回归系数估计值，即：

$$\min_{\beta,\lambda}\left[(\boldsymbol{y}-\boldsymbol{Xb}-\sum \boldsymbol{Z}_j\alpha_j)'(\boldsymbol{y}-\boldsymbol{Xb}-\sum \boldsymbol{Z}_j\alpha_j)+\lambda\sum|\alpha_j|\right]$$

其中，$\lambda(\geqslant 0)$是一个拉格朗日乘子，控制着压缩程度。λ的选择是当预测误差最小时。均方误是衡量预测误差最小的指标，使用K-fold交叉验证来获得λ值，此处K通常选择10。Bayes Laaso近几年在基因组选择算法研究领域中得到众多的讨论(Legarra et al., 2011)。

3.3 案例演示

目前，使用Bayes方法进行基因组选择的软件有很多，包括R语言中的BGLR包裹、

glmnet 包裹以及 BLR 包裹(Pérez, et al., 2010)、奥胡斯大学研发的 BayZ、佐治亚大学研发的 blupf 90 以及 Gerhard Moser 编写的 BayesR 等,本节将使用 R 语言中的 BGLR 包对上述所提到的方法进行演示,展示相关代码及计算结果。

3.3.1 数据

本章所使用数据具体模拟过程见第 4 章。

3.3.2 使用代码

以 BayesA 为例,以下为使用贝叶斯方法的基本流程。首先需要安装 BGLR 包裹,并将数据格式转化为软件所需要的格式输入。

```
library(BGLR)
###读入数据
wkdir<-"C:\Users\zita8\Desktop\genomic selection for pigs\data"
setwd(wkdir)
i<-0
mrk<-read.table(paste("RP_mrk_",i,".txt",sep = ""),skip = 1)
phen<-read.table(paste("RP_data_",i,".txt",sep = ""),header = T)
for (i in 1:4){
tmp<-read.table(paste("RP_mrk_",i,".txt",sep = ""),skip = 1)
mrk<-rbind(mrk,tmp)
tmp<-read.table(paste("RP_data_",i,".txt",sep = ""),header = T)
phen<-rbind(phen,tmp)
}
###将等位基因(allele)数据转化为基因型(genotype)
mrk1<-mrk[,seq(3,ncol(mrk),2)]
mrk2<-mrk[,seq(4,ncol(mrk),2)]
geno<-mrk1 + mrk2-2
###模型输入数据整理
ref<-phen[phen $ generation<4,]
sex<-ref $ sex
y<-ref $ phen
nIter<-12000
burnIn<-2000

###BayesA
saveAt<-"BayesA"
eta<-list(list(~factor(sex),
          model = 'FIXED'),
       list(X = geno[1:nrow(ref),], model = saveAt)
         )
```

```
fm<-BGLR(y = y,ETA = eta,nIter = nIter,burnIn = burnIn,saveAt = saveAt,verbose = F)
安装 BGLR 包裹
install.packages("BGLR")
调用安装包裹 1
```

数据整理完成后，则可进行基因组预测。

运行模型计算后，统计计算结果，包括标记效应值(多次抽样平均值)、效应方差抽样结果、残差方差抽样结果。要注意的是，计算这些数据都是使用预热链后每隔 5 个循环的抽样结果，这是 BGLR 默认值。

```
###提取结果
ghat<-fm$ETA[[2]]$b
write.table(ghat,file = "snp_eff_BayesA.txt",
    row.names = F,col.names = F,
    quote = F)
###对结果描述
plot(ghat^2, ylab = 'Estimated Squared-Marker Effect',
  type = 'o',cex = .5,col = 4,main = 'Marker Effects') ###标记效应值
varE<-scan(paste0(saveAt,'varE.dat'))
plot(varE,type = 'o',col = 2,cex = .5,ylab = expression(var[e]));
varg<-scan(paste0(saveAt,'ETA_2_Scale',saveAt,'.dat'))
plot(varg,type = 'o',col = 2,cex = .5,ylab = expression(var[g]));
###计算预测可靠性
gebv<-as.matrix(geno[(nrow(ref) + 1):nrow(phen),])%*%ghat
rel<-cor(gebv,phen[(nrow(ref) + 1):nrow(phen),"tbvp"])^2
reg<-lm(tbv~gebv)
b<-reg$coefficient[2]
```

由于 BGLR 对各种贝叶斯方法中的固定参数都进行了备选方案，如 BayesB 的 π 同样可由数据估计，Lasso 的 λ^2 则可假设来自伽马分布。因此，可不用自行设置这些参数，而由默认参数完成预测。这些方法与 BayesA 的唯一区别是在模型中将 model 参数改为 BayesB，但是要注意保存数据及对分析数据名称稍作修改，以区分不同方法结果。

3.3.3 结果分析

通过以上代码对 BayesA、BayesB、BayesC 及 Bayes Lasso 四种方法的结果进行统计。图 3.1 展示了四种方法估计的 SNP 效应值的区别。由图可知，各种方法估计的 SNP 效应位点分布类似。图 3.2 为不同方法残差方差抽样散点图。

估计育种值(GEBV)与真实育种值的相关系数被称为预测准确性，育种中通常将该系数平方后作为衡量不同方法优劣的指标，该指标被称作可靠性。GEBV 对 TBV 的回归系数用于对是否有偏进行衡量。回归系数接近于 1 表明预测数据无偏，大于 1 或者小于 1 都表明预测数据有偏，但其是高估还是低估不能仅由回归系数表明，截距大小也会对该判断产生影响(Ma, et al., 2015)。由表 3.1 可以看出，几种方法中，BayesB 的预测可靠性明显优于其他方

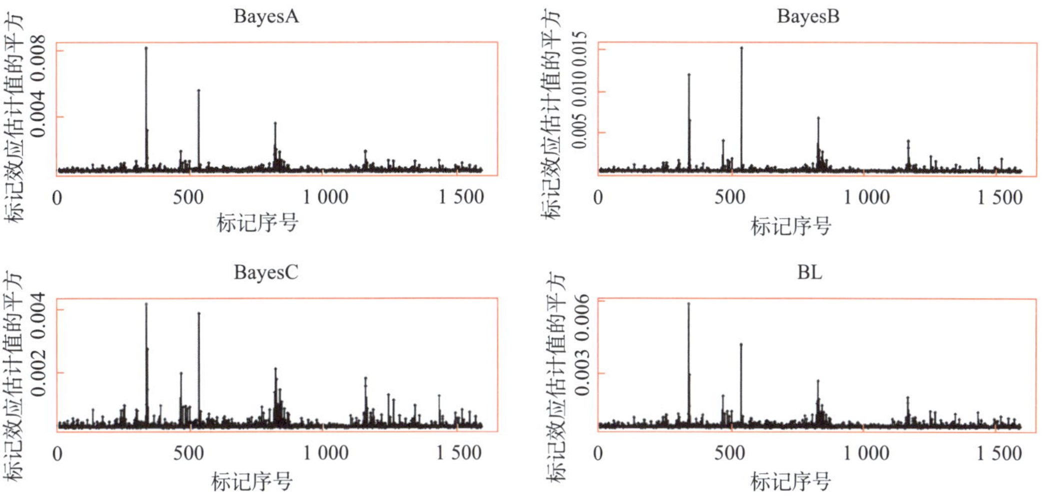

图 3.1　不同贝叶斯方法估计的 SNP 效应值分布

注:BL 表示 Bayes Lasso。

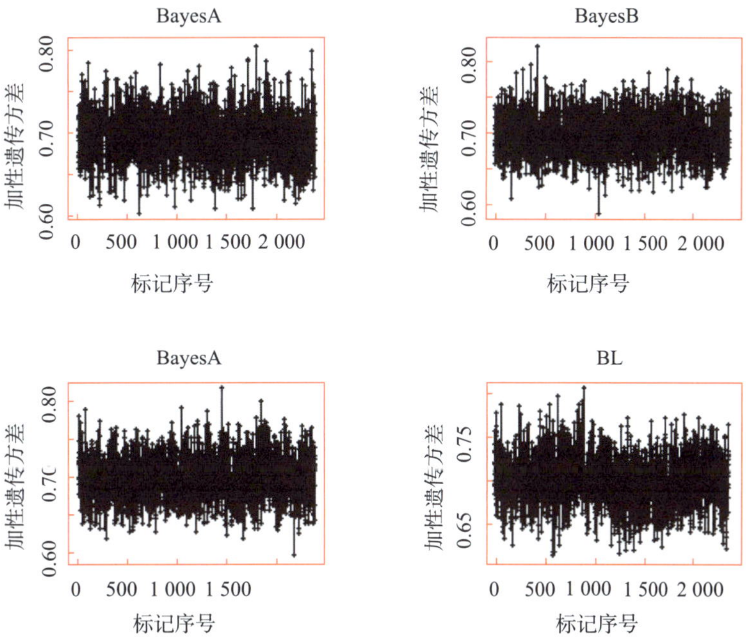

图 3.2　不同方法残差方差抽样散点图

注:BL 表示 Bayes Lasso。

法,而另外几种方法的预测可靠性则非常接近。相应地,回归系数也只有 BayesB 与其他三种方法差异较大,且更偏离于 1。其他三种方法虽然更接近于 1,但是可以看出仍有偏差。结果说明在该数据中,预测值存在有偏性,其原因可能是数据量较小。

表 3.1　不同贝叶斯方法对模拟数据估计的可靠性和 GEBV 对 TBV 的回归系数

基因组预测方法	可靠性	回归系数
BayesA	0.51	1.17
BayesB	0.53	1.22
BayesC	0.51	1.16
Bayes Lasso	0.51	1.15

第 4 章 基因组最优线性无偏预测

【本章提要】 本章介绍当前使用最为普遍的基于线性混合模型的基因组选择方法——基因组最优线性无偏预测(GBLUP)。为了方便读者理解,本书从最小二乘法介绍,通过模型的演化引出 GBLUP 的原理,并介绍其扩展模型。最后,利用一组模拟数据,演示如何利用 GBLUP 及其扩展模型进行基因组选择。

在第 3 章中,系统介绍了如何利用贝叶斯统计学的方法进行基因组选择。贝叶斯统计学框架下的几种方法虽然准确性较高,但是运算速度较慢,不适合在育种实践中大规模推广应用。在第 2 章中,详细介绍了 BLUP 模型,该模型利用系谱信息构建个体之间的亲缘关系矩阵,从而巧妙地将遗传因素考虑到一个线性混合模型中。但是,基于系谱构建的分子亲缘系数矩阵反映的只是个体之间关联的期望值,而不是现实的遗传关系。随着遗传基础的"黑箱"变得透明,利用基因组上的分子标记构建更加准确的个体之间的关联成为可能。所以,基因组最优线性无偏预测(genomic best linear unbiased prediction, GBLUP)应运而生,这一方法运算速度快、准确性也很可观,可以说是动植物育种中应用最为广泛、研究最为深入的基因组选择方法。

4.1 GBLUP 原理

如上所述,基因组选择可分为两步:第一步对标记的效应进行估计,第二步基于已知的标记效应对基因组育种值进行预测。计算的难度主要在第一步,因为要利用有限的数据量(n)对大量标记(m)的效应进行估计,属于统计学上的"大 m 小 n"难题。所以,如何解决这一问题是基因组选择的关键。

4.1.1 最小二乘法

一种解决该问题的策略是利用最小二乘法(least squares, LS),该方法分两步进行。第一步是利用 LS 对每个标记依次进行检验,模型如下:

$$\boldsymbol{y}=\boldsymbol{1}_n\mu+\boldsymbol{X}_i g_i+\boldsymbol{e} \tag{4.1}$$

式中:$\boldsymbol{y}$ 是表型向量;μ 是总平均值;$\boldsymbol{1}_n$ 是一列全是 1 的 n 维向量;g_i 是第 i 个标记的效应;$\boldsymbol{X}_i$ 是 $\boldsymbol{g}_i$ 的设计矩阵;$\boldsymbol{e}$ 是随机残差。

通过第一步的单标记回归分析选出最显著的 m 个标记,在第二步中,利用多元回归对这些标记的效应同时进行估计,模型如下:

$$\boldsymbol{y}=\boldsymbol{1}_n\mu+\sum_{i=1}^{m}\boldsymbol{X}_i g_i+\boldsymbol{e} \tag{4.2}$$

该方法具有一定的局限性。首先,如何设定标准筛选这 m 个标记?如果标准过于宽泛,m 过大,就会使得式(4.2)的计算又陷入了"大 m 小 n"的问题当中。另外,这个方法本质上还是在标记辅助选择的框架里,没有尽可能地利用大量标记的信息。但是,LS 让基因组选择的方法从无到有,是一个非常好的起点,为后续方法的提出与优化奠定了基础。

4.1.2 SNP-BLUP

为了克服 LS 的局限性,另一种策略是将标记的效应作为随机效应,即假定这些标记的效应服从某一分布(比如正态分布),并据此产生了 SNP-BLUP 模型:

$$\boldsymbol{y}=\boldsymbol{1}_n\mu+\boldsymbol{X}\boldsymbol{g}+\boldsymbol{e} \tag{4.3}$$

式中:$\boldsymbol{y}$ 是表型向量;μ 是总平均值;$\boldsymbol{1}_n$是一列全是 1 的 n 维向量;$\boldsymbol{X}$ 是 $n\times m$ 维的设计矩阵,将 $\boldsymbol{y}$ 与 m 个标记关联起来,可以按照标记的 A_1A_1、A_1A_2、A_2A_2三种基因型分别赋予 0、1、2 的取值;$\boldsymbol{g}$ 是标记的效应向量,维度为 $m\times1$;$\boldsymbol{e}$ 是随机残差。

如果假定 $\boldsymbol{g}\sim N(\boldsymbol{0},\boldsymbol{I}\sigma_g^2)$,$\sigma_g^2$是所有标记效应的方差,可以看出,此时 $\boldsymbol{y}$ 服从一个期望为 $\boldsymbol{1}_n\mu$,方差为 $\boldsymbol{X}\boldsymbol{I}\sigma_g^2\boldsymbol{X}'+\boldsymbol{I}\sigma_e^2$ 的正态分布,所以结合 Henderson 的线性混合方程组(MME)就可以给出固定效应的 BLUE 与随机效应的 BLUP:

$$\begin{bmatrix}\hat{\mu}\\ \hat{\boldsymbol{g}}\end{bmatrix}=\begin{bmatrix}\boldsymbol{1}_n'\boldsymbol{1}_n & \boldsymbol{1}_n'\boldsymbol{X}\\ \boldsymbol{X}'\boldsymbol{1}_n & \boldsymbol{X}'\boldsymbol{X}+\boldsymbol{I}\lambda\end{bmatrix}^{-1}\begin{bmatrix}\boldsymbol{1}_n'\boldsymbol{y}\\ \boldsymbol{X}'\boldsymbol{y}\end{bmatrix}$$

式中:$\lambda=\sigma_e^2/\sigma_g^2$,$\boldsymbol{I}$ 是单位矩阵,这种方法称为 SNP-BLUP。

【例 4.1】 用一组示例数据演示 SNP-BLUP。假设 5 个个体的表型值以及 10 个标记的基因型值如表 4.1 所示。

表 4.1 5 个个体的表型值以及 10 个标记的基因型值

个体序号	表型值/y	基因型值/X									
		1	2	3	4	5	6	7	8	9	10
1	1.40	0	0	0	0	0	0	1	2	0	2
2	2.29	1	0	0	1	1	1	2	1	0	1
3	1.78	1	0	0	1	0	0	1	1	1	1
4	2.22	1	1	1	1	0	1	2	1	1	1
5	1.20	0	1	1	1	1	1	2	1	0	1

在模拟产生这组数据时,总体均值 $\mu=1$,$\sigma_g^2=\sigma_e^2=1$,所以 $\lambda=1$,假设只有第一个标记有效应,该效应可从正态分布 $N(0,1)$随机抽样得到,随机残差也是从正态分布 $N(\boldsymbol{0},\boldsymbol{I})$随机抽样得到。此时,可以依次得到 MME 右侧的各个矩阵分块。

$\boldsymbol{1}_n'\boldsymbol{1}_n=5$;

$\boldsymbol{1}_n'\boldsymbol{X}=[3\ \ 2\ \ 2\ \ 4\ \ 2\ \ 3\ \ 8\ \ 6\ \ 2\ \ 6]$;

$\boldsymbol{X}'\boldsymbol{1}_n=[3\ \ 2\ \ 2\ \ 4\ \ 2\ \ 3\ \ 8\ \ 6\ \ 2\ \ 6]'$;

$$X'X+I\lambda=\begin{bmatrix}4&1&1&3&1&2&5&3&2&3\\1&3&2&2&1&2&4&2&1&2\\1&2&3&2&1&2&4&2&1&2\\3&2&2&5&2&3&7&4&2&4\\1&1&1&2&3&2&4&2&0&2\\2&2&2&3&2&4&6&3&1&3\\5&4&4&7&4&6&15&9&3&9\\3&2&2&4&2&3&9&9&2&8\\2&1&1&2&0&1&3&2&3&2\\3&2&2&4&2&3&9&8&2&9\end{bmatrix}$$

$\mathbf{1}_n'\boldsymbol{y}=8.894$

$\boldsymbol{X}'\boldsymbol{y}=[6.30\quad 3.43\quad 3.43\quad 7.50\quad 3.50\quad 5.72\quad 14.62\quad 10.29\quad 4.00\quad 10.29]'$

将各个分块代入 MME 中,可以得出:

$$\begin{bmatrix}\hat{\mu}\\ \hat{\boldsymbol{g}}\end{bmatrix}=[1.350\quad 0.340\quad -0.098\quad -0.098\quad 0.021\quad -0.068\quad 0.150\quad 0.150\quad -0.021\quad 0.089\quad -0.021]'$$

其中第一个元素 1.350 是总体均值的估计值,其他元素是各个 SNP 效应的估计值,虽然只有 5 个数据点,依然可以从这组估计值中看出第一个 SNP 的效应绝对值(0.340)最大,而这也与模拟的真实情况相符。

4.1.3 GBLUP

SNP-BLUP 模型一定程度上解决了“大 m 小 n”的问题,同时利用 MME 解出了每个标记的效应,但是对于育种而言关注的是每个个体标记效应的和,也就是基因组育种值,而不是每个标记各自的效应。所以,在 SNP-BLUP 基础之上又提出了一个等价的 GBLUP 模型。

$$\boldsymbol{y}=\mathbf{1}_n\mu+\boldsymbol{Zu}+\boldsymbol{e}\tag{4.4}$$

式中:$\boldsymbol{y}$ 是表型向量;μ 是总平均值;$\mathbf{1}_n$是一列全是 1 的 n 维向量;$\boldsymbol{Z}$ 是 $\boldsymbol{y}$ 与 $\boldsymbol{u}$ 的关联矩阵;$\boldsymbol{u}$ 是基因组育种值向量;$\boldsymbol{e}$ 是随机残差。此时 $\boldsymbol{u}=\boldsymbol{Wg}$,与式(4.3)中的 $\boldsymbol{X}$ 类似,$\boldsymbol{W}$ 将 $\boldsymbol{y}$ 与标记关联起来,但是 $\boldsymbol{W}$ 构建时将等位基因的频率也考虑了进来,并对其进行校正。比如,针对第 i 个个体的第 j 个标记,假定群体中 A_2等位基因的频率为 p_j,则当该个体的基因型为 A_1A_1 时,$w_{ij}=0-2p_j$;当基因型为 A_1A_2 时,$w_{ij}=0-2p_j$;当基因型为 A_2A_2 时,$w_{ij}=2-2p_j$。

此时,$\text{var}(\boldsymbol{u})=\boldsymbol{WW}'\sigma_g^2$,$\sigma_g^2$是 SNP-BLUP 模型中所假设的每个标记的方差,由于所有标记的方差相同,而且它们的加和等于总的遗传方差σ_u^2,由此可以计算出 $\text{var}(\boldsymbol{u})=\frac{\boldsymbol{WW}'}{m}\sigma_u^2$。但是,这种算法并没有考虑标记本身的等位基因频率,所以实际上 $\sigma_u^2=\sum_{i=1}^{m}2p_i(1-p_i)\sigma_g^2$,由此可以推出 $\text{var}(\boldsymbol{u})=\frac{\boldsymbol{WW}'}{\sum_{i=1}^{m}2p_i(1-p_i)}\sigma_u^2$。此时可以定义 $\boldsymbol{G}=\frac{\boldsymbol{WW}'}{\sum_{i=1}^{m}2p_i(1-p_i)}$,该矩阵就是基于标记构建的个体之间的亲缘关系矩阵(Van Raden,2008)。

如果将 GBLUP 与第 2 章中的 BLUP 模型式相对比可以看出，二者之间的区别在于将基于系谱构建的个体之间的亲缘关系矩阵 **A** 替换为了基于标记构建的基因组亲缘关系矩阵 **G**。所以也可以用第 2 章中的 MME 来对个体的育种值进行预测。

$$\begin{bmatrix}\hat{\mu}\\ \hat{\boldsymbol{u}}\end{bmatrix}=\begin{bmatrix}\mathbf{1}_n'\mathbf{1}_n & \mathbf{1}_n'\boldsymbol{Z}\\ \boldsymbol{Z}'\mathbf{1}_n & \boldsymbol{Z}'\boldsymbol{Z}+\boldsymbol{G}^{-1}\frac{\sigma_e^2}{\sigma_u^2}\end{bmatrix}^{-1}\begin{bmatrix}\mathbf{1}_n'\boldsymbol{y}\\ \boldsymbol{Z}'\boldsymbol{y}\end{bmatrix}$$

相比于 SNP-BLUP，GBLUP 主要有三个比较明显的优势：一是降维，将待估计的遗传效应的维度从 SNP-BLUP 的 MME 中的 $m\times m$ 维降低到了 GBLUP 的 MME 中的 $n\times n$ 维；二是由于 GBLUP 类似于 BLUP，所以使得其可以借助 BLUP 中的方法计算基因组估计育种值(genomic estimated breeding value，GEBV)的准确性；三是 GBLUP 中的 **G** 矩阵可以与系谱信息相结合，进一步提升 GEBV 估计的准确性。

【例 4.2】 基于例 4.1 中的数据，在本例中将利用 GBLUP 对各个体的 GEBV 进行估计。首先，计算基因组亲缘关系矩阵及其逆矩阵。

$$\boldsymbol{G}=\begin{bmatrix}0.938 & -0.248 & 0.062 & -0.454 & -0.299\\ -0.247 & 0.371 & -0.093 & -0.093 & 0.062\\ 0.062 & -0.093 & 0.474 & -0.041 & -0.402\\ -0.454 & -0.093 & -0.041 & 0.474 & 0.113\\ -0.299 & 0.062 & -0.402 & 0.113 & 0.526\end{bmatrix}$$

对该矩阵求其逆矩阵发现该矩阵非正定，实际上这种情况非常常见，出现的原因可能是 2 个个体或者 2 个标记的基因型存在线性相关，比如本例中的 2 号标记与 3 号标记的基因型在所有个体上都相同。为了解决这一问题，统计学上的正则化算法(比如 LASSO)被引入模型，这里不对正则化方法做过多赘述，直接给出结论，即操作中可以对 **G** 矩阵主对角线元素加一个较小的值，比如 0.01，从而保证 **G** 矩阵为正定矩阵，即$\boldsymbol{G}_2=\boldsymbol{G}+0.01\boldsymbol{I}$，其中 $\boldsymbol{I}$ 是 5×5 的单位阵，这样一个半正定矩阵 **G** 加上一个正定矩阵 $0.01\boldsymbol{I}$ 保证了$\boldsymbol{G}_2$是一个正定矩阵，求其逆矩阵可得：

$$\boldsymbol{G}_2^{-1}=\begin{bmatrix}21.04 & 20.18 & 18.89 & 20.69 & 19.21\\ 20.18 & 22.27 & 18.71 & 20.45 & 18.40\\ 18.89 & 18.71 & 22.68 & 18.16 & 21.56\\ 20.69 & 20.45 & 18.16 & 22.69 & 18.01\\ 19.21 & 18.40 & 21.56 & 18.01 & 22.83\end{bmatrix}$$

此时 MME 的各个分块可以计算如下：

$$\mathbf{1}_n'\mathbf{1}_n=5$$

$$\mathbf{1}_n'\boldsymbol{Z}=[1\quad 1\quad 1\quad 1\quad 1]$$

$$\boldsymbol{Z}'\mathbf{1}_n=[1\quad 1\quad 1\quad 1\quad 1]'$$

$$\boldsymbol{Z}'\boldsymbol{Z}+\boldsymbol{G}^{-1}\frac{\sigma_e^2}{\sigma_u^2}=\boldsymbol{Z}'\boldsymbol{Z}+\boldsymbol{G}_2^{-1}\frac{1}{1*\sum_{i=1}^{m}2p_i(1-p_i)}=\begin{bmatrix}6.42 & 5.20 & 4.87 & 5.33 & 4.95\\ 5.20 & 6.74 & 4.82 & 5.27 & 4.74\\ 4.87 & 4.82 & 6.85 & 4.68 & 5.56\\ 5.33 & 5.27 & 4.68 & 6.85 & 4.64\\ 4.95 & 4.74 & 5.56 & 4.64 & 6.88\end{bmatrix}$$

$\mathbf{1}_n'\boldsymbol{y}=8.894$

$\boldsymbol{Z}'\boldsymbol{y}=[1.40 \quad 2.29 \quad 1.78 \quad 2.22 \quad 1.20]'$

将各个分块代入 MME,可以解出:

$$\begin{bmatrix}\hat{\boldsymbol{\mu}}\\ \hat{\boldsymbol{g}}\end{bmatrix}=[1.78 \quad -0.36 \quad 0.27 \quad 0.12 \quad 0.23 \quad -0.27]'$$

在实际应用中,可以把刚刚出生还没有来得及测定表型值的个体也放到模型中,一次性估计出所有个体的 GEBV 值。

4.2 基因组亲缘关系矩阵的构建方法

在第 2 章中,BLUP 利用系谱信息估计个体之间的亲缘关系矩阵 **A**,而 GBLUP 利用了基因组遗传标记的信息构建个体之间的基因组亲缘关系矩阵(genomic relationship matrix, GRM)。与 **A** 矩阵反应的是个体之间关联的期望值不同,GRM 反映的是个体之间实现了的亲缘关系,这也是 GBLUP 所估计的 GEBV 比 BLUP 所估计的 EBV 更准确的原因。由此可见,GRM 的构建是 GBLUP 模型的核心内容,本节将介绍两种不同的 GRM 构建方法,并据此展示如何通过对 GRM 的改造实现 GBLUP 模型的扩展,并进一步提升其准确性。

4.2.1 VanRaden 法

在上一节中推导了一种 GRM 的构建方法:

$$\boldsymbol{G}=\frac{\boldsymbol{WW}'}{\sum_{i=1}^{m}2p_i(1-p_i)} \tag{4.5}$$

Van Raden 强调p_i是基础群体的等位基因频率,但是在育种实践中,基础群体往往是未知的。Forni 等认为利用当前群体的信息估计p_i也可以产生类似的结果,但在结合系谱与标记信息构建个体间的亲缘关系矩阵时,需要对 **G** 矩阵进行校正,使其能够与系谱信息相匹配(Misztal, et al., 2009)。例 4.2 演示了如何利用该方法基于标记的基因型数据构建 GRM,并且探讨了如果 **G** 矩阵非正定矩阵时的处理方式。

4.2.2 赋权法

无论是 SNP-BLUP,还是 GBLUP,都服从"微效多基因"假说,即基因组上均匀分布着大量的基因,而这些基因对所研究的数量性状贡献的效应相同。明显地,这一假设有一定的局限性,因为很多性状往往是"少数主效基因+大量微效基因"的作用模式。Zhang 等(2010)据此提出了性状关联 BLUP 模型(trait-associated best linear unbiased prediction, TABLUP),巧妙地将标记效应估计模型(SNP-BLUP,贝叶斯模型)与 GRM 的构建方法结合了起来,依据每个标记对性状的具体效应计算其权重,并基于此权重计算 GRM。该方法分为两步,第一步利用 SNP-BLUP 或者第 3 章中的贝叶斯方法估计每个标记的效应$\hat{g}$,以第 i 个标记为例,其效应为$\hat{g_i}$,则可以按照下式计算该标记的权重:

$$d_{ii}=2p_i(1-p_i)\hat{g}_i^2 \tag{4.6}$$

第二步是基于每个标记的权重，构建一个对角矩阵 $\boldsymbol{D}$，维度为 $m\times m$，其对角线元素为式(4.6)所计算的权重，利用此权重矩阵，可以按下式计算个体之间的 GRM：

$$\boldsymbol{G}=\frac{\boldsymbol{WDW'}}{\sum_{i=1}^{m}2p_i(1-p_i)} \tag{4.7}$$

式中各个符号的定义与式(4.5)式相同，只是多了一个权重矩阵 $\boldsymbol{D}$。

TABLUP 与 GBLUP 的最大区别在于其不再使用一个对所有性状都统一的 GRM，而是使用一个性状特异的 GRM。虽然计算略为烦琐，但是 TABLUP 对基因组选择准确性的提升还是比较明显的。在 2010 年于波兰举行的 QTL-MAS 大会上，主办方利用各种基因组选择方法对同一组数据进行预测，并对预测准确性进行对比，结果显示 TABLUP 从众多方法中脱颖而出，是当年会议上准确性最高的方法。

4.3 考虑显性效应的模型

上述模型往往都只考虑了加性效应。由于减数分裂，在不同世代之间能够稳定传递的只有加性效应，所以加性效应被称为“育种值”，关注的是个体的下一代的表现。而将非加性效应(包括显性效应与上位效应)考虑到模型中一方面可以提升基因组预测的准确性，另一方面考虑非加性效应也可以帮助我们制定科学的选配方案。本书重点关注考虑显性效应的模型：

$$\boldsymbol{y}=\boldsymbol{1}_n\mu+\boldsymbol{Zu}+\boldsymbol{Wv}+\boldsymbol{e} \tag{4.8}$$

式中：$\boldsymbol{v}$ 是个体的显性效应值，$\boldsymbol{W}$ 是将表型与个体的显性效应关联起来的设计矩阵，其他符号的定义与式(4.4)中相同。此时 $\boldsymbol{v}=\boldsymbol{Dd}$，$\boldsymbol{D}$ 是 $n\times m$ 维矩阵，第 i 个个体的第 j 个标记对应 A_1A_1、A_1A_2、A_2A_2 三种基因型分别取值为 $-2(1-p_i)^2$、$2p_i(1-p_i)$、$-2p_i^2$(Vitezica Z G，et al.，2011)。此时，加性效应个体之间的 GRM 可以利用式(4.5)计算得到，而显性效应的 GRM 则由下式计算：

$$\boldsymbol{K}=\frac{\boldsymbol{DD'}}{\sum_{i=1}^{m}[2p_i(1-p_i)]^2} \tag{4.9}$$

除 $\boldsymbol{D}$ 之外，各个符号的意义与式(4.5)一样，据此也可以给出利用 MME 所估计的各个效应：

$$\begin{bmatrix}\hat{\mu}\\ \hat{u}\\ \hat{v}\end{bmatrix}=\begin{bmatrix}\boldsymbol{1}_n'\boldsymbol{1}_n & \boldsymbol{1}_n'\boldsymbol{Z} & \boldsymbol{1}_n'\boldsymbol{Z}\\ \boldsymbol{Z}'\boldsymbol{1}_n & \boldsymbol{Z}'\boldsymbol{Z}+\boldsymbol{G}^{-1}\frac{\sigma_e^2}{\sigma_u^2} & \boldsymbol{Z}'\boldsymbol{W}\\ \boldsymbol{W}'\boldsymbol{1}_n & \boldsymbol{W}'\boldsymbol{Z} & \boldsymbol{W}'\boldsymbol{W}+\boldsymbol{G}^{-1}\frac{\sigma_e^2}{\sigma_v^2}\end{bmatrix}^{-1}\begin{bmatrix}\boldsymbol{1}_n'\boldsymbol{y}\\ \boldsymbol{Z}'\boldsymbol{y}\\ \boldsymbol{W}'\boldsymbol{y}\end{bmatrix}$$

其中，σ_v^2 是显性效应方差。

4.4 多性状模型

由第 2 章可知，相比单性状模型而言，只要考虑的多个性状之间存在关联，那么多性状

BLUP 模型对参数、EBV 等的估计都要比单性状模型更加准确。类似地，对于基因组选择而言，多性状的 GBLUP 模型也比单性状模型更有优势(Guo, et al.,2015)。由于 GBLUP 相比于 BLUP 只有一个亲缘关系矩阵的区别，所以第 2 章中的多性状 BLUP 模型同样可以应用于本节，以双性状模型为例，GBLUP 模型如下：

$$\begin{bmatrix} \boldsymbol{y}_1 \\ \boldsymbol{y}_2 \end{bmatrix} = \begin{bmatrix} \mathbf{1}\boldsymbol{n}_1 & \mathbf{0} \\ \mathbf{0} & \mathbf{1}\boldsymbol{n}_2 \end{bmatrix} \begin{bmatrix} \boldsymbol{\mu}_1 \\ \boldsymbol{\mu}_2 \end{bmatrix} + \begin{bmatrix} \boldsymbol{Z}_1 & \mathbf{0} \\ \mathbf{0} & \boldsymbol{Z}_2 \end{bmatrix} \begin{bmatrix} \boldsymbol{u}_1 \\ \boldsymbol{u}_2 \end{bmatrix} + \begin{bmatrix} \boldsymbol{e}_1 \\ \boldsymbol{e}_2 \end{bmatrix} \tag{4.10}$$

式中：$\boldsymbol{y}_1$ 和 $\boldsymbol{y}_2$ 是两个维度分别为 n_1 和 n_2 的表型值向量；$\boldsymbol{\mu}_1$ 和$\boldsymbol{\mu}_2$是两个性状的总体均值；$\mathbf{1}\boldsymbol{n}_1$ 和 $\mathbf{1}\boldsymbol{n}_2$分别为维度为 n_1 和 n_2的 1 列向量；$\boldsymbol{u}_1$ 和$\boldsymbol{u}_2$是个体的育种值向量，所服从的分布为 $N\left(\mathbf{0},\boldsymbol{G}\otimes\begin{bmatrix} \sigma_{u_1}^2 & \sigma_{u_1}\sigma_{u_2} \\ \sigma_{u_1}\sigma_{u_2} & \sigma_{u_2}^2 \end{bmatrix}\right)$，其中“⊗”代表矩阵的 Kronecker 积，$\sigma_{u_1}^2$、$\sigma_{u_2}^2$ 和$\sigma_{u_1}\sigma_{u_2}$ 分别代表第一个和第二个性状的基因组加性遗传方差，以及两个性状的基因组加性遗传协方差；$\boldsymbol{Z}_1$ 和 $\boldsymbol{Z}_2$ 是将表型与育种值向量关联起来的设计矩阵，$\boldsymbol{G}$ 是利用式(4.5)所构建的 GRM；$\begin{bmatrix} \boldsymbol{e}_1 \\ \boldsymbol{e}_2 \end{bmatrix}$是服从正态分布 $N\left(\mathbf{0},\boldsymbol{I}\otimes\begin{bmatrix} \sigma_{e_1}^2 & \sigma_{e_1}\sigma_{e_2} \\ \sigma_{e_1}\sigma_{e_2} & \sigma_{e_2}^2 \end{bmatrix}\right)$的随机残差，$\boldsymbol{I}$ 为单位矩阵，$\sigma_{e_1}^2$、$\sigma_{e_2}^2$ 和$\sigma_{e_1}\sigma_{e_2}$ 分别代表第一个和第二个性状的残差方差，以及两个性状的残差协方差。基于此可以给出多性状 BLUP 模型的 MME：

$$\begin{bmatrix} \hat{\boldsymbol{\mu}}_1 \\ \hat{\boldsymbol{\mu}}_2 \\ \hat{\boldsymbol{u}}_1 \\ \hat{\boldsymbol{u}}_2 \end{bmatrix} = \begin{bmatrix} \boldsymbol{I}_1'\boldsymbol{R}_{11}\boldsymbol{I}_1 & \boldsymbol{I}_1'\boldsymbol{R}_{12}\boldsymbol{I}_2 & \boldsymbol{I}_1'\boldsymbol{R}_{11}\boldsymbol{Z}_1 & \boldsymbol{I}_1'\boldsymbol{R}_{12}\boldsymbol{Z}_2 \\ \boldsymbol{I}_2'\boldsymbol{R}_{12}\boldsymbol{I}_1 & \boldsymbol{I}_2'\boldsymbol{R}_{22}\boldsymbol{I}_2 & \boldsymbol{I}_2'\boldsymbol{R}_{21}\boldsymbol{Z}_1 & \boldsymbol{I}_2'\boldsymbol{R}_{22}\boldsymbol{Z}_2 \\ \boldsymbol{Z}_1'\boldsymbol{R}_{11}\boldsymbol{I}_1 & \boldsymbol{Z}_1'\boldsymbol{R}_{12}\boldsymbol{I}_2 & \boldsymbol{Z}_1'\boldsymbol{R}_{11}\boldsymbol{Z}_1+\boldsymbol{G}^{-1}U_{11} & \boldsymbol{Z}_1'\boldsymbol{R}_{11}\boldsymbol{Z}_2+\boldsymbol{G}^{-1}U_{12} \\ \boldsymbol{Z}_2'\boldsymbol{R}_{21}\boldsymbol{I}_1 & \boldsymbol{Z}_2'\boldsymbol{R}_{22}\mathrm{I}_2 & \boldsymbol{Z}_2'\boldsymbol{R}_{21}\boldsymbol{Z}_1+\boldsymbol{G}^{-1}U_{21} & \boldsymbol{Z}_2'\boldsymbol{R}_{21}\boldsymbol{Z}_2+\boldsymbol{G}^{-1}U_{22} \end{bmatrix}^{-1} \begin{bmatrix} \boldsymbol{I}_1'\boldsymbol{R}_{11}\boldsymbol{y}_1+\boldsymbol{I}_1'\boldsymbol{R}_{12}\boldsymbol{y}_2 \\ \boldsymbol{I}_2'\boldsymbol{R}_{21}\boldsymbol{y}_1+\boldsymbol{I}_2'\boldsymbol{R}_{22}\boldsymbol{y}_2 \\ \boldsymbol{Z}_1'\boldsymbol{R}_{11}\boldsymbol{y}_1+\boldsymbol{Z}_1'\boldsymbol{R}_{12}\boldsymbol{y}_2 \\ \boldsymbol{Z}_2'\boldsymbol{R}_{21}\boldsymbol{y}_1+\boldsymbol{Z}_2'\boldsymbol{R}_{22}\boldsymbol{y}_2 \end{bmatrix}$$

其中，$\boldsymbol{R}_{ij}$ 是 $\boldsymbol{I}\otimes\begin{bmatrix} \sigma_{e_1}^2 & \sigma_{e_1}\sigma_{e_2} \\ \sigma_{e_1}\sigma_{e_2} & \sigma_{e_2}^2 \end{bmatrix}$对应的子块，$\boldsymbol{U}_{ij}$ 是 $\begin{bmatrix} \sigma_{u_1}^2 & \sigma_{u_1}\sigma_{u_2} \\ \sigma_{u_1}\sigma_{u_2} & \sigma_{u_2}^2 \end{bmatrix}^{-1}$ 对应的子块。

4.5 GBLUP 的应用

本节将利用 R 语言展示包括 SNP-BLUP、GBLUP 及其拓展模型的应用。

4.5.1 模拟数据

使用 xbreed 软件包模拟一个包含 5 个世代的群体，并且对所有个体的表型、基因型等信息进行储存，以备将来使用。模拟部分的代码如下：

```
# Simulation
library(xbreed)
## Set the genome
genome<-data.frame(matrix(NA, nrow = 3, ncol = 6))
names(genome)<-c("chr","len","nmrk","mpos","nqtl","qpos")
```

```
genome $ chr<-c(1:3)                         # number of chromosomes
genome $ len<-c(80,60,50)                    # length of chromosomes
genome $ nmrk<-c(500,1000,250)               # number of markers
genome $ mpos<-c('rnd','rnd','rnd')              # markers are randomly distributed
genome $ nqtl<-c(40,50,45)                   # number of qtls
genome $ qpos<-c('rnd','rnd','rnd')              # qtls are randomly distributed
genome
##    chr len nmrk mpos nqtl qpos
##1    1   80  500  rnd   40  rnd
##2    2   60 1000  rnd   50  rnd
##3    3   50  250  rnd   45  rnd
## Simulate a historical population
hp<-make_hp(hpsize = 200,
      ng = 500,h2 = 0.3,d2 = 0.1,phen_var = 1,
      genome = genome,mutr = 5 * 10 * * -4,sel_seq_qtl = 0.1,sel_seq_mrk = 0.05,laf = 0.5)
```

在上面的代码中，首先指定了所模拟群体的基因组参数，储存在一个称为 genome 的 data.frame 中，这个基因组包含 3 条染色体，长度分别为 80 CM(Centi-Morgen)，60 CM 与 50 CM，其上随机分布着 500 个、1 000 个、250 个单核苷酸多态性(SNP)标记与 40 个、50 个、45 个数量性状基因座位(QTL)。这些 QTL 是对我们所关注的性状真正起作用的位点，但是实际上并不能观测到它们，只能检测到可能与它们存在连锁的共 1 750 个 SNP 标记。之后，基于这些基因组参数，利用 make_hp 函数模拟产生了一个群体含量为 200 个的历史群体，该群体随机交配 500 个世代，对于所模拟的性状，其表型方差为 1，狭义遗传力为 0.3，意味着加性遗传方差为 0.3，而显性方差为 0.1。

在下述的代码中，首先从历史群体的最后一个世代(第 500 代)中随机选择 50 头公畜、150 头母畜构成了一个起始(founder)群体(第 0 代)。基于该起始群体，设置了连续 4 个世代来构建近世群体(recent population，RP)。每个世代都是从上一代随机选择 60 头公畜、100 头母畜进行构建，每头母畜生产 5 个个体。利用 sample_hp 函数，我们进行了这一模拟群体的构建过程，并把 0～4 这 5 个世代的所有基因型与表型信息都储存了下来。值得一提的是，在 RP 群体的构建中我们是按照随机选择的方式留种的，xbreed 还支持按照真实/估计育种值进行选择，具体可参考该软件的说明文档。

```
# Simulation of founder and recent population
## Randomly sample founder individuals from historical population
Male_founders<-data.frame(number = 50,select = 'rnd')
Female_founders<-data.frame(number = 100,select = 'rnd')
## Set the selection criterion, which is 'random' here
Selection<-data.frame(matrix(NA, nrow = 2, ncol = 2))
names(Selection)<-c('Number','type')
Selection $ Number[1:2]<-c(60,100)
Selection $ type[1:2]<-c('rnd','rnd')    # random selection
Selection
```

```
## Number type
##1      60   rnd
##2     100   rnd
## Data saved
sh_output<-data.frame(matrix(NA, nrow = 5, ncol = 5))
names(sh_output)<-c("data","qtl","marker","freq_mrk","freq_qtl")
sh_output[,1]<-c(0:4) # Save data for generations 0-4
sh_output[,2]<-c(0:4) # Save qtl genotype for generations 0-4
sh_output[,3]<-c(0:4) # Save marker genotype for generations 0-4
sh_output[,4]<-c(0:4) # Save marker frequencies for generations 0-4
sh_output[,5]<-c(0:4) # Save qtl frequencies for generations 0-4
sh_output
##     data qtl marker freq_mrk freq_qtl
##1     0    0    0        0        0
##2     1    1    1        1        1
##3     2    2    2        2        2
##4     3    3    3        3        3
##5     4    4    4        4        4
## Sample recent population in 4 generations with litter size of 5
RP<-sample_hp(hp_out = hp,Male_founders =
        Male_founders,Female_founders = Female_founders,
        ng = 4,Selection = Selection,litter_size = 5,saveAt = "RP",
        sh_output = sh_output,Display = TRUE)
```

4.5.2 基因组预测

在完成了 RP 的构建之后，选取第 0～3 个世代的个体作为参考群体，第 4 个世代的群体作为预测群体，将其表型记录掩盖，并将预测的基因组育种值(GEBV)与表型记录进行对比，通过相关系数的方式计算准确性。具体采取的 GEBV 估计的方法包括 SNP-BLUP、GBLUP、TABLUP 与考虑显性效应的 GBLUP 模型，并对比这几种方法针对第 4 个世代群体的基因组选择准确性。本部分内容的具体计算将借助 R 语言包中的 BGLR 包裹实现，该软件具体的使用方法可参考其说明文档，在后面的代码里也将做一些简单介绍。

4.5.2.1 数据预处理

```
# Data preparation
library(BGLR)
library(Matrix)
## reading data
dat_train<-list()
mrk_train<-list()
for(i in 0:3){
  dat_train[[i+1]]<-read.table(paste0("RP_data_",i,".txt"),h=T)
```

```
  mrk_train[[i+1]]<-read.table(paste0("RP_mrk_",i,".txt"),skip=1,h=F)
}
dat_train<-do.call(rbind,dat_train)
mrk_train<-do.call(rbind,mrk_train)

i<-4
dat_test<-read.table(paste0("RP_data_",i,".txt"),h=T)
mrk_test<-read.table(paste0("RP_mrk_",i,".txt"),skip=1,h=F)

## handling genotype data
n<-nrow(dat_train)
geno_train<-mrk_train[,-c(1,2)]
geno_test<-mrk_test[,-c(1,2)]
m<-ncol(geno_train)/2

geno_train<-geno_train-1
geno_test<-geno_test-1
geno_train<-as.matrix(geno_train)
geno_test<-as.matrix(geno_test)
multip<-do.call(bdiag,rep(list(c(1,1)),m))
geno_train<-geno_train%*%multip
geno_test<-geno_test%*%multip
```

在上面的代码中，BGLR 是进行各个模型计算的第三方软件包，而 Matrix 则是内嵌在 R 语言内部的软件包，加载它主要是为了调用该包的 bdiag 函数。之后，依次读取了利用 xbreed 模拟产生的第 0～4 个世代的表型与基因型数据，其中第 0～3 个世代的数据进行了合并，分别存储在 dat_train 与 mrk_train 中作为参考群体的数据，第 4 个世代的表型(dat_test)与基因型(mrk_test)则作为预测群体的数据单独存储。

最后，对基因型数据进行处理以使其符合 0、1、2 的编码规则，这其中有一些小技巧值得注意。首先，xbreed 产生的基因型数据中，一个个体对应两列碱基的数字代码，即 AA、Aa、aa 对应的数据为“1 1”“1 2”“2 2”，所以先对这些数值统一减去 1，即 3 种基因型的取值变为“0 0”“0 1”“1 1”，可见 0、1、2 编码恰好是每个个体所对应的两列碱基代码的和，而这也恰好可以通过对碱基的代码矩阵乘以一个对角分块矩阵(multip)的方式实现，而 multip 矩阵的构建则需要借助 bdiag 函数，通过这种方式就得到了所需要的由 0、1、2 编码的基因型矩阵。

4.5.2.2 SNP-BLUP

在准备好数据以后，以 SNP-BLUP 来进行基因组选择的代码如下：

```
# SNP-BLUP using BGLR
## sex was regarded as fixed effects
sex<-as.numeric(dat_train$sex)sex<-sex-1
y<-dat_train$phen
```

```
## parameter used for BGLR
nIter = 12000
burnIn = 2000
saveAt = 'SNP-BLUP'

## Setting the linear predictor
ETA<-list(list(~factor(sex),
          model = 'FIXED'),
        list(X = geno_train, model = 'BRR')
)

## run BGLR to estimate variance components and marker effects
fm<-BGLR(y = y,ETA = ETA,nIter = nIter,burnIn = burnIn,saveAt = saveAt,verbose = F)
ghat<-fm$ETA[[2]]$b
write.table(fm$ETA[[2]]$b,file = "snp_eff.txt",
        row.names = F,col.names = F,
        quote = F)

## plot snp effects, residual variance and snp effects variance
plot(ghat^2, ylab = 'Estimated Squared-Marker Effect',
    type = 'o',cex = .5,col = 4,main = 'Marker Effects')
varE<-scan(paste0(saveAt,'varE.dat'))
plot(varE,type = 'o',col = 2,cex = .5,ylab = expression(var[e]));
abline(h = fm$varE,col = 4,lwd = 2);
abline(v = fm$burnIn/fm$thin,col = 4)
varg<-scan(paste0(saveAt,'ETA_2_varB.dat'))
plot(varg,type = 'o',col = 2,cex = .5,ylab = expression(var[g]));
abline(h = fm$ETA[[2]]$varB,col = 4,lwd = 2);
abline(v = fm$burnIn/fm$thin,col = 4)

## get GEBV for test population using marker effects estimated above
gebv<-geno_test%*%ghat
gebv<-gebv[,1]

## get corrected phenotype and plot GEBV against corrected phenotype
sex_test<-as.numeric(dat_test$sex)-1
y_test<-dat_test$phen-fm$mu-fm$ETA[[1]]$b*sex_test
plot(gebv~y_test,xlab = 'Phenotype',
    ylab = 'Predicted Genomic Value',col = 2,
    xlim = tmp,ylim = tmp)
cor(gebv,y_test) # SNP-BLUP accuracy
##[1] 0.4141965
```

在上面的代码中，首先利用训练数据集的表型与基因型估计每个标记的效应，之后结合预测群体的基因型估计出其 GEBV 值，并与预测群体的表型值进行对比，计算相关系数作为准确性。BGLR 通过用户提供的一个 list 变量（代码中的“ETA”）来构建模型。其中性别效应作为固定效应（model='FIXED'），实际上还包含一个总体均值作为固定效应，BGLR 可自动添加，不用写出。另外，标记效应作为随机效应（model='BRR'）。BGLR 采用贝叶斯法估计模型中的方差组分，这与利用 REML 等方法有很大不同，但是模型的本质并没有改变，比如这里的'BRR'代表标记的效应服从 $N(0,\sigma_g^2)$ 的先验分布，而 σ_g^2 这一超参数又服从逆卡方分布，可见其基本假设与 SNP-BLUP 相同，只是在用贝叶斯法的原理估计参数。因为在贝叶斯法框架下，BGLR 采用抽样的方式估计参数，所以对应的就要设置抽样的循环数（nIter=12 000）以及 burn-in 参数（burIn=2 000）。

然后，调用 BGLR 函数估计出标记的效应以及各个方差组分，将标记的效应大小以及各个方差组分的抽样收敛情况都在图 4.1 中进行展示。之后，将标记的效应向量（ghat）与预测群体的基因型进行矩阵乘法计算，就得到了预测群体所有个体的 GEBV。从图 4.1(d) 可以看出，GEBV 与群体的真实表型之间存在一定的线性关系，计算相关系数得到 SNP-BLUP 的准确性为 0.414。值得注意的是，该真实表型要校正去除总体均值与性别这 2 个固定效应。

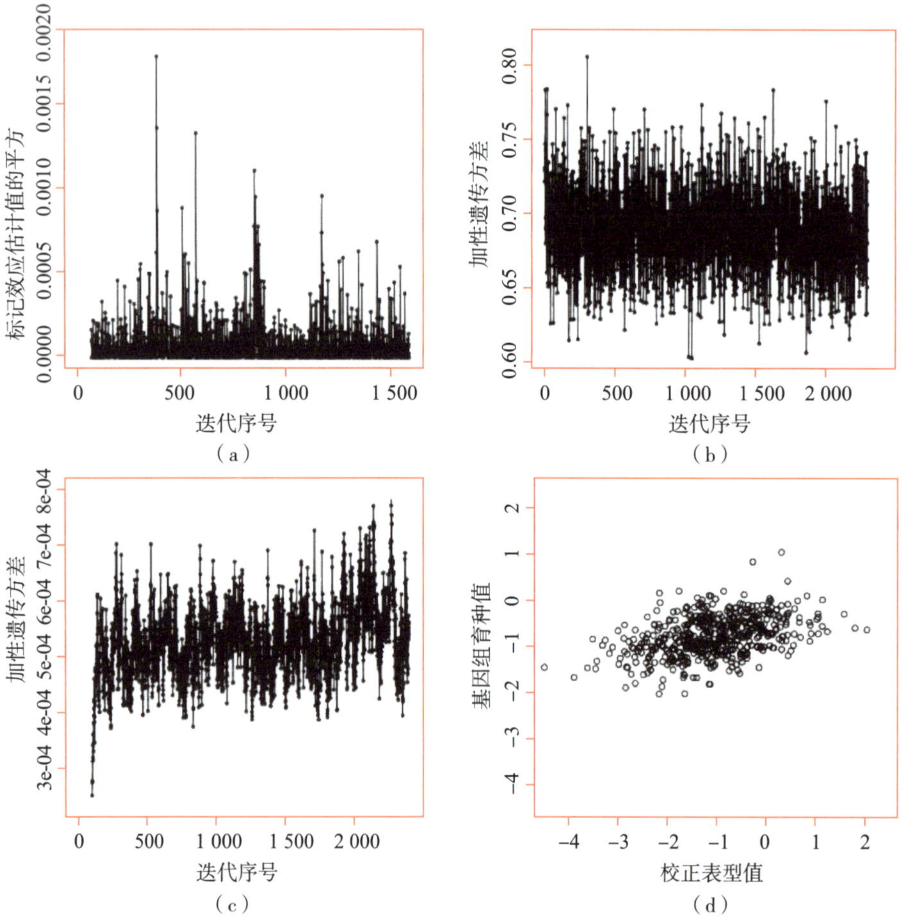

图 4.1　SNP-BLUP 所估计的标记效应(a)、残差方差(b)、标记效应方差(c)以及 GEBV 与校正表型的散点分布(d)

4.5.2.3 GBLUP

GBLUP 的 R 语言代码如下：

```
# GBLUP
# # merge training and test data together
geno<-do.call(rbind,list(geno_train,geno_test))
dat<-do.call(rbind,list(dat_train,dat_test))
sex<-as.numeric(dat $ sex)-1

# # calculate gmatrix using VaRanden (2008) method
maf<-colMeans(geno)/2

z<-scale(geno,scale = F)
gmat<-tcrossprod(z)/sum(2 * maf * (1-maf))

# # mask generation 4 's phenotype
y<-dat $ phen
y[which(dat $ generation = = 4)]<-NA

# # parameter used for BGLR
nIter = 12000
burnIn = 2000
saveAt = 'GBLUP'

# # Setting the linear predictor

ETA<-list( list(~factor(sex),
          model = 'FIXED'),
       list(K = gmat, model = 'RKHS')
)
# # run BGLR to estimate variance components and GEBV
fm2<-BGLR(y = y,ETA = ETA,nIter = nIter, burnIn = burnIn,saveAt = saveAt,verbose  =  F)
gebv<-fm2 $ ETA[[2]] $ u[fm2 $ whichNa]

y_test<-dat_test $ phen-fm2 $ mu-fm2 $ ETA[[1]] $ b * sex_test
cor(gebv, y_test)
# #[1] 0.4153611
```

在上面的代码中，首先把参考群体与预测群体的基因型以及表型数据合并到一起，这是因为 GBLUP 模型可以一步就估计出所有个体的 GEBV。然后，基于所有个体的标记基因型数据利用 VanRaden(2008)的方法计算 GRM，该矩阵的计算需要已知标记在群体中的等位基因频率。此处利用了 R 中的列平均函数(colMeans)，这是因为对于 0、1、2 编码的基因型数据，其数值实际记录了 A_2 等位基因的个数，所以列数据平均值反映了 A_2 等位基因在群体里的个数均值，但是由于二倍体生物有 2 条姐妹染色单体，所以对列均值除以 2 就得到了 A_2 的等位基因频率。在之后的操作中，故意掩盖预测群体的表型值，相当于模拟一种预测群体刚刚出生，而研究者要利用 GBLUP 对其育种值进行预测的情境。在构建的模型中，BGLR 支持通过指定个体之间的亲缘关系矩阵（K＝gmat）的方式构建随机效应。而此时的模型为 RKHS（model＝'RKHS'），是 BGLR 指定的一种贝叶斯框架下的参数估计的方法。最后，运行 BGLR 函数，并将所得的预测群体的 GEBV 与其校正掉固定效应的真实表型值进行对比，可以发现 GBLUP 的准确性（0.415）与 SNP-BLUP 的准确性（0.414）几乎一致，这也证明了二者实际上是等价的 2 个模型。

4.5.2.4 TABLUP

TABLUP 的 R 语言代码如下：

```
# TABLUP
# # calculate gmatrix using Zheng method
snp_eff<-read.table("snp_eff.txt",h = F)[,1]

maf<-colMeans(geno)/2
weight<-diag(2*maf*(1-maf)*snp_eff^2)

z<-scale(geno,scale = F)
gmat2<-z%*%weight%*%t(z)/sum(2*maf*(1-maf))

# # parameter used for BGLR
nIter = 12000
burnIn = 2000
saveAt = 'TABLUP'

# # Setting the linear predictor

ETA<-list( list(~factor(sex),
          model = 'FIXED'),
      list(K = gmat2, model = 'RKHS')
)
# # run BGLR to estimate variance components and GEBV
fm3<-BGLR(y = y,ETA = ETA,nIter = nIter, burnIn = burnIn,saveAt = saveAt,verbose = F)
gebv<-fm3 $ ETA[[2]] $ u[fm3 $ whichNa]

y_test<-dat_test $ phen-fm3 $ mu-fm3 $ ETA[[1]]$b*sex_test
cor(gebv,y_test)
# #[1] 0.4202299
```

TABLUP 与 GBLUP 的区别主要体现在 GRM 的构建上，利用上述代码，首先读取了利用 SNP-BLUP 所估计的标记的效应，然后按照式（4.6）计算了每个标记的权重，并构建了对角权重矩阵，之后按照式(4.7)计算了性状特异的 GRM 值。后面的计算流程与 GBLUP 没有本质区别，最后可以发现 TABLUP 的准确性为 0.420，的确是要大于 GBLUP 的准确性(0.414)。

4.5.2.5 考虑显性效应的 GBLUP 模型

在 xbreed 模型中将所模拟的性状添加了 0.1 的显性效应方差，所以考虑显性效应可能有助于提升基因组选择的预测准确性，这一部分的代码如下：

```
# GBLUP with dominance
## calculate dmatrix accounting for the dominance relationship between individuals
n<-nrow(dat)
m<-ncol(geno)
d0<--2*(1-maf)^2
d1<-2*maf*(1-maf)
d2<--2*maf^2
d<-matrix(0,n,m)
for(i in 1:m){
 tem_vec<-c(d0[i],d1[i],d2[i])
 d[,i]<-tem_vec[geno[,i]+1]
}

dmat<-tcrossprod(d)/sum((2*maf*(1-maf))^2)

## parameter used for BGLR
nIter=12000
burnIn=2000
saveAt='GBLUPandDominance'

## Setting the linear predictor
ETA<-list( list(~factor(sex),
           model='FIXED'),
       list(K=gmat, model='RKHS'),
       list(K=dmat, model='RKHS')
)
## run BGLR to estimate variance components and GEBV
fm4<-BGLR(y=y, ETA=ETA, nIter=nIter, burnIn=burnIn, saveAt=saveAt, verbose=F)
gebv<-fm4$ETA[[2]]$u[fm4$whichNa]+fm4$ETA[[3]]$u[fm4$whichNa]

y_test<-dat_test$phen-fm4$mu-fm4$ETA[[1]]$b*sex_test
cor(gebv,y_test)
##[1] 0.423051
```

与 GBLUP 的代码相比，上述代码主要是添加了一个方差结构为 dmat 的随机效应。显性效应的 GRM 按照式(4.8)构建,但在此之前必须将原始的 0、1、2 三种基因型分别转换为 $-2(1-p_i)^2$,$2p_i(1-p_i)$,$-2p_i^2$。p_i是代码中的 maf,并利用 1 个单层的 for 循环实现。最后,可以得到结合加性效应与显性效应的 GBLUP 模型的准确性为 0.423,比单纯只考虑加性效应的 SNP-BLUP、GBLUP 与 TABLUP 的准确性都要高。

第5章 一步法基因组预测

【本章提要】 本章首先针对一步法基因组预测原理、计算中 $\boldsymbol{G}$ 矩阵和 $\boldsymbol{A}$ 矩阵的兼容性、一步贝叶斯回归法与多性状、多群体一步法做了详细介绍。之后综述了一步法在猪基因组选择中的应用情况及其相对于两步法的优势。最后总结了当前评价基因组预测准确性的几种方法的原理、计算公式以及影响预测准确性的因素。

GBLUP 及贝叶斯方法中的反应变量通常是基因型测定个体的表型信息，或者是替代表型信息，如逆回归育种值(DRP)、女儿产量离差(DYD)、校正表型等。尽管贝叶斯法的计算利用了没有基因型个体的表型信息，但总体来讲，这 2 种方法并没有充分利用这部分信息。而在记录完善的群体中，这些信息占很大的比例。为利用这些信息，Misztal 等提出了整合系谱、基因型以及表型的概念(Misztal, et al., 2009)。Legarra 等于 2009 年，Christensen 和 Lund 于 2010 年分别通过不同方法推导了整合系谱以及基因型信息构建所有个体亲缘关系矩阵($\boldsymbol{H}$ 矩阵)的方法(Legarra, et al.,2009;Christensen and Lund,2010)。该方法被称为一步法基因组最优线性无偏预测(single step GBLUP,ssBLUP)。ssBLUP 的提出，可以将猪场记录的所有表型、系谱以及测定的基因型放到同一个混合模型中，求解估计育种值。但 $\boldsymbol{H}$ 矩阵比较复杂，在构建 MME 方程时，求解其逆矩阵比较费时。Christensen 和 Lund 又推导了 $\boldsymbol{H}$ 矩阵逆矩阵的简单求解方法，这一方法的提出使得 ssBLUP 在生产中的使用得到了支持。而基于贝叶斯方法，Fernando 等于 2014 年采用 Gibbs 抽样的方法迭代有标记个体的基因组 EBV 以及无标记个体推断的基因组 EBV 和剩余残差 EBV(Fernando, et al., 2014)，并将该方法命名为 SS-BR，但该方法由于计算量很大目前并没有被广泛使用(Legarra, et al., 2014)。

5.1 ssGBLUP 原理

ssGBLUP 是由 Legarra 等及 Christensen 和 Lund 分别提出，他们所根据的理论基础是不同的。Legarra 是基于贝叶斯更新亲缘关系矩阵的方法，Christensen 和 Lund 是基于对未进行基因型测定个体填补缺失基因型的理论。本节基于后者介绍。

Christensen 和 Lund 将基因组关系矩阵拓展到了未测定基因型个体。他们参照 Gengler 等(2007)的理论，将基因型作为数量性状进行预测。因为基因型的编码是 0、1、2，而且是服从孟德尔遗传定理的，所以这个假设是合理的。因此，个体 i 和个体 j 的同一基因型 z 之间的协方差等价于二者之间的亲缘关系，即 $\mathrm{cov}(z_i,z_j)=A_{ij}2pq$。虽然这种推断不及直接根据亲属基因型及孟德尔分离定律推断个体未知基因型准确性高，但是这种方法却有普适性，可以推断所有个体间的基因组亲缘关系。

首先，使用已知基因型个体推断未知基因型个体的基因型时，根据贝叶斯理论，可以得到 $\hat{\boldsymbol{Z}}_1=E(\hat{\boldsymbol{Z}}_1|\boldsymbol{Z}_2)=\boldsymbol{A}_{12}\boldsymbol{A}_{22}^{-1}\boldsymbol{Z}_2$，其中下脚标 1 和 2 分别代表无基因型个体和有基因型个体。Var

$(\hat{\boldsymbol{Z}}_1|\boldsymbol{Z}_2)=(\boldsymbol{A}_{11}-\boldsymbol{A}_{12}\boldsymbol{A}_{22}^{-1}\boldsymbol{A}_{21})\boldsymbol{V}$，其中 $\boldsymbol{V}$ 是以 $2p_kq_k$ 为值的对角线矩阵。因此，对于非基因型测定个体，其方差为：

$$\begin{aligned}\mathrm{var}(\boldsymbol{a}_1)&=\sigma_a^2\left(\frac{\hat{\boldsymbol{Z}}_1\hat{\boldsymbol{Z}}'_1}{2\sum p_k q_k}+\boldsymbol{A}_{11}-\boldsymbol{A}_{12}\boldsymbol{A}_{22}^{-1}\boldsymbol{A}_{21}\right)\\&=\sigma_a^2\left(\frac{\boldsymbol{A}_{12}\boldsymbol{A}_{22}^{-1}\boldsymbol{Z}_2\boldsymbol{Z}'_2\boldsymbol{A}_{22}^{-1}\boldsymbol{A}_{12}}{2\sum p_k q_k}+\boldsymbol{A}_{11}-\boldsymbol{A}_{12}\boldsymbol{A}_{22}^{-1}\boldsymbol{A}_{21}\right)\\&=\sigma_a^2(\boldsymbol{A}_{12}\boldsymbol{A}_{22}^{-1}\boldsymbol{G}\boldsymbol{A}_{22}^{-1}\boldsymbol{A}_{12}+\boldsymbol{A}_{11}-\boldsymbol{A}_{12}\boldsymbol{A}_{22}^{-1}\boldsymbol{A}_{21})\end{aligned}$$

因此，整合所有个体的方差-协方差矩阵为：

$$\mathrm{var}\begin{pmatrix}\boldsymbol{a}_1\\\boldsymbol{a}_2\end{pmatrix}=\sigma_a^2\begin{pmatrix}\boldsymbol{A}_{12}\boldsymbol{A}_{22}^{-1}\boldsymbol{G}\boldsymbol{A}_{22}^{-1}\boldsymbol{A}_{12}+\boldsymbol{A}_{11}-\boldsymbol{A}_{12}\boldsymbol{A}_{22}^{-1}\boldsymbol{A}_{21} & \boldsymbol{A}_{12}\boldsymbol{A}_{22}^{-1}\boldsymbol{G}\\\boldsymbol{G}\boldsymbol{A}_{22}^{-1}\boldsymbol{A}_{12} & \boldsymbol{G}\end{pmatrix}=\sigma_a^2\boldsymbol{H}$$

$\boldsymbol{H}$ 矩阵的逆矩阵为：

$$\boldsymbol{H}^{-1}=\boldsymbol{A}^{-1}+\begin{pmatrix}\boldsymbol{0} & \boldsymbol{0}\\\boldsymbol{0} & \boldsymbol{G}^{-1}-\boldsymbol{A}_{22}^{-1}\end{pmatrix}$$

通过以上推导，Christensen 和 Lund 得到了整合系谱及分子信息的综合亲缘关系矩阵 $\boldsymbol{H}$ 和其逆矩阵 $\boldsymbol{H}^{-1}$。

因此，类似 BLUP 或者是 GBLUP，ssGBLUP 的模型为：

$$\boldsymbol{y}=\boldsymbol{X}\boldsymbol{b}+\boldsymbol{Z}\boldsymbol{a}+\boldsymbol{e}$$

式中：$\boldsymbol{y}$ 为原始表型向量，$\boldsymbol{b}$ 为固定效应向量，$\boldsymbol{a}$ 为个体育种值向量，$\boldsymbol{X}$、$\boldsymbol{Z}$ 分别为 $\boldsymbol{b}$ 和 $\boldsymbol{a}$ 的设计矩阵，$\boldsymbol{e}$ 为残差效应向量。$\boldsymbol{a}$ 和 $\boldsymbol{e}$ 分别服从的分布为 $\mathrm{N}(\boldsymbol{0},\boldsymbol{H}\sigma_a^2)$ 和 $\mathrm{N}(\boldsymbol{0},\boldsymbol{I}\sigma_e^2)$。即 $\boldsymbol{H}$ 矩阵替换了常规 BLUP 中的 $\boldsymbol{A}$ 矩阵，因此得到的混合模型方程组为：

$$\begin{pmatrix}\boldsymbol{X}'\boldsymbol{X} & \boldsymbol{X}'\boldsymbol{Z}\\\boldsymbol{Z}'\boldsymbol{X} & \boldsymbol{Z}'\boldsymbol{Z}+\boldsymbol{H}^{-1}\lambda\end{pmatrix}\begin{pmatrix}\hat{\boldsymbol{b}}\\\hat{\boldsymbol{a}}\end{pmatrix}=\begin{pmatrix}\boldsymbol{X}'\boldsymbol{y}\\\boldsymbol{Z}'\boldsymbol{y}\end{pmatrix}$$

其中，$\lambda=\frac{\sigma_e^2}{\sigma_a^2}$。

5.2 G 矩阵与 A 矩阵的兼容性

由于 $\boldsymbol{H}$ 矩阵计算中需要用到 $\boldsymbol{G}-\boldsymbol{A}_{22}$ 及 $\boldsymbol{G}^{-1}-\boldsymbol{A}_{22}^{-1}$ 等组分，因此要求 $\boldsymbol{G}$ 矩阵与 $\boldsymbol{A}$ 矩阵必须有兼容性。而 $\boldsymbol{G}$ 矩阵与 $\boldsymbol{A}$ 矩阵兼容要求在构建 $\boldsymbol{G}$ 矩阵时，所使用的基因频率为基础群（base population）的基因频率。但在实际生产中，由于基础群的记录数据远远早于 DNA 样品采集个体的记录数据，因此无法准确定义基础群。而在一步法的推导过程中，所使用的基因频率则应该是基础群未经选择、漂变的群体基因频率。如果像 GBLUP 一样，使用测定群体的基因频率，则可能产生严重的偏差，这在一些实际数据以及模拟验证中都有报道（Vitezica，et al.，2011；Christensen，et al.，2012）。

两大类方法被提出用于解决这一问题。首先是对 $\boldsymbol{G}$ 矩阵进行调整，构建新的矩阵 $\boldsymbol{G}^*=\boldsymbol{a}+b\boldsymbol{G}$。其中 $\boldsymbol{a}$ 可以理解为总关系矩阵，而 b 是在尺度上的一个变化值。Vanraden 等于 2008 年提出了令 $\boldsymbol{a}+b\boldsymbol{G}=\boldsymbol{A}_{22}+\boldsymbol{E}$，即多次减数分裂的关系结果期望 $E(\boldsymbol{G})=\boldsymbol{A}_{22}$，但是剩余关系 $\boldsymbol{E}$ 并不是等方差的，因此一些极端值如关系很远的亲缘存在时会产生很大的偏差。另一种方法是提出所有基因型个体的平均值的分布，即假设基因型测定个体 $\boldsymbol{a}_2$ 服从的分布为 $N(\boldsymbol{1\mu},\boldsymbol{G})$。因为 $\boldsymbol{a}_2$ 是一个随机变量，可以等价地写成其服从的分布为 $N[\boldsymbol{0},\boldsymbol{G}+11'\mathrm{var}(\boldsymbol{\mu})]$。一种无偏的方法是强制令育种值的平均值($\bar{a}_2$)一致。因此校正系数 $b=1$，而 $a=\bar{\boldsymbol{A}}_{22}-\bar{\boldsymbol{G}}$。这种方法虽然校正了遗传趋势的变化，但是却忽视了在 $\boldsymbol{A}_{22}$ 中考虑从基础群到这些个体时遗传方差存在着下降，而在 $\boldsymbol{G}$ 中却没有考虑这一问题。Christesen 提出可以使用 $b=1-a/2$ 的方式解决这一问题。但是大多数情况下，基因型测定群体并不是自由交配群体，这些个体来自不同时段，且可能互为亲属。因此，Christesen 提出了群体均值漂变以及期望方差同时估计 a 和 b，需要同时满足 $a+b[\mathrm{tr}(\boldsymbol{G})]/n=\mathrm{tr}(\boldsymbol{A}_{22})/n$ 和 $a+b\bar{\boldsymbol{G}}=\bar{\boldsymbol{A}}_{22}$，才能得到无偏解。这种方法是目前使用最广泛的方法。这几种方法都要求先使用基因频率 p 来求解 $\boldsymbol{G}$，该值一般由数据直接计算，或者定义部分个体为基础群体，由这部分个体计算而得。

另一类方法则是将 $\boldsymbol{A}_{22}$ 调整到 $\boldsymbol{G}$ 的尺度上。因为 $\boldsymbol{A}_{22}$ 是会根据基础群的不同发生改变的，而 $\boldsymbol{G}$ 则是绝对值。Christesen(2012)引入了 2 个变量 γ 和 s，用于校正现有群体中除基础群体造成的相关之外的相关以及基础群体的方差。这 2 个参数都可以通过极大似然法估计得到。通过该方法的延伸，Legarra 等(2015)提出了元共组(metafounders)的概念，并将其在基因组预测中使用。

5.3 一步贝叶斯回归法(ssBR)

当使用分子信息进行基因组育种值估计时，对一些性状及群体的研究表明，贝叶斯方法的准确性更高。因此在提出 ssGBLUP 之后，关于在一步法中使用的贝叶斯回归方法 ssBR 也被相继提出。

Legarra 和 Ducrocq 于 2012 年提出 2 种方法(Legarra and Ducrocq，2012)。其中一种是在混合模型方程组织中加入标记效应的组分。混合模型方程组如下：

$$\begin{pmatrix} \boldsymbol{X}'\boldsymbol{X} & \boldsymbol{X}'_1\boldsymbol{Z}_1 & \boldsymbol{W}'_2\boldsymbol{Z}_2\boldsymbol{W}_1 \\ \boldsymbol{Z}'_1\boldsymbol{X} & \boldsymbol{Z}'_1\boldsymbol{Z}+\boldsymbol{A}_{11}^{-1}\lambda & \boldsymbol{A}^{12}\boldsymbol{W}_2\lambda \\ \boldsymbol{W}'_2\boldsymbol{Z}_2\boldsymbol{X}_2 & \boldsymbol{W}'_2\boldsymbol{A}^{12}\lambda & \boldsymbol{W}'_2\boldsymbol{Z}_2\boldsymbol{Z}'_2\boldsymbol{W}_2+\boldsymbol{W}'_2(\boldsymbol{A}^{22}-\boldsymbol{A}_{22}^{-1})\boldsymbol{W}_2\lambda+\boldsymbol{D}_g^{-1}\sigma_e^2 \end{pmatrix}\begin{pmatrix} \hat{\boldsymbol{b}} \\ \hat{\boldsymbol{a}} \\ \hat{\boldsymbol{g}} \end{pmatrix}$$
$$=\begin{pmatrix} \boldsymbol{X}'\boldsymbol{y} \\ \boldsymbol{Z}'_1\boldsymbol{y}_1 \\ \boldsymbol{W}'_2\boldsymbol{Z}_2\boldsymbol{y}_2 \end{pmatrix}$$

式中：标记效应 $\boldsymbol{g}$ 的先验方差 $\mathrm{var}(\boldsymbol{g})=\boldsymbol{D}_g$，如 Bayesian Lasso 中为 2 倍的指数，然后对方程的求解可通过 Gibbs 抽样完成。

另一种方法是通过迭代常规 BLUP 值及基因组预测值(以 Bayesian 方法计算)，二者互为先验值。

Fernado 等(2014)通过使用 Gengler 的方法求解所有个体的标记效应。非基因型测定个体的剩余育种值效应标记为 $\boldsymbol{\varepsilon}$，剩余育种值效应是非基因型测定个体通过填补后的基因型效应差值。因此所有个体的育种值效应可以表达为：

$$\boldsymbol{a}=(\widehat{\boldsymbol{W}}_1\boldsymbol{W}_2)\boldsymbol{g}+\begin{pmatrix}\boldsymbol{\varepsilon}\\ \boldsymbol{0}\end{pmatrix}=\widehat{\boldsymbol{W}}\boldsymbol{g}+\begin{pmatrix}\boldsymbol{\varepsilon}\\ \boldsymbol{0}\end{pmatrix}$$

经推导，可得混合模型方程组为：

$$\begin{bmatrix}\boldsymbol{X}'\boldsymbol{X} & \boldsymbol{X}'\boldsymbol{W}\widehat{\boldsymbol{Z}} & \boldsymbol{X}_1'\boldsymbol{Z}_1\\ \widehat{\boldsymbol{W}}'\boldsymbol{Z}'\boldsymbol{X} & \widehat{\boldsymbol{W}}'\boldsymbol{Z}'\boldsymbol{Z}\widehat{\boldsymbol{W}}+\boldsymbol{I}\dfrac{\sigma_e^2}{\sigma_a^2} & \widehat{\boldsymbol{W}}_1'\boldsymbol{Z}_1'\boldsymbol{Z}_1\\ \boldsymbol{Z}_1'\boldsymbol{X}_1 & \boldsymbol{Z}_1'\boldsymbol{Z}_1\widehat{\boldsymbol{W}}_1 & \boldsymbol{W}_1'\boldsymbol{W}_1+(\boldsymbol{A}^{11})\dfrac{\sigma_e^2}{\sigma_g^2}\end{bmatrix}\begin{pmatrix}\widehat{\boldsymbol{b}}\\ \widehat{\boldsymbol{a}}\\ \widehat{\boldsymbol{\varepsilon}}\end{pmatrix}=\begin{pmatrix}\boldsymbol{X}'\boldsymbol{y}\\ \widehat{\boldsymbol{W}}'\boldsymbol{Z}'\boldsymbol{y}\\ \boldsymbol{Z}_1'\boldsymbol{y}\end{pmatrix}$$

Gibbs 抽样迭代用于贝叶斯估计值的求解。该方法与以上所述方法类似，但是矩阵较密集，求解速度较慢。

5.4 多性状模型

由于 ssGBLUP 与 GBLUP 或者原始 BLUP 计算方法一样，因此多性状模型的混合模型方程组为：

$$\begin{pmatrix}\boldsymbol{X}'\boldsymbol{R}^{-1}\boldsymbol{X} & \boldsymbol{X}'\boldsymbol{R}^{-1}\boldsymbol{Z}\\ \boldsymbol{Z}'\boldsymbol{R}^{-1}\boldsymbol{X} & \boldsymbol{Z}'\boldsymbol{R}^{-1}\boldsymbol{Z}+\boldsymbol{H}^{-1}\otimes\boldsymbol{G}_0^{-1}\end{pmatrix}\begin{pmatrix}\widehat{\boldsymbol{b}}\\ \widehat{\boldsymbol{a}}\end{pmatrix}=\begin{pmatrix}\boldsymbol{X}'\boldsymbol{R}^{-1}\boldsymbol{y}\\ \boldsymbol{Z}'\boldsymbol{R}^{-1}\boldsymbol{y}\end{pmatrix}$$

即育种值 $\boldsymbol{a}$ 的方差扩展为 $\boldsymbol{H}\otimes\boldsymbol{G}_0$，其中 $\boldsymbol{G}_0$ 在两性状模型下为 $\begin{bmatrix}\sigma_{a1}^2 & \sigma_{a1}\sigma_{a2}\\ \sigma_{a1}\sigma_{a2} & \sigma_{a2}^2\end{bmatrix}$，剩余残差 $\boldsymbol{e}$ 的方差为 $\boldsymbol{R}=\begin{bmatrix}\boldsymbol{I}\sigma_{e1}^2 & \boldsymbol{0}\\ \boldsymbol{0} & \boldsymbol{I}\sigma_{e2}^2\end{bmatrix}$。

同理，对其他随机效应如母体效应的扩展与常规 BLUP 法及 GBLUP 法相似，而目前对显性效应的一步法研究较少。

5.5 多群体 ssGBLUP

当考虑多个群体的 ssGBLUP 时，不同群体可能在系谱上并没有联系，这在理论上是存在问题的。一方面这有可能是因为记录不全造成的，另一方面即使是的确没有基因交流的两个群体，从共享标记显示也可能是存在联系的。因此 Legarra 等(2015)提出了使用元共组的方法解决多群体基础群体不存在联系的问题。

在常规的 BLUP 中，假设系谱中的基础群体(base population)是没有近交的。Jacquard (1974)假设祖先群体的近交系数为 $\gamma/2$，基础群体为祖先群体的后代，则当基础群体为相关群体时，个体间的加性遗传相关为：

$$\mathbf{A}^{\gamma}=\mathbf{A}\left(1-\frac{\gamma}{2}\right)+\gamma\mathbf{1}\mathbf{1}'$$

遗传方差为：

$$\sigma^2_{a-related}=\frac{\sigma^2_{a-unrelated}}{1-\gamma/2}$$

当考虑多个群体(A 与 B)时，则有 $\boldsymbol{\Gamma}=\begin{pmatrix}\gamma^{A} & \gamma^{A,B}\\ \gamma^{A,B} & \gamma^{B}\end{pmatrix}$，方差-协方差为：

$$\mathrm{var}\begin{pmatrix}\boldsymbol{a}^{A}\\ \boldsymbol{a}^{B}\end{pmatrix}=\sigma^2\begin{pmatrix}\mathbf{A}_{A,A}(1-\frac{\gamma^{A}}{2}) & \mathbf{0}\\ \mathbf{0} & \mathbf{A}_{B,B}(1-\frac{\gamma^{B}}{2})\end{pmatrix}+\sigma^2\begin{pmatrix}\gamma^{A}\mathbf{1}\mathbf{1}' & \gamma^{A,B}\mathbf{1}\mathbf{1}'\\ \gamma^{A,B}\mathbf{1}\mathbf{1}' & \gamma^{B}\mathbf{1}\mathbf{1}'\end{pmatrix}$$

假设 s 为所有标记的方差，则通过对以下公式的极大似然值可得 $\boldsymbol{\Gamma}$ 及 s。

$$\ln p(\boldsymbol{Z}|\boldsymbol{\Gamma},s)=\mathrm{const}-\frac{pn_2}{2}\ln(s)-\frac{p}{2}\ln(|\boldsymbol{A}^{\Gamma}_{22}|)-\frac{p}{2s}\mathrm{tr}(\boldsymbol{A}^{\Gamma-1}_{22}\boldsymbol{Z}\boldsymbol{Z}')$$

也可通过对 $\boldsymbol{\Gamma}$ 及 s 赋初始值，使用贝叶斯方法求解。

Garcia-Bassino 等(2017)研究证明，$\boldsymbol{\Gamma}$ 可以从群体分化角度出发，类似于 F_{st}，可证 $\boldsymbol{\Gamma}=8\mathrm{cov}(p^{A},p^{B})$。其中，$p^{A}$，$p^{B}$ 分别为 A、B 两个群体的基础群体的等位基因频率。实践中使用广义最小二乘法可以简便地估算出 $\boldsymbol{\Gamma}$。

5.6 一步法在猪基因组选择中的应用

实践表明，因为一步法可以充分利用群体中的表型、基因型以及系谱信息，对于大多数群体及性状，一步法的预测准确性都高于常规 GBLUP 法及 BLUP 法。丹育公司、PIC 公司和 ToPigs 公司目前都是使用一步法进行育种值估计。

Christensen 等(2012)对丹麦杜洛克的日增重(330 302 条数据，其中包含 2 668 个个体的基因型)及饲料转化率(25 900 条数据，其中包含 1 474 个个体的基因型)使用 BLUP 法、GBLUP 法以及 ssGBLUP 法进行育种值估计，结果发现无论是对于有基因型的个体还是无基因型的个体，ssGBLUP 法都提高了预测准确性，且对 $\boldsymbol{G}$ 矩阵校正后其预测准确性更高。Guo 等(2015)在丹麦大白猪及长白猪的产仔性状的育种值估计中使用了 ssGBLUP 法，结果表明，对于基因型测定个体，预测准确性从使用 BLUP 法的 0.091 提高到了 0.209；而对于无基因型个体，预测准确性从 0.091 提高到了 0.105。Xiang 等(2017)对约克夏及长白群体使用杂交群体ssGBLUP 法，结果显示，该方法提高了纯种个体的模型预测准确性。该团队并于 2017 年，使用元共祖方法对该群体进行了进一步的研究(Xiang，et al.，2017)，结果表明，丹麦长白祖先群体与约克夏祖先群体之间存在相关，且在 ssGBLUP 法中加入元共祖方法，其模型准确性至少不低于假设群体无关的 ssGBLUP 法。Song 等(2017)使用不同方法对来自三个群体的大白进行了育种值估计，包括 GBLUP 法、BayesR 法以及 ssGBLUP 法，研究性状包括生长性状(2 084 个个体具有基因型)以及繁殖性状(1 388 个个体具有基因型)，结果表明，SSGBLUP 法的预测准确性显著优于 GBLUP 法以及 BayesR 法，提高比例从 18%至 38%。

5.7 基因组选择准确性及其影响因素

选择准确性是影响遗传进展的一个重要因素，因此，在育种中应用基因组选择时应首先考虑其准确性。准确性通常使用估计值与真值的相关系数衡量，基因组选择准确性即基因组估计育种值与真实育种值之间的相关系数。但是，真实育种值在实际生产中是未知的。针对这一问题，研究者提出了不同的方法策略，本节将对主要的几种方法进行介绍。

进行准确的全基因组选择，需要对标记进行正确的效应估计，以及将估计的标记效应准确地使用到候选群体中。因此基因组选择准确性受群体特性及性状特性的影响。性状遗传力、群体有效含量、参考群体的大小、标记密度和参考群体与候选群体的关系等是影响基因组选择准确性的重要因素。这些因素可概括为不可控因素及可控因素。

5.7.1 基因组选择准确性的衡量指标

基因组选择准确性的衡量指标主要有期望准确性、不同方法计算出的相关系数以及回归系数等。

5.7.1.1 期望准确性

Goddard 等（2009）对期望准确性进行了推导。在基因组中，一个标记有可能与多个 QTL 存在连锁不平衡，一个 QTL 也有可能与多个标记存在连锁不平衡。我们可以假设，每一个标记（m_i）与 QTL x_i 存在较强的 LD，而与其他 QTL 处于连锁平衡状态，则真实育种值 T 与标记育种值 T_m 之间的相关系数平方为：

$$r^2(T,T_m) = \sum a_i^2 V(x_i) r^2(x_i,m_i) / \sum a_i^2 V(x_i)$$

式中：$V(x_i)=2q_i(1-q_i)$，q_i 是 QTL x_i 的等位基因频率。$r^2(x_i,m_i)$是常规的连锁不平衡系数，a_i 是 x_i 的等位基因效应。因此 $r^2(T,T_m)$是加权的标记与 QTL 的连锁不平衡系数。加权值是每个 QTL 的方差。

而当标记与 QTL 的关系存在连锁平衡时，则标记的效应（b_i）与标记的方差 $V(m_i)$没有关系。标记育种值 T_m 与估计育种值 I 的相关系数平方为：

$$r^2(T_m,I) = \sum V(x_i)V(\hat{b}_i) / \sum V(x_i)V(b_i)$$

即选择准确性平方的加权平均值，其中权重为标记的方差。

选择准确性则为：

$$r(T,I)=r(T,T_m)\times r(T_m,I)$$

即选择准确性受标记与 QTL 的连锁程度以及对标记效应估计准确性的影响。这 2 个公式中均需获取 b 的分布情况。如果假设其为正态分布，则可以使用 BLUP 法计算其估计值方差。

Daetwyler 等（2010）在此基础上提出，基因组选择期望准确性为：

$$r_{g\hat{g}} = \sqrt{\frac{N_p h^2}{N_p h^2 + M_e}}$$

式中：N_p 为参考群体个体数，h^2 为性状遗传力。染色体有效片段数 $M_e = 2N_eL/\log(4N_eL)$，N_e 为有效群体含量，L 为染色体以遗传距离计的长度。

5.7.1.2 相关系数及回归系数

在验证基因组预测准确性时，验证个体通常具有表型或通过更多信息（如同胞表型、后裔表型）等计算的育种值或校正表型值、逆回归育种值等较为准确的信息（通常在模型中用作反应变量）。通过计算基因组育种值 GEBV 与这类信息的相关系数可以估计基因预测准确性。但因为这类信息与真实育种值之间的相关系数并不是 1，因此要进行校正（Legarra，et al.，2008），所依据的推导过程如下：

$$r_{g\hat{g}} = \frac{\text{cov}(g,\hat{g})}{\sigma_g\sigma_{\hat{g}}} = \frac{\text{cov}(y+e,\hat{g})}{\sigma_y\sigma_{\hat{g}}} \times \frac{\sigma_y}{\sigma_g} = r_{y\hat{g}} \times \frac{\sigma_y \times \sigma_g}{\sigma_g \times \sigma_g}$$

$$= r_{y\hat{g}} \times \frac{\sigma_y \times \sigma_g}{\text{cov}(g,g+e)} = r_{y\hat{g}} \times \frac{\sigma_y \times \sigma_g}{\text{cov}(g,y)} = r_{y\hat{g}}/r_{yg}$$

式中：g 为真实育种值，$\hat{g}$ 为基因组育种值，y 为反应变量。即基因组预测准确性为基因组育种值与反应变量的相关系数除以反应变量准确性，仅使用个体表型信息估计校正表型为反应变量时，分母为性状遗传力的平方根。

预测准确性的平方称为预测可靠性，在研究报道中预测可靠性多于预测准确性（Gorjanc，et al.，2015；Su，et al.，2016；Ma，et al.，2019）。

GEBV 对反应变量的回归系数 $b_{\hat{g}y}$ 用于衡量估计结果的无偏性。当 $b_{\hat{g}y}$ 接近于 1 时，证明估计值无偏；当 $b_{\hat{g}y}>1$ 或 $b_{\hat{g}y}<1$ 时，证明估计有偏。曾有研究认为当 $b_{\hat{g}y}>1$ 时，则说明基因组育种值存在高估现象；当 $b_{\hat{g}y}<1$ 时，则说明基因组育种值被低估。但在丹麦娟珊牛实验中观察到了相反的情况。通过研究发现，如果仅靠回归系数判断是高估还是低估了基因组育种值，其前提假设是预测模型的截距为 0。而大多数群体及性状估计的截距并不为 0，因此应综合考虑回归系数及截距，以判断基因组育种值是被高估了还是低估了（Ma et al.，2015）。如果评估被选择个体只有一代，有偏预测并不会影响个体排序。但如果需将几代个体同时进行评估，则有偏性会影响个体之间的排序。而在猪育种中，存在着世代重叠现象，因此，该指标是衡量基因组预测效率的重要指标。

基因组预测验证时，验证群体的选择有筛选出生较晚个体、通过 K-fold 交叉验证、通过留一验证等方法，前几章的验证方法为第 1 种。K-fold 交叉验证将所有数据分为 K 个子集，依次选取其中 1 个子集作为验证群体，其他所有子集作为参考群体，进行基因组预测。之后，计算所有个体预测值与反应变量的相关系数（平方）及回归系数。留一验证与 K-fold 交叉验证思路一致，区别是将数据分为 n 个子集，n 为个体数。这三种方法各自具有优劣势，应根据实际情况进行选择。但个体数较多时，留一验证需要进行多次基因组预测，耗时较长，效率较低。Xu（2017）根据预测残差误差平方和（predicted residual error sum of squares，PRESS）的理论提出了一种 HAT 方法直接计算预测准确性。该方法只用一次便将所有数据同时放到模型中估计育种值，并不需要区分参考群体与验证群体。预测准确性计算公式为：

$$PRESS = \sum_{i=1}^{n} e_i^2 = \sum_{i=1}^{n} \hat{e}_i^2/(1-h_{ii}^R)^2$$

式中：$\hat{e}_i^2$ 是预测残差误差平方，h_{ii}^R 是 $\boldsymbol{H}^R$ 矩阵中的对角线元素。该矩阵为系数矩阵的变换。

在对比不同策略时，需要计算相关系数的差异显著性。由于所对比的变量皆为反应变量，此时应使用 Williams' t test（Steiger，1980）。

5.7.2 影响基因组选择准确性的因素

影响基因组选择准确性的不可控因素包括遗传力大小、影响性状 QTL 的个数、群体有效含量以及染色体的长度等因素。可控因素包括参考群体大小、参考群体内部关系、参考群体与候选群体的关系、标记密度以及选择方法等。这些因素间不是割裂的，而是互相影响的。

参考群体的大小是影响全基因组选择准确性的重要因素。参考群体是群体中具有优秀表型值并进行了全基因组基因型测定的个体。当参考群体增加时，估计每个标记效应所使用的信息量增大，通过提高估计标记效应的准确性而提高全基因组选择的准确性。当影响性状的 QTL 效应较小时，要进行准确估计所需要的参考群体的个体数越多（Hayes，et al.，2009；Van Raden，et al.，2009）。而在 Goddard 和 Hayes（2009）的模拟研究中，当参考群体大小从几百增加到 20 000 个个体时，对于不同遗传力的性状，全基因组选择的准确性呈上升趋势。且对于遗传力较小的性状，达到一定的准确性所需要的个体数更多。

当标记密度增大时，标记与 QTL 之间的距离减小，从而增加了 QTL 和标记之间的连锁不平衡程度。因此，当标记密度增加时，可通过提高标记对 QTL 预测的准确性提高估计候选群体预测 DGV 的准确性(Calus，et al.，2008)。

另外，参考群体与候选群体之间的关系也是影响全基因组选择准确性的重要因素之一。全基因组选择准确性随着候选群体与参考群体间的代数增加而降低。原因是遗传关系随着代数的增加而减半，而且标记与 QTL 间的 LD 也会随代数的增加而衰减。Habier 等(2007)研究表明主要使用遗传关系进行全基因组选择的 GBLUP 法随着世代数的增加，其准确性要低于主要使用标记和 QTL 间连锁进行全基因组选择的方法，例如 BayesB。

第6章 基于机器学习的基因组预测

【本章提要】 当前,大量的机器学习方法已被开发应用于解决回归、分类、聚类和降维等多种类型的问题。本章将重点介绍常见的机器学习算法的原理及其在猪基因组选择中的应用。

机器学习(machine learning)是一门多领域交叉学科,主要是设计和分析一些让计算机可以自动"学习"的算法,从数据中自动分析获得规律,并利用规律对未知数据进行预测(Samuel, 1959)。其在自然语言理解、数据挖掘、医学诊断、模式识别等领域得到了普遍应用(Makridakis, et al., 2018)。在近几年,畜牧业经历了重大的技术变革,除了在基因组选择、种群运营管理等方面进行变革外,更重要的是基于传感器的自动化数据的收集,通过监控畜群活动,可以获得大量的表型数据,与其他数据源如基因组结合,为模型构建、选择留种、提高畜群生产效率提供新的机遇(Nayeri, et al., 2019)。

在生物医学领域,将多种来源的数据结合进行预测,已经取得了许多成果,如蛋白功能预测、核磁共振图像分割、肿瘤识别等(Zitnik, et al., 2019),但在动物育种中,大维度的基因组数据(如SNP标记)通常因为缺乏足够的观测值和预测值而难以整合,使用传统的线性模型难以解开隐藏在大量嘈杂和冗余数据中的复杂关系,而大量非参数型的机器学习算法却很适合解决这些问题,这或许会成为动物育种发展新方向。

自1960年代初以来,已经开发出了大量的机器学习方法,它们对回归、分类、聚类和降维等多种类型的问题都产生了重大影响。

6.1 算法模型

6.1.1 人工神经网络

人工神经网络(artificial neural network,ANN),是一种模仿生物神经网络结构和功能的数学模型,它从信息处理角度对人脑神经元网络进行抽象,按不同的连接方式组成不同的网络,常用来解决分类(classification)和回归(regression)的问题。

如图6.1所示,三层神经网络由三部分组成:输入层(input layers),隐藏层(hidden layers),输出层(output layers)。

每一层都是由单元(units)或神经元组成,每个神经元代表一种特定的输出函数,被称为激活函数(activation function)。其中,输入层是由训练集中实例特征向量传入,根据连接点之间的权重传递到下一层,每两个点之间的连接都代表一个对于通过该连接信号的加权,可以理解为人工神经网络的记忆。输入层和输出层都只有一层,但隐藏层的个数是可以任意指定的。理论上如果有足够多的隐藏层和训练集,神经网络可以模拟出任何函数。

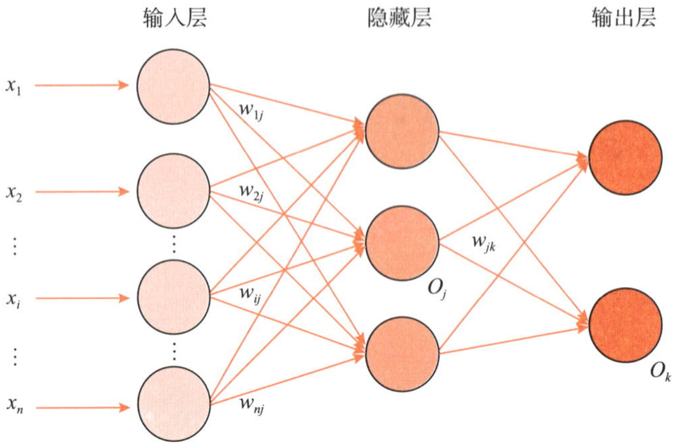

图 6.1　三层神经网络结构

如图 6.2 所示的单个神经元节点又被称为感知器，是构成神经网络的基本信息处理单元。y_1，y_2，…，y_n 为某一神经元的 n 个输入值，可以是来自上一层神经元的输出；ω_{ij} 表示第 i 个输入在 j 层的连接强度，又被称为连接权重；θ_j 为神经元的偏置(bias)；f 为神经元的激活函数。由此可以看出，人工神经元是一个具有多向输入、单向输出的非线性器件。

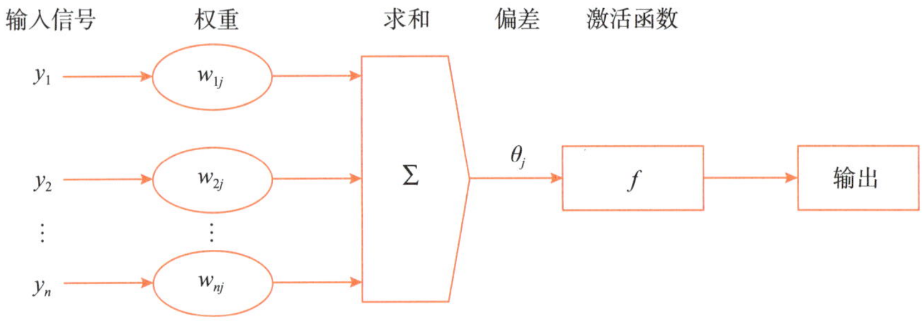

图 6.2　人工神经元模型

一个神经元的输入为上一层神经元的输出，可以表达为：

$$I_j = \sum_{i=1}^{n} \omega_{ij} \times y_i + \theta_j \tag{6.1}$$

一个神经元的输出为下一层神经元的输入：

$$O_j = f(I_j) = f\left(\sum_{i=1}^{n} \omega_{ij} \times y_i + \theta\right) \tag{6.2}$$

其中不同的激活函数代表神经元输入与输出间的不同关系，非线性的激活函数是神经网络实现非线性拟合的基础。常见的激活函数有阶跃函数、Sigmoid 函数、ReLU 函数等(表 6.1)，从生理学角度看，阶跃函数(非 0 即 1)最符合生物神经元特点，因为生物的神经元就是通过电位的高低两种状态反应神经元的兴奋和抑制，但是由于阈值型函数不可微，因此实际情况中 Sigmoid 函数和 ReLU 函数使用较为广泛。

表 6.1 常用激活函数

激活函数	表达形式	图形	解释说明
阶跃函数	$f(x)=\begin{cases}1,x\geqslant 0\\0,x<0\end{cases}$	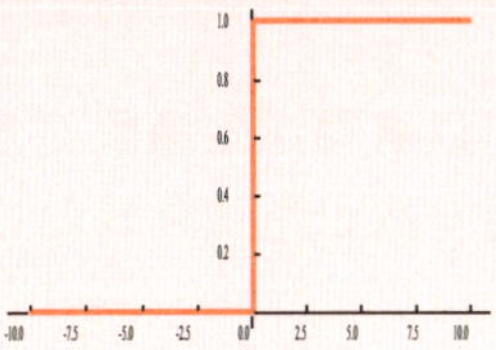	当输入小于或等于 0 时，输出 0；当输入大于 0 时，输出 1。
Sigmoid 函数	$f(x)=\left\{\dfrac{1}{1+e^{-x}}\right.$	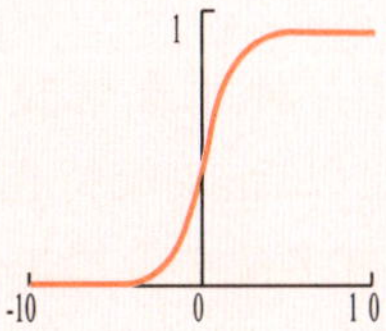	当输入趋近于 $+\infty/-\infty$ 时，输出无限接近于 1/0。
ReLU 函数	$f(x)=\begin{cases}x,x\geqslant 0\\0,x<0\end{cases}$	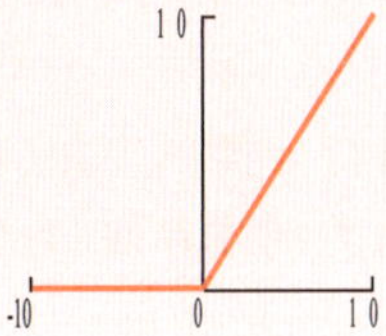	当输入小于 0 时，输出 0；当输入大于 0 时，输出等于输入。

将多个神经元按上述传递规则组合在一起，即可得到图 6.1 所示的神经网络。人工神经网络的参数调整过程也被称为训练，通过给定的训练样本，调整神经网络参数以使最终的分类或预测结果最接近真实值。而判断神经网络是否完成训练通常采用损失函数 C 衡量，损失函数为衡量预测值与真实值误差大小的函数，常采用误差平方和的形式：

$$C=\frac{1}{2}(O_J-T)^2 \tag{6.3}$$

式中：J 指神经网络的输出层，C 即为最后一层输出值与真实值 T 的偏差。

在神经网络中，需要不断地去更新每一层隐藏层的权值数据，使实际输出与期望输出的差值达到最小，即求得使 C 最小的那一组权重。反向传播（back propagation，BP）算法可以通过预测值和真实值的误差反向传送更新权重，是多层神经网络训练中的核心算法，反方向（输出层→隐藏层→输入层）以最小化误差更新权重。

BP 算法的学习过程包括数据的正向传播和误差的逆向传播两个过程。正向传播时，输入数据通过隐藏层处理之后经输出层输出，当输出结果与真实值之间存在差异时，则开始逆向传播，将误差通过隐藏层向输入层返回，同时修改各个神经元的权值。此过程一直进行至误差减少到设定的阈值或迭代至设定的次数为止。

总误差 C 与每一个权值有关，但是每一个权值对误差的影响程度是不一样的，有些权值改变一点就能使 C 值产生巨大改变，而有些权值的改变并不会使 C 值有较大改变。因此在更新每一层的权重时，采用总误差对权值求偏导的方法确定权值的改变，每一个权值更新可以表示为：

$$W_j=W_j-\eta\frac{\partial C}{\partial W_j} \tag{6.4}$$

式中：η 为定义的学习率常数，可以控制每次更新的步长。若学习率常数太小，则收敛比较困

难;若学习率常数太大,则容易产生跳跃。并且由式(6.1)和式(6.2)可知:

$$I_j = W_j O_{j-1} \tag{6.5}$$

$$O_j = f(I_j) \tag{6.6}$$

因此,根据链式法则可以求得误差函数 C 和每一层权重 W_j 的偏导数,从而从后往前依次对权重进行更新迭代,并且每次重新计算残差,直至达到损失函数的最小值时停止迭代。

6.1.2 决策树

决策树(decision tree)是一种非常常见且直观的机器学习模型。20 世纪 80 年代,自 Quinlan (1986)提出 ID3 算法以后,决策树在机器学习领域取得了极大地发展。Quinlan 后来提出了改进的 C4.5 算法,还有多位学者提出的 CART 分类方法,都成为重要的决策树算法。

决策树是一种树结构,每个中间节点对应一个特征,该节点的每个分支代表该特征的一个取值,而每个终端节点(叶子节点)存放一个类别或一个回归函数。使用决策树进行决策的过程就是从根节点开始,提取出待分类项中相应的特征,按照其值选择输出分支,依次向下,直至叶子节点,将叶子节点存放的类别或者回归函数的运算结果作为输出(决策)结果。

决策树构建过程的核心问题是在每一个节点处,如何选择合适的属性对样本进行分类。从训练样本的迭代学习中构建决策树是一个"自上而下""分而治之"的过程,如何采用不同特征属性将样本数据划分成不同的类别,并且尽量使一个子集中的样本属于同一类别是决策树算法的重点。在介绍算法之前,首先引入信息熵和信息增益的概念。

假设 D 为全部样本的集合,全部的样本共分为 n 类,那么 D 的信息熵计算公式为:

$$\mathrm{Ent}(D) = -\sum_{k=1}^{|n|} p_k \log_2 p_k \tag{6.7}$$

式中:p_k 为当前样本集合 D 中第 k 类样本所占的比例。

信息增益的公式为:

$$\mathrm{Gain}(D,a) = \mathrm{Ent}(D) - \sum_{v=1}^{V} \frac{|D^v|}{|D|}\mathrm{Ent}(D^v) \tag{6.8}$$

$\mathrm{Ent}(D)$为样本划分前的信息熵,$\sum_{v=1}^{V} \frac{|D^v|}{|D|}\mathrm{Ent}(D^v)$ 为划分后的信息熵,两者之差为信息增益。

6.1.2.1 ID3 算法

ID3 算法是以信息增益为度量来选择最优的分类属性,根据信息论理论,用信息增益来度量不确定性。信息增益值越大,不确定性越小,而分类后的样本集不确定性越小,说明分类结果越好。因此从根节点开始,ID3 算法首先选择可以获得最大信息增益的特征属性进行划分,并在接下来的每个分叶节点以此类推,这样可以保证较优的属性划分,并构建较小的决策树。

ID3 算法的具体实现步骤可以分为以下三步:对当前样本集合计算所有属性的信息增益;选择信息增益最大的属性作为测试属性,将测试属性取值相同的样本划分为同一个子样本集;若子样本集的类别属性只含有单个属性,则分支为叶子节点,否则继续划分。

为了更好地理解 ID3 算法,以表 6.2 中西瓜数据集为例(周志华, 2016),该数据集判断 1 个西瓜是否为优质瓜，并且给出了 6 个属性，17 条数据。

表 6.2 西瓜数据集

编号	色泽	根蒂	敲声	纹理	脐部	触感	优质瓜
1	青绿	蜷缩	浊响	清晰	凹陷	硬滑	是
2	乌黑	蜷缩	沉闷	清晰	凹陷	硬滑	是
3	乌黑	蜷缩	浊响	清晰	凹陷	硬滑	是
4	青绿	蜷缩	沉闷	清晰	凹陷	硬滑	是
5	浅白	蜷缩	浊响	清晰	凹陷	硬滑	是
6	青绿	稍蜷	浊响	清晰	稍凹	软黏	是
7	乌黑	稍蜷	浊响	稍糊	稍凹	软黏	是
8	乌黑	稍蜷	浊响	清晰	稍凹	硬滑	是
9	乌黑	稍蜷	沉闷	稍糊	稍凹	硬滑	否
10	青绿	硬挺	清脆	清晰	平坦	软黏	否
11	浅白	硬挺	清脆	模糊	平坦	硬滑	否
12	浅白	蜷缩	浊响	模糊	平坦	软黏	否
13	青绿	稍蜷	浊响	稍糊	凹陷	硬滑	否
14	浅白	稍蜷	沉闷	稍糊	凹陷	硬滑	否
15	乌黑	稍蜷	浊响	清晰	稍凹	软黏	否
16	浅白	蜷缩	浊响	模糊	平坦	硬滑	否
17	青绿	蜷缩	沉闷	稍糊	稍凹	硬滑	否

首先确定该数据集的结果共有 2 个类别，是否为优质瓜，因此 $|n|=2$，其中正例占 $p_1=\frac{8}{17}$，反例占 $p_2=\frac{9}{17}$。根据式(6.7)，样本划分前的信息熵为：

$$\text{Ent}(D)=-\sum_{k=1}^{2} p_k \log_2 p_k=-\left(\frac{8}{17}\log_2\frac{8}{17}+\frac{9}{17}\log_2\frac{9}{17}\right)=0.998 \tag{6.9}$$

接下来根据式(6.7)，依次计算每个属性的信息熵，以属性“色泽”为例，共有 3 个分类，对应的 3 个数据子集分别为D^1(色泽＝青绿)，D^2(色泽＝乌黑)，D^3(色泽＝浅白)，子集 D^1 包含编号为{1,4,6,10,13,17}的 6 个样本，其中正例占 $p_1=\frac{3}{6}$，反例占 $p_2=\frac{3}{6}$，其余 2 个子集同理。因此 3 个节点的信息熵为：

$$\text{Ent}(D^1)=-\left(\frac{3}{6}\log_2\frac{3}{6}+\frac{3}{6}\log_2\frac{3}{6}\right)=1.000 \tag{6.10}$$

$$\text{Ent}(D^2)=-\left(\frac{4}{6}\log_2\frac{4}{6}+\frac{2}{6}\log_2\frac{2}{6}\right)=0.918 \tag{6.11}$$

$$\text{Ent}(D^3)=-\left(\frac{1}{5}\log_2\frac{1}{5}+\frac{4}{5}\log_2\frac{4}{5}\right)=0.722 \tag{6.12}$$

则依据式(6.8),"色泽"属性的信息增益为:

$$\mathrm{Gain}(D,\text{色泽}) = \mathrm{Ent}(D) - \sum_{v=1}^{3}\frac{|D^v|}{|D|}\mathrm{Ent}(D^v) \tag{6.13}$$

$$= 0.998 - \left(\frac{6}{17}\times 1.000 + \frac{6}{17}\times 0.918 + \frac{5}{17}\times 0.722\right)$$

$$= 0.109$$

同理,依次计算其他所有属性的信息增益为:

$$\mathrm{Gain}(D,\text{根蒂}) = 0.143 \mathrm{Gain}(D,\text{敲声}) = 0.141$$

$$\mathrm{Gain}(D,\text{纹理}) = 0.381 \mathrm{Gain}(D,\text{脐部}) = 0.289$$

$$\mathrm{Gain}(D,\text{触感} = 0.006)$$

显而易见,属性"纹理"的信息增益最大,所以首先将其划分,如图 6.3 所示。

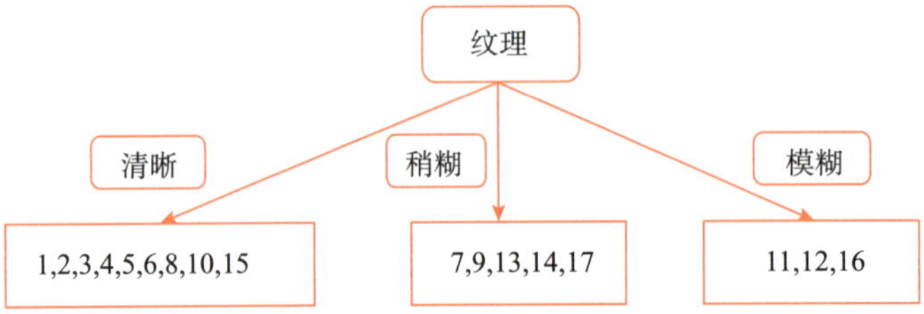

图 6.3 "纹理"属性划分

以此类推,对每一个分支节点进一步划分后得到完整的决策树,如图 6.4 所示。

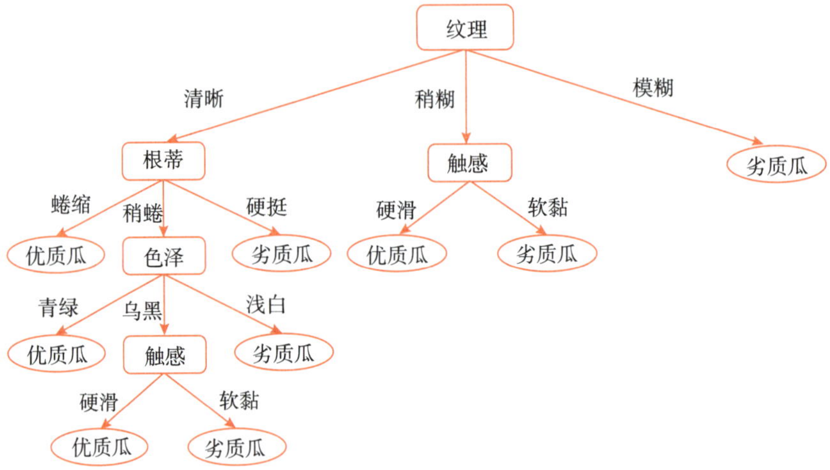

图 6.4 决策树的属性划分

由于 ID3 决策树算法采用信息增益作为标准,会偏向于选择可取值数目较多的分支属性。如果编号也算作一个分支属性,会获得最大的信息增益。由此人们尝试采用信息增益率作为选择测试属性的标准,便引出了 C4.5 算法。

6.1.2.2 C4.5 算法

C4.5 算法改进了以信息增益作为选择标准的 ID3 算法,它选用信息增益率(gain ratio)以比例而不是单纯的数量选择最优特征。信息增益率通过引入一个被称为分裂信息的项，来惩罚取值可能性较多的特征。

$$\text{GainRation}(D,a)=\frac{\text{Gain}(D,a)}{IV(a)} \tag{6.14}$$

其中：

$$IV(a)=-\sum_{v=1}^{v}\frac{|D^v|}{|D|}\log_2\frac{|D^v|}{|D|} \tag{6.15}$$

属性 a 的可能取值数目越多(即 V 越大)，则 $IV(a)$的值通常就越大。信息增益比本质是在信息增益的基础上乘以上一个惩罚参数。特征个数较多时，惩罚参数较小；特征个数较少时，惩罚参数较大。

6.1.2.3 CART 算法

CART 算法的全称为 classification and regression tree，即分类和回归树，其运行过程与 ID3 及 C4.5 大致相同，不同之处在于 CART 的特征选取依据不是信息增益或者信息增益率，而是 Gini 系数(Gini coefficient)。每次选择 Gini 系数最小的特征作为最优划分点。CART 是一棵严格的二叉树，每次分裂只做二分。

Gini 系数原本是一个统计学概念，20 世纪初由意大利学者科拉多·基尼提出，是用来判断年收入分配公平程度的指标。Gini 系数本身是一个比例数，取值在 0～1 之间。使用 Gini 系数评判一个国家的民众收入时，取值越小，说明年收入分配越平均，反之则越集中。当 Gini 系数为 0 时，说明这一个国家的年收入在所有国民中平均分配，而当 Gini 系数为 1 时，则说明该国该年所有收入都集中在一个人手里，其他的国民没有收入。因此 Gini 也可以用来描述一个数据集的纯度，其计算公式如下：

$$\text{Gini}(D)=\sum_{k=1}^{n}p_k(1-p_k)=1-\sum_{k=1}^{n}p_k^2 \tag{6.16}$$

式中：n 为类别数，p_k为样本属于第 k 类的概率。直观来说，Gini(D)反映了从数据集 D 中随机抽取两个样本，其类别标记不一致的概率。因此，Gini(D)越小，说明数据集 D 的纯度越高。

总的来看三种不同的决策树算法描述见表 6.3。

表 6.3　三种不同的决策树算法

决策树算法	算法描述
ID3	核心是在决策树的各个节点上，使用信息增益作为选择标准，确定最优的划分，但取值多的属性，信息增益较大
C4.5	相对于 ID3 算法的重要改进是使用信息增益率作为选择标准。此外，ID3 算法只适用于离散数据，而 C4.5 既能够处理离散数据，也可以处理连续数据
CART	是一种有效的非参数分类和回归方法，以 Gini 系数替代信息熵，最小化不纯度，而不是最大化信息增益。当终端节点是连续变量时，为回归树；当终端节点是分类变量时，为分类树

6.1.3 集成学习算法

在机器学习中，其目标是建立一个稳定的且在各个方面表现都较好的模型，但实际情况往往不这么理想，实践中有时只能得到多个有偏好的模型，可能不同的模型在不同方面表现不同。集成学习(ensemble)就是组合这里的多个模型以期得到一个更优更全面的强化模型，解决单个模型或者某一组参数模型所固有的缺陷，整合更多的模型，取长补短，避免局限性。

几乎所有的集成学习方法都遵循图 6.5 的模式。

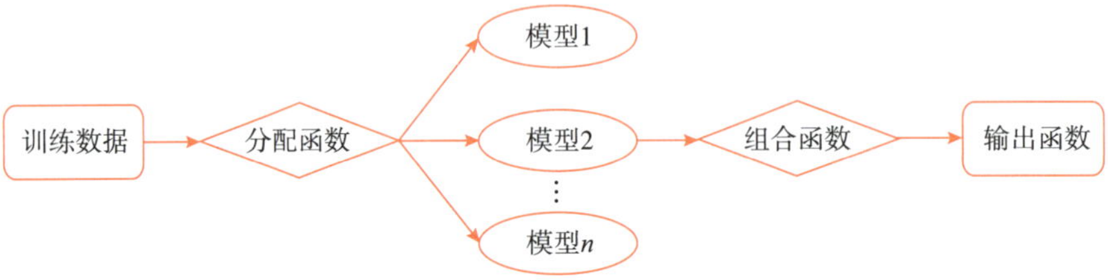

图 6.5　集成学习算法流程

首先，输入训练数据用来建立多个模型，分配函数决定每个模型使用的是全部样本还是抽样样本，不同的分配函数可以通过改变输入的数据来训练不同的子模型，从而产生适应性更强的模型。其次，多个模型可以产生一系列不同的预测，如何使用这些结果需要合理的规划和管理。最后，通过组合函数用来对结果进行整合，如集成学习可以利用投票表决来决定最终的预测结果，或者对每个模型的回归结果求其平均值作为最终的预测结果。

使用集成学习可以将多个模型聚集在一起，不同模型的意见都会对最终的结果做出贡献，因此单一的偏好不会处于主导地位，可以提高预测的准确率以及模型的鲁棒性。另外很多模型在处理样本量或者特征数目巨大的数据时会受到内存或计算复杂度的限制，训练多个小的数据集比训练单个大的数据集会更有效率。集成学习的思想在处理多领域的数据时，可以将多个模型得到的信息整合起来，使得多类型数据得以充分利用。这在越来越多的多组学大数据产生的生物领域，可能会更加适合。

6.1.3.1　Bagging 算法

Bagging(bootstrap aggregating)是一种得到广泛认可的集成学习算法。该方法从原始样本集中使用 Bootstraping 方法，即有放回的随机抽取 n 个训练样本，共进行 k 轮抽取，得到 k 个训练集。k 个训练集之间相互独立，元素可以有重复。然后在每个新训练集上构建模型，各模型之间互不相干，每个模型都是一个分类或回归器，那么对于 1 个输入样本，会产生 k 个结果。对于分类问题，由投票表决的方式产生分类结果；对于回归问题，由 k 个模型预测结果的均值作为最终预测结果。大部分情况下，经过 Bagging 得到的结果方差更小。

虽然 Bagging 是一种相对简单的集成学习算法，但它使用相对不稳定的学习器就可以得到很好的预测效果。在其他方法中，不稳定的学习器会随着数据的很小变化而对结果产生较大的影响。因此 Bagging 法可以确保当数据集之间的差异很小时，集成学习也能具有很好的多样性。基于此，Bagging 经常和决策树方法一起使用，因为决策树常会随着数据的微小变化产生较大的改变。

6.1.3.2　Boosting 算法

Boosting 是另外一种广泛使用的集成学习算法，它可以增强弱学习器的性能，Schapaire 和 Freund 的研究结果表明，对于众多错误率小于 50%的分类器，Boosting 可以得到很好的结果。实际上它可以通过简单添加更多弱学习器的方式将性能提升到任意阈值。

与 Bagging 不同的是，Boosting 法训练分类器时采用串行的方式，各个分类器之间有依赖。它的基本思路是将分类器层层叠加，每一层在训练时都会对前一层分类器分错的样本给予更高的权重。测试时，根据各层分类器的结果加权得到最终结果。

从图 6.6 中可得，Boosting 算法的工作机制是首先依据训练数据使用初始权重训练出一个弱学习器 1，根据弱学习器的学习误差表现更新训练样本的权重，使得之前弱学习器 1 学习误差高的训练样本点的权重增高，因此这些误差率高的点在后面的弱学习器 2 中将得到更多的重视。然后基于调整权重后的训练集训练弱学习器 2。如此重复进行，直至弱学习器数达到事先指定的数目 n，最终将这 n 个弱学习器通过集合策略进行整合，得到最终的强学习器。

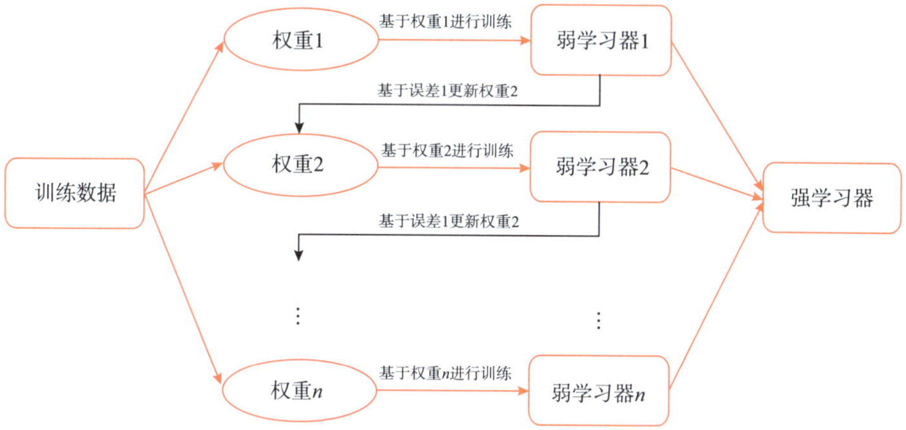

图 6.6 Boosting 算法学习流程

6.1.3.3 随机森林算法

随机森林（random forest，RF）是一种高度灵活的机器学习算法。随机森林的名称中有两个关键词，一个是“随机”，一个是“森林”。“森林”顾名思义，一棵树被称为树，而成百上千棵树就构成了森林，这也是集成思想的体现。“随机”的含义则代表了随机抽样。该方法由 Leo Breiman 和 Adele Cutler 提出，将 Bagging 法和决策树结合起来，在森林产生之后，该模型使用投票的方法组合预测结果。

图 6.7 可以形象地描述随机森林的情况，森林中的每棵树都是独立的，99.9%不相关的树做出的预测结果涵盖所有的情况，这些预测结果将会彼此抵消。少数优秀的树的预测结果将会超脱于芸芸“噪音”，呈现出一个好的预测。将若干个弱学习器的学习结果进行投票选择，从而组成一个强学习器，这就是随机森林 Bagging 的思想。在 Bagging 方法中不使用单棵决策树进行预测，具体哪个变量起到重要作用变得未知，所以 Bagging 提高了预测准确性但损失了解释性。

图 6.7 随机森林

有了树就可以进行分类或拟合预测了，但

是森林中的每棵树是怎么生成的呢？其生成规则如下：

(1)如果训练集大小为 N，对于每棵树而言，随机且有放回地从训练集中抽取 N 个训练样本，作为该树的训练集。

(2)如果每个样本的特征维度为 M，指定一个常数 $m \ll M$，随机地从 M 个特征维度中选取 m 个特征子集，每次树进行分裂时，都将从这 m 个特征中选择最优的。

(3)每棵树都尽最大可能生长，并且没有“剪枝”过程。

随机森林中的“随机”就是指的以上两个随机性。两个随机性的引入对随机森林的分类性能至关重要。由于它们的引入，使得随机森林不容易陷入过拟合，并且具有很好的抗噪能力（比如：对缺省值不敏感）。总的来说就是随机选择样本数，随机选取特征，随机选择分类器，建立多棵这样的决策树，然后通过这几棵决策树进行投票，决定数据属于哪一类。

6.1.3.4 GBDT 算法

GBDT(gradient boosting decision tree)，全名为梯度提升决策树，使用的是 Boosting 法的思想。它的主要方法是如 Boosting 部分所述，通过多轮迭代，每轮迭代产生一个弱学习器，每个学习器根据上一轮学习器的残差进行训练。已知损失函数(loss function)越大，说明模型越容易出错，如果模型能使损失函数持续的下降，则说明模型在不断改进，而最好的方式就是让损失函数在其梯度(gradient)方向上下降。GBDT 便是 GB (gradient boosting)和 DT (decision tree)的结合。

梯度提升树是提升树(boosting tree)的一种改进算法。

提升树算法如下所示。

(1)初始化 $f_0(x)=0$。

(2)对学习器 $m = 1,2,\cdots,M$ 和样本 $n = 1, 2, \cdots, N$ 时，有：

①计算残差

$$r_{mi}=y_i-f_{m-1}(x) \quad (i=1,2,\cdots,N) \tag{6.17}$$

②拟合残差 r_{mi} 学习一个回归树得到 $h_m(x)$。

③更新 $f_m(x)=f_{m-1}+h_m(x)$。

(3)得到回归提升树：

$$f_M(x)=\sum_{m=1}^{M} h_m(x) \tag{6.18}$$

在上述算法中，假设前一轮得到的学习器为 $f_{t-1}(x)$，损失函数定义为 $L(y,f_{t-1}(x))$，则本轮目标为找到一个学习器 $h_t(x)$ 使得损失函数最小。其最小化为：

$$\begin{aligned} L(y,f_t(x)) &= L(y,f_{t-1}(x)+h_t(x)) \\ &= (y-f_{t-1}(x)-h_t(x))^2 \\ &= (r-h_t(x))^2 \end{aligned} \tag{6.19}$$

其中，$r=y-f_{t-1}(x)$，为当前模型拟合数据的残差，所以提升树算法便是简单拟合当前模型的残差。当损失函数为平方损失或指数损失时，提升树算法优化较为简单，但对于一般损失函数而言情况并不相同。因此 Friedman 提出了梯度提升树算法，其利用损失函数的负梯度作为提升树算法中残差的近似值。

对于第 t 轮的第 i 个样本的损失函数的负梯度为：

$$-\left[\frac{\partial L(y,f(x_i))}{\partial f(x_i)}\right]_{f(x)=f_{t-1}(x)} \tag{6.20}$$

由此不同的损失函数将得到不同的负梯度，对于平方损失函数而言：

$$L(y,f(x_i))=\frac{1}{2}(y-f(x_i))^2 \tag{6.21}$$

其负梯度即为残差：

$$-\left[\frac{\partial L(y,f(x_i))}{\partial f(x_i)}\right]_{f(x)=f_{t-1}(x)}=y-f(x_i) \tag{6.22}$$

因此完整的 GBDT 算法步骤如下。

(1)初始化学习器：

$$f_0(x)=argmin_c\sum_{i=1}^{N}L(y_i.c) \tag{6.23}$$

(2)对 $m=1,2,\cdots,M$ 有：

①利用式(6.22)计算每个样本($I=1,2,\cdots,N$)的负梯度，即残差。

②将残差作为样本新的真实值，并将数据(x_i,r_{im})，其中($i=1,2,\cdots,N$)作为下一棵树的训练数据，得到一棵新的树 $f_m(x)$ 其对应的叶子节点区域为 $R_{jm}(j=1,2,\cdots,J)$。其中，J 为该树叶子节点的个数。

③对叶子区域 $j=1,2,\cdots,J$ 计算最优拟合值：

$$\gamma_{jm}=\underbrace{\text{argmin}}_{\gamma}\sum_{x_i\in R_{jm}}L(y_i,f_{m-1}(x_i)+\gamma) \tag{6.24}$$

④更新学习器：

$$f_m(x)=f_{m-1}(x)+\sum_{j=1}^{J}\gamma_{jm}I(x\in R_{jm}) \tag{6.25}$$

(3)得到最终的学习器：

$$f(x)=f_M(x)=f_0(x)+\sum_{m=1}^{M}\sum_{j=1}^{J}\gamma_{jm}I(x\in R_{jm}) \tag{6.26}$$

6.1.4 SVM

支持向量机(support vector machine, SVM)是一种流行的机器学习算法，在分类和回归分析中表现出强大的能力。因为该算法可以灵活使用多种核函数，它具有强大而灵活的处理各种数据的能力。在生物分析方面，SVM 已经被用于分析各种复杂的生物数据集，包括微阵列表达谱、DNA 和蛋白质序列、蛋白质-蛋白质相互作用网络、串联质谱等。另外，基于不同的核函数，SVM 可以处理表型和基因组之间的非线性关系。多个研究都证明 SVM 方法在基因组选择中存在潜力。

SVM 是一种二分类模型，其基本思想是求解能够正确划分训练数据集并且几何间隔最大的分离超平面，其原理示意见图 6.8。除此以外，SVM 还包括使用多种核函数的核技巧，这使它成为实质上的非线性分类器。

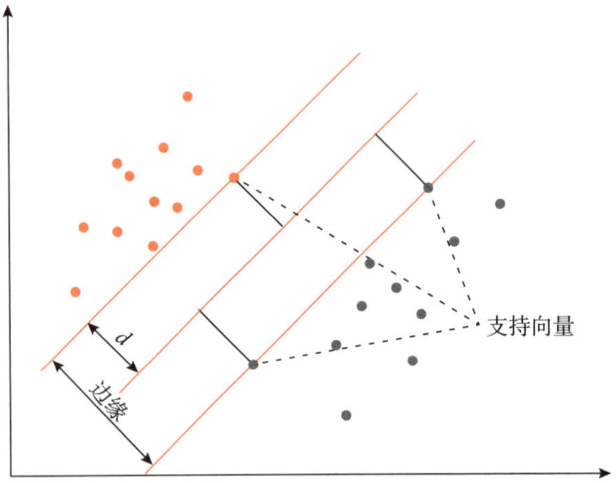

图 6.8 SVM 原理示意

首先在线性可分的情况下，二维空间中若两类点能被一条直线 $ax+b+c=0$ 完全分开则被称作线性可分。扩展到 n 维空间中时，若两类点集能被$\omega' x+b=0$ 完全正确地划分开，则可成为一个超平面。SVM 的任务就是确定一条用于分割两类点的线，或者在更高维度的一个超平面。而在一个空间中，能够实现分类的超平面并不止一个，如何确定一个最好的超平面进行分类？为此，SVM 正是尝试寻找一个最优的超平面，即该超平面距离两个类别的最近样本点最远，又被称作最大间隔超平面，而样本中距离超平面最近的点便被称作支持向量。

在二维空间中，点 (x, y) 到 $ax+b+c=0$ 之间的距离为：

$$\frac{|ax+by+c|}{\sqrt{a^2+b^2}} \tag{6.27}$$

在 n 维空间中，点 $x=(x_1, x_2, \cdots, x_n)$ 到平面 $\omega' x+b=0$ 的距离为：

$$\frac{|\omega' x+b|}{||\omega||} \tag{6.28}$$

其中，$||\omega||=\sqrt{\omega_1^2+\cdots+\omega_n^2}$。

如图 6.8 所示，支持向量与超平面的距离为 d，而其他点到超平面的距离均大于 d，所以有：

$$\begin{cases} \dfrac{\omega' x+b}{||\omega||d} \geqslant 1, y=1 \\ \dfrac{\omega' x+b}{||\omega||d} \leqslant -1, y=-1 \end{cases} \tag{6.29}$$

因为$||\omega||d$ 为正数，且其对目标函数的优化没有影响，所以为了方便计算令其为 1，则可将上式简化为：

$$y(\omega' x+b) \geqslant 1 \tag{6.30}$$

$$\min y(\omega' x+b)=1 \tag{6.31}$$

此时可以得到距离最大的上下两个超平面为：

$$\omega' x + b = 1$$
$$\omega' x + b = -1$$

由式(6.30)可知，$y(\omega' x + b) > 0$，所以可得 $|\omega' x + b| = y(\omega' x + b)$，因此得到支持向量与超平面的距离为：

$$d = \frac{y(\omega' x + b)}{||\omega||} \tag{6.32}$$

在求最大间隔超平面的过程，便是最大化该距离的过程，即：

$$\max 2 \frac{y(\omega' x + b)}{||\omega||} \tag{6.33}$$

得到支持向量 $y(\omega' x + b) = 1$，所以上式简化为：

$$\max \frac{2}{||\omega||} \tag{6.34}$$

为了方便优化和计算，所以最终转化为优化问题：

$$\min \frac{1}{2} ||\omega|| s.t.\ y_i(\omega' x_i + b) \geqslant 1 \tag{6.35}$$

在实际应用中，有很多情况变量之间的关系是非线性的，基于该数据，支持向量机一种方法可以通过添加一个松弛变量，创建软间隔，允许一些点落在不正确的一边。另一种方法便是可以使用核函数，将数据映射到一个更高维的空间中。

如图 6.9 所示原本在二维空间中线性不可分的点，在被映射到三维空间后，样本点线性可分。对于在有限维度向量空间中线性不可分的样本，可将其映射到更高维度的向量空间里，再通过间隔最大化的方式，学习得到支持向量机，就是非线性 SVM。用 x 表示原来的样本点，用 $\phi(x)$ 表示 x 映射到新的特征空间后得到新向量。那么分割超平面可以表示为：

$$f(x) = \omega\phi(x) + b \tag{6.36}$$

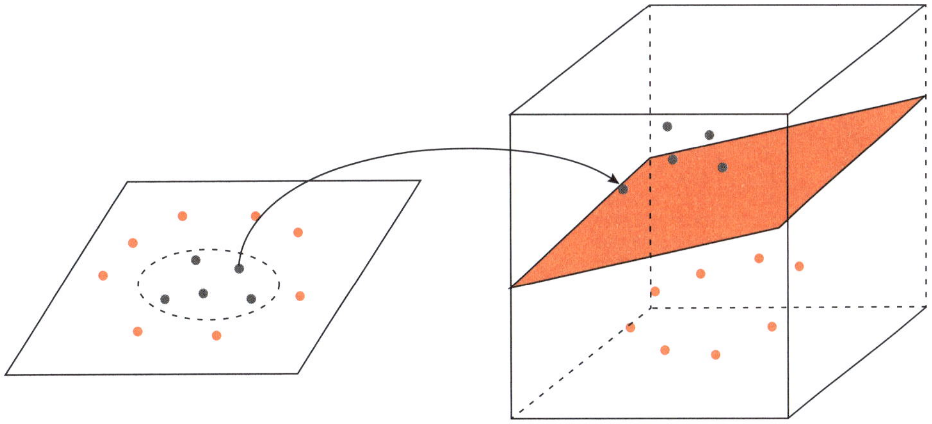

图 6.9 SVM 核函数变换示意

一个核函数一方面可以将低维空间的点映射到高维空间，另一方面因为直接在高维空间计算样本点的内积会加大计算量，而可以直接在原始样本空间中通过核函数计算得到相同的内积。因此核函数的引入使得 SVM 法不仅可以减少计算量，也可以减少内存使用量。

常见的核函数有以下几种。

(1)线性核函数(linear kernel)　不需要转换数据，它可以简单表示为特征的点积：

$$k(x_i, x_j) = x_i' x_j \tag{6.37}$$

(2)多项式核函数(polynomial kernel)　添加了非线性数据转化：

$$k(x_i, x_j) = (x_i' x_j)^d \tag{6.38}$$

(3)高斯 RBF 核函数(Gaussian RBF kernel)　类似于 RBF 神经网络，对许多类型的数据都运行得很好：

$$k(x_i, x_i') = \exp[-\sigma(x_i - x_j)(x_i - x_j)'] \tag{6.39}$$

(4)S 型核函数(Sigmoid kernel)　类似于使用 S 型激活函数的神经网络：

$$k(x_i, x_i') = \tanh(\gamma x_i x_j' + r) \tag{6.40}$$

在实际应用中，没有可以固定使用的某一个核函数，在很多时候不同核函数的表现取决于不同的数据样本和特征之间的关系。需要经过多次试验比较、参数调整来选择出最优的支持向量机。

6.2　案例演示

下面以 820 头猪的第 10 肋背膘厚度(bf10)等性状为例，演示支持向量机(SVM)这一流行的机器学习算法的基因组预测程序。程序输入文件为表型文件(pheno. csv)和基因型文件(geno. csv)(图 6.10，图 6.11)。

	A	B	C	D	E	F	G	H	I
1	Taxa	bf10	lastrib	LMA	measuredate	geneline	bodyweigh	sire	ISUID
2	1	1.3462	1.1938	42.7741	4	37	117.0288	U22936802	3755
3	2	1.3462	1.1938	46.516	4	37	132.4512	sire219	3756
4	3	1.4732	1.2446	47.4838	4	37	130.1832	sire220	3757
5	4	1.8034	1.7018	53.9999	4	37	141.5232	sire221	3758
6	5	1.7018	1.4224	43.3548	4	37	129.276	sire222	3760
7	6	1.1938	1.143	58.4515	4	37	135.6264	sire223	3761
8	7	0.9652	1.016	48.3225	4	37	133.3584	sire224	3763
9	8	1.5748	1.2446	47.8064	4	37	125.1936	sire225	3764
10	9	1.2954	1.2446	44.6451	4	37	125.6472	sire226	3770
11	10	1.2954	1.0668	46.7096	4	37	119.2968	154666611	3771
12	11	1.4732	1.4224	42.9031	4	37	155.1312	sire227	3772
13	12	1.1938	1.1938	53.5483	4	37	122.9256	sire228	3774
14	13	0.8382	0.7366	51.1612	4	37	123.8328	sire229	3775
15	14	1.524	1.7526	52.9676	4	37	129.276	sire230	3776
16	15	1.143	1.0668	46.9031	4	37	137.8944	sire231	3777
17	16	1.524	1.3462	46.516	4	37	131.0904	sire232	3778
18	17	1.4732	1.2954	53.2902	4	37	115.2144	sire233	3779
19	18	1.8796	1.4224	48.6451	4	37	130.6368	sire234	3782
20	19	1.2954	1.2446	48.258	4	37	115.2144	sire235	3784
21	20	1.8034	1.4224	50.5805	4	37	130.6368	sire236	3786
22	21	0.9652	0.9144	52.387	4	37	146.0592	sire237	3788
23	22	1.143	1.0668	54.6451	4	37	117.4824	sire238	3791

图 6.10　表型文件示例

	A	B	C	D	E	F	G	H	I
1	snp	Chr	Position	3755	3756	3757	3758	3760	3761
2	ALGA0000009	1	52297	2	0	1	2	0	1
3	ALGA0000014	1	79763	2	0	1	2	0	1
4	ALGA0000021	1	209568	0	2	1	1	2	1
5	ALGA0000022	1	292758	0	2	1	1	2	1
6	ALGA0000046	1	747831	2	0	0	1	0	1
7	ALGA0000047	1	761957	2	0	0	1	0	1
8	ALGA0000087	1	1108844	2	0	0	1	0	0
9	ALGA0000112	1	1276597	0	2	0	1	0	0
10	ALGA0000120	1	1352912	0	0	0	0	0	2
11	ALGA0000131	1	1461555	0	2	0	0	0	0
12	ALGA0000133	1	1486605	2	0	2	2	2	2
13	ALGA0000134	1	1519802	2	2	2	2	2	0
14	ALGA0000172	1	1729846	2	1	2	1	2	2
15	ALGA0000188	1	1818249	2	1	2	1	2	2
16	ALGA0000195	1	1841986	2	1	1	1	2	2
17	ALGA0000218	1	1982268	2	2	2	2	2	1
18	ALGA0000232	1	2032003	0	2	2	1	2	1
19	ALGA0000251	1	2154636	2	0	0	1	0	1
20	ALGA0000269	1	2251141	1	2	1	2	2	2
21	ALGA0000277	1	2298800	1	2	0	2	0	0
22	ALGA0000288	1	2364340	1	1	2	2	2	2
23	ALGA0000289	1	2378320	2	2	2	1	2	2
24	ALGA0000300	1	2436274	1	1	0	0	0	0
25	ALGA0000303	1	2595295	0	1	0	0	0	0

图 6.11　基因型文件示例

6.3　程序代码

基于支持向量机(SVM)开展基因组选择的 R 语言代码如下所示。

```
# install.packages("kernlab")
library(kernlab)
dir<-"E:\genomic prediction"
setwd(dir)
pheno<-read.csv(file = "pheno.csv",header = T)
geno<-read.csv(file = "geno.csv",header = T)
y<-as.matrix(imf2$kgw)
x<-as.matrix(imf2[,-c(1:9)])
n<-length(y)
kern<- ksvm(x = x,y = y,type = 'eps-svr',kernel = "rbfdot",kpar = "automatic", cross = 10)
yhat<-predict(kern,x,type = 'decision')
rbf.fit<-cor(y,yhat)^2
mse<-cross(kern)
vp<-sum((y-mean(y))^2)/(n-1)
rbf.mse<-1-mse/vp
rbf.mse
```

第7章 兼顾杂种与遗传×环境互作的基因组预测

【本章提要】 本章将首先引入结合杂种信息的基因组选择方法与模型，再介绍遗传与环境互作的概念以及如何开展兼顾遗传与环境互作的基因组选择。最后，以计算机模拟的方式对考虑杂种信息的基因组选择策略进行实现，并基于DMU软件的配置文件介绍如何进行兼顾遗传与环境互作的基因组选择。

前几章系统介绍了各类基因组选择方法的原理及其在猪育种中的应用。但只详细探讨了这些方法如何应用到某一个特定的纯种群体之中。就猪而言，不仅需要选择纯种，而且需要兼顾杂种，因为后者往往是最终端上消费者餐桌的商品猪肉的来源。据统计，我国商品猪市场90%以上被杜(杜洛克)长(长白)大(大白)三元杂种所占据。那么，当育种目标从聚焦纯种变为纯种杂种均需考虑时，我们应该如何调整基因组选择的模型，从而使得杂种的遗传进展最大化？与市场需求从纯种到杂种这种变化相对应的是猪育种中的环境变化，尤其对于我国养猪业而言，由于每年都从国外大量引种，生猪从国外到国内，生存环境发生剧烈变化，极易导致遗传与环境互作的现象，因此在实际生产中需要将遗传与环境的互作考虑到基因组选择的模型。

7.1 兼顾杂种与纯种的预测模式

实际上，如何针对纯种进行选择从而使得利用不同纯种群体杂交产生的杂种遗传进展最大化，一直是遗传育种学家们研究的热点。在基因组选择时代到来之前，人们就已经基于BLUP构建了一些卓有成效的方法。在基因组时代方兴未艾之际，基因组信息的加入使得选择体系更加完善、准确。

7.1.1 基于BLUP的兼顾杂种的预测方法

1994年，Wei与van der Werf最早系统地对结合杂种信息的纯种选择方法(combined corssbred and purebred selection，CCPS)做了阐述，通过构建一个多性状BLUP模型，将纯种与杂种信息联合进行遗传评估。以二元杂交为例，该模型具体如下：

$$\begin{bmatrix}\boldsymbol{y}_1\\\boldsymbol{y}_2\\\boldsymbol{y}_3\end{bmatrix}=\begin{bmatrix}\boldsymbol{X}_1&\boldsymbol{0}&\boldsymbol{0}\\\boldsymbol{0}&\boldsymbol{X}_2&\boldsymbol{0}\\\boldsymbol{0}&\boldsymbol{0}&\boldsymbol{X}_3\end{bmatrix}\begin{bmatrix}\boldsymbol{b}_1\\\boldsymbol{b}_2\\\boldsymbol{b}_3\end{bmatrix}+\begin{bmatrix}\boldsymbol{Z}_1&\boldsymbol{0}&\boldsymbol{0}&\boldsymbol{0}&\boldsymbol{0}\\\boldsymbol{0}&\boldsymbol{0}&\boldsymbol{Z}_2&\boldsymbol{0}&\boldsymbol{0}\\\boldsymbol{0}&\boldsymbol{0}&\boldsymbol{0}&\boldsymbol{0}&\boldsymbol{Z}_3\end{bmatrix}\begin{bmatrix}\boldsymbol{g}_{11}\\\boldsymbol{g}_{13}\\\boldsymbol{g}_{22}\\\boldsymbol{g}_{23}\\\boldsymbol{g}_{33}\end{bmatrix}+\begin{bmatrix}\boldsymbol{e}_1\\\boldsymbol{e}_2\\\boldsymbol{e}_3\end{bmatrix} \tag{7.1}$$

如果用矩阵形式表示，则为：

$$\boldsymbol{y}_i=\boldsymbol{X}\boldsymbol{b}_i+\boldsymbol{Z}^*\boldsymbol{g}_{ii}^*+\boldsymbol{e} \tag{7.2}$$

式中：$\boldsymbol{y}_i$ 是纯种群体的表型向量（$i=1$ 代表父本，$i=2$ 代表母本）与二元杂种群体的表型向量（$i=3$）；$\boldsymbol{b}_i$ 是群体 i 的固定效应；$\boldsymbol{g}_{ii}$ 是各个群体内部的动物的育种值，而 $\boldsymbol{g}_{i3}$ 是 2 个纯种群体（$i=1,2$）对杂种群体的育种值；$\boldsymbol{e}_i$ 是群体 i 的残差；$\boldsymbol{X}$ 是固定效应的关联矩阵；$\boldsymbol{Z}^*$ 是育种值的关联矩阵，在该矩阵中没有表型值的动物是一列 0，对应纯种对杂种表现的育种值（g_{13} 与 g_{23}）也是 $\mathbf{0}$ 向量。

利用该模型，既可以计算纯种群体自身的育种值，也可以计算其针对杂种表现的育种值，在实际选择中可以通过合并成一个选择指数的方式更加准确、全面地进行遗传评估。

根据 Wei 与 van der Werf 的结论，基于 BLUP 的 CCPS 方法要优于只针对纯种或者只针对杂种的选择。但是该方法自提出之后却没能够得到大规模推广，主要原因有以下 2 点：①杂种群体的系谱以及表型信息收集困难。与核心场的纯种群体不同，实际上杂种群体所在场的各项数据记录都不完备，因为育种并非其主要目的。②利用基于 BLUP 的 CCPS 方法进行选择会导致群体的近交程度快速增加，从而加大了近交衰退的风险。

7.1.2 兼顾杂种的基因组选择方法

基因组选择这一方法与生俱来的优势恰好能够弥补基于 BLUP 的 CCPS 方法的不足。首先，基因组选择不需要杂种群体的系谱信息构建个体之间的亲缘关系；其次，只需要收集有限几代的杂种群体的表型信息，就可以持续性地进行针对杂种的纯种选择；最后，基因组选择可以减少近交。由此可见，基因组选择是使 CCPS 法在猪育种中落地的助推剂。下面将介绍几种基于基因组选择的 CCPS 方法。

7.1.2.1 群体非特异与群体特异 SNP 效应法

第一种方法是由 Ibánēz-Escriche 等（2009）提出的利用 2 种不同策略进行选择的 CCPS 方法。第一种策略是假设 SNP 在不同的群体（包括不同的亲本群体以及杂种群体，具体的群体数量取决于不同的杂交模式）的效应一致，具体模型（across-breed SNP genotype model，ASGM。为了简化，不考虑除了均值以外的固定效应）如下：

$$y_i = \mu + \sum_j X_{ij}\beta_j\delta_j + e_i \tag{7.3}$$

式中：y_i 是个体 i 的表型；μ 是总平均值；X_{ij} 是个体 i 在位点 j 的基因型（可以取 0，1，2）；β_j 是位点 j 的替代效应（substitute effect），此效应不会依个体 i 所属的具体群体而变化；δ_j 是一个 0/1 指示变量，用来表明该位点是否需要考虑到模型中；e_i 是残差。由此可见该模型是一个变量选择模型，可以依靠前面章节中的 BayesB 方法对标记效应进行估计。

第二种策略是假设各个 SNP 的效应在不同群体中有所不同，即群体特异 SNP 效应法，此时的模型（breed-specific allele model，BSAM）如下：

$$y_i = \mu + \sum_j (A^S_{ijk}\beta^S_{jk}\delta^S_j + A^D_{ijl}\beta^D_{jl}\delta^D_j) + e_i \tag{7.4}$$

式中：A^S_{ijk} 是个体 i 在位点 j 的等位基因型（可以取 0，1），该等位基因来源于个体 i 的父本，其所属群体为 k；β^S_{jk} 为群体特异的等位基因 A^S_{ijk} 的效应；δ^S_j 是一个 0/1 指示变量，用来表明该位点的等位基因是否需要考虑到模型中；相应地，A^D_{ijl}、β^D_{jl} 与 δ^D_j 则定义为个体 i 母系等位基因的基因型、效应与指示变量。

ASGM 与 BSAM 都可以利用 BayesB 等变量选择的方法进行效应求解。从模型的定义来看，BSAM 考虑了 SNP 在不同群体可能具有不同效应这一特点，基因组选择的准确性本应更高，但是经过计算机模拟，人们发现 BSAM 只有在标记密度很低、参考群体规模很大而且各个群体间遗传距离较大时，较 ASGM 有更大优势，其他情况下没有必要将群体特异的标记效应考虑进来。由此可见，在一般情况下利用 ASGM 这一较为普通的模型就可以将基因组选择整合到 CCPS 中。

ASGM 与 BSAM 的局限性在于并没有将显性效应考虑进来，而由于杂种群体的产生过程必定伴随着杂合子的产生，而且杂种优势的遗传基础之一就在于显性效应，因此如果能够加入显性效应，可能进一步提升 CCPS 的选择效果。

7.1.2.2 考虑显性效应的 CCPS 法

Zeng 等首次将显性效应的影响加入基于基因组选择的 CCPS 模型中，该模型简单陈述如下：

$$y_i = \mu + \sum_j X_{ij} a_j + \sum_j W_{ij} d_j + e_i \tag{7.5}$$

式中：y_i 是个体 i 的表型；μ 是总平均值；X_{ij} 是个体 i 在位点 j 的基因型；W_{ij} 是个体 i 在位点 j 的杂合基因型指示变量，当杂合基因型时取 1，纯合位点取 0；a_j 与 d_j 分别是位点 j 的加性效应与显性效应；e_i 是残差效应。Zeng 等(2019)基于 BayesCπ 这一方法对 SNP 加性效应与显性效应进行估计，下面简单介绍一些参数的先验分布以及相关推导方法。

首先，加性效应的先验分布可以表述为如下的混合分布：

$$a_j \mid \sigma_a^2 \begin{cases} 0 & \pi \\ \sim N(0, \sigma_a^2) & 1-\pi \end{cases} \tag{7.6}$$

式中：π 是没有任何加性效应的 SNP 的比例，其先验分布是一个 0 到 1 之间的均匀分布，而 σ_a^2 服从一个自由度为 $\upsilon_a=4$，尺度参数为 S_a^2 的逆卡方分布(即 $\sigma_a^2 \sim \upsilon_a S_a^2 \chi_{\upsilon_a}^{-2}$)。

相应地，显性效应的先验分布可以表示为如下的混合分布：

$$d_j \mid \mu_d, \sigma_d^2 \begin{cases} 0 & \pi \\ \sim N(\mu_d, \sigma_d^2) & 1-\pi \end{cases} \tag{7.7}$$

式中：μ_d 先验分布可以表示为 $N(\eta, \sigma_d^2/\varphi)$，一般令 φ 等于一个较小的值(如 10)，从而使得数据能够主导 μ_d 的后验分布。而对于 η 而言，可以简单推导如下。

以二元杂交为例，根据 Falconer 和 Mackay (1996)，杂种优势(H)与父母本群体的等位基因频率存在如下关系：

$$H = \sum_j d_j (p_j^S - p_j^D)^2 \tag{7.8}$$

其中，p_j^S 与 p_j^D 分别是父本群体与母本群体在第 j 个位点的等位基因频率，如果假设显性效应与等位基因频率相互独立且忽略选择作用，则式(7.8)又可以表示为如下期望形式：

$$H = m(1-\pi_{d,0})E(d)E(\Delta^2) \tag{7.9}$$

式中：m 是标记的个数；$\pi_{d,0}$ 是显性效应为 0 的 SNP 的比例；$E(d)$ 是显性效应的期望值；而 Δ^2

$=(p_j^S-p_j^D)^2$，借助式(7.8)可以推导出式(7.10)，从而确定 η 的取值：

$$\eta=E(d)=\frac{H}{m(1-\pi_{d,0})E(\Delta^2)} \tag{7.10}$$

与 a_j 类似，d_j 的方差 σ_d^2 的先验分布也服从逆卡方分布。σ_a^2 与 σ_d^2 的先验分布中的超参数 S_a^2 与 S_d^2 都需要依赖下式进行确定：

$$E(\sigma^2)=\frac{S^2\upsilon}{\upsilon-2} \tag{7.11}$$

可见该式需要先知道 $E(\sigma_a^2)$ 与 $E(\sigma_d^2)$，而这 2 个期望值的推导可以借助群体的显性方差与加性方差进行确定，具体推导如下。

首先是 $E(\sigma_d^2)$，根据 Falconer 和 Mackay (1996)对群体的显性方差的表述可知：

$$V_D=\sum_j(2p_jq_jd_j)^2 \tag{7.12}$$

其中 $q_j=1-p_j$，假设显性效应与等位基因频率相互独立且没有选择作用，则式(7.12)可以转化为式(7.13)：

$$\begin{aligned}V_D&=m(1-\pi_{d,0})E[(2pq)^2]E(d^2)\\&=m(1-\pi_{d,0})E[(2pq)^2]\{\sigma_d^2+[E(d)]^2\}\end{aligned} \tag{7.13}$$

因此可得：

$$\sigma_d^2=\frac{V_D}{m(1-\pi_{d,0})E[(2pq)^2]}-\eta^2 \tag{7.14}$$

对于 $E(\sigma_a^2)$ 来说，则可以根据群体的加性效应方差进行确定：

$$V_A=\sum_j(2p_jq_j\alpha_j^2) \tag{7.15}$$

其中 α_j 是位点 j 的替代效应，假设替代效应与等位基因频率相互独立且没有选择作用，则式(7.15)可以转化为：

$$V_A=m(1-\pi_{d,0})E[(2pq)^2]E(\alpha^2) \tag{7.16}$$

而替代效应 $\alpha=a+(1-2p)d$，所以：

$$\begin{aligned}E(\alpha^2)&=E\{[a+(1-2p)d]^2\}\\&=\sigma_a^2+E[(q-p)^2](\sigma_d^2+\eta^2)\end{aligned} \tag{7.17}$$

将式(7.17)代入式(7.16)，可以解得：

$$\sigma_a^2=\frac{V_A}{m(1-\pi_{a,0})E[(2pq)^2]}-E[(q-p)^2](\sigma_d^2+\eta^2) \tag{7.18}$$

将式(7.14)与式(7.18)带入式(7.11)，就可以确定超参数 S_a^2 与 S_d^2。模型式(7.5)中的先验分布为 $e_i|\sigma_e^2\sim N(0,\sigma_e^2)$，而 $\sigma_e^2\sim\upsilon_eS_e^2\chi_{\upsilon_e}^{-2}$，其中 $\upsilon_a=4$，S_e^2 则借助式(7.11)进行计算，此时 $E(\sigma_e^2)$ 即为残差方差。最后，借助 MCMC 抽样与 Gibbs 抽样对各个参数进行计算。

Zeng 等(2013)借助计算机模拟，设置不同的显性方差计算该模型的表现，发现当性状的显性方差越大时，考虑显性效应的模型所能得到的遗传进展越大；即使没有显性方差，该模型也与 ASGM 与 BSAM 的表现类似，可见该模型兼具准确性与稳定性。但是，需要注意的是模型式(7.5)中的表型与基因型都是针对杂种群体的，利用杂种群体的信息估计出 SNP 的加性与显性效应，然后再根据纯种群体的基因型计算出 GEBV，进行选择。所以实践中依然需要收集杂种群体的表型与基因型信息，这在实际生产中还是有难度的。

7.1.2.3 单纯依赖纯种群体的 CCPS 基因组选择法

Esfandyari 等(2015)探究了一种只利用纯种群体的信息，但是目的却是要加速纯种群体杂交所产生的杂种群体遗传进展的策略，具体模型与式(7.5)相同。而该策略在二元杂交模式下，其表型与基因型是亲本群体的信息，而不是杂种群体的信息，注意此时可对两个亲本群体分别构建式(7.5)所示的模型，或者将两亲本群体直接合并进行标记计算，具体情况则要依赖群体大小以及两群体之间的遗传距离而定。对猪育种而言，常规的杜长大三元杂交模式由于各个群体之间的遗传距离较远，遗传背景差异较为明显，如果样本量充足，则应该分群体独立进行 SNP 效应的计算。简便起见，假设对两亲本群体进行合并计算，并已经利用 Bayes 等方法估计出了 SNP 效应，此时就可以根据 SNP 效应与其在各个群体中的等位基因频率计算出纯种群体针对杂种群体的基因组育种值(genomic estimated breeding value for crossbreds, GEBVC)，算式如下：

$$\begin{aligned}\mathrm{GEBVC}_{ir} = & \sum_{j}[(x_{ij})(p_{jr'}\hat{a}_j + q_{jr'}\hat{d}_j)] \\ & +[(y_{ij})(0.5p_{jr'}\hat{a}_j + 0.5q_{jr'}\hat{d}_j + 0.5p_{jr'}\hat{d}_j - 0.5q_{jr'}\hat{a}_j)] \\ & +[(z_{ij})(-q_{jr'}\hat{a}_j + p_{jr'}\hat{d}_j)]\end{aligned} \tag{7.19}$$

式中：GEBVC_{ir} 是属于亲本群体 r 的个体 i 的 GEBVC，而 $p_{jr'}$ 与 $q_{jr'}$ 则是另一个亲本群体在位点 j 的 2 个等位基因的频率，x_{ij}、y_{ij} 和 z_{ij} 是个体 i 在位点 j 基因型指示变量。当其基因型为 AA 时，$x_{ij}=1$，y_{ij} 与 z_{ij} 都是 0；当基因型为 Aa 时，$y_{ij}=1$，其余为 0；当基因型为 aa 时，$z_{ij}=1$，其余为 0。括号内部的表达式的意义，对于位点 j 来说 AA、Aa、aa 对应的估计基因型效应分别为 $\hat{a}_j$、$\hat{d}_j$、$-\hat{a}_j$，所以当个体的基因型为 AA，且与另一个群体进行随机交配时，其只会产生 A 一种配子，而所产生的杂交个体的基因型可能为 AA 与 Aa 两种。具体产生哪种基因型就取决于另一个群体的等位基因频率(分别为 $p_{jr'}$ 与 $q_{jr'}$)，所以 $p_{jr'}\hat{a}_j$ 代表产生的杂交个体的基因型为 AA 时的基因型值，而 $q_{jr'}\hat{d}_j$ 代表产生的杂交个体为 Aa 时的基因型值，其他几种基因型的情况可以据此类推。

由此可以看出，这种研究策略不需要杂种群体的任何信息，Esfandyari 等(2015)设置了不同的情景进行模拟，发现针对杂种选择纯种的模式要比针对纯种自身来进行选择取得的遗传进展更大。而且，当亲本群体的连锁不平衡信息差别较大时，对两群体分别进行 SNP 效应的估计所得的结果更佳。

7.2 兼顾遗传与环境互作的基因组选择

遗传与环境互作(genotype-by-environment interaction, G×E)是指不同的基因型(个体)对环境变化的反应不同。图 7.1(a)表示环境与遗传因素相互独立，环境从 1 变为 2 时，具有不同基因型的 2 个个体的遗传表现没有任何变化;图 7.1(b)则表示环境对遗传表现是有作用的,但是对不同的基因型(个体)的作用相同,使得两者之间的差异没有任何改变;图 7.1(c)则展示了当环境从 1 变为 2 时,2 个个体的遗传表现不仅仅发生变化,而且变化幅度不同,甚至出现了排序的颠倒,这种情况被称为遗传与环境出现了互作。本节将首先通过一个实际案例探讨遗传与环境互作对中国养猪业的巨大影响,之后将引入 3 种研究遗传与环境的模型——互作模型(interaction model)、多性状模型(multi-trait model)与反应规范模型(reaction norm model),并简单介绍如何将后两种模型应用到基因组选择中。

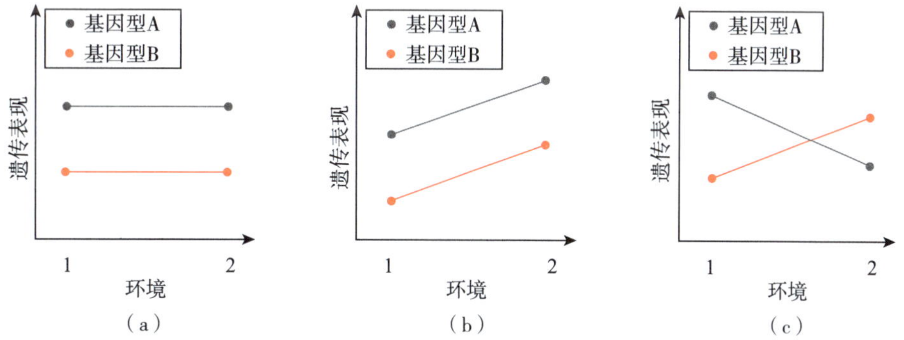

图 7.1 环境对遗传的作用

(a)无作用;(b)有作用;(c)互作

7.2.1 遗传与环境互作对我国养猪业的影响

改革开放以来中国养猪业大量引进欧美早已育成且在持续改良的"集约化猪品种(intensive pig breeds)"的种猪,包括杜洛克、长白、大白等,但往往是重引种轻选育,导致出现了"引种→退化→再引种"的现象。然而追根溯源可以发现,较之国外,国内大量猪场建筑及其设施设备已达到乃至超越国外水平,饲料原料同样也以玉米、豆粕为主,配方技术、加工技术极为先进,饲养管理上积极学习国外先进技术。但大环境,包括空气、饮水尤其环境卫生状况差异极大。这种环境清洁程度的差异极易出现所谓的遗传与环境互作,即引种时所选择的在国外环境下表现优秀的种猪到了国内环境却未必优秀,但是真实情况是否如此呢?下面以国内某育种场自国外引进的杜洛克猪群作为案例对这一现象进行阐释。

该场于 2013 年 5 月自美国 Waldo、Cedarridge、Shaffer 三家猪场引进 184 头纯种杜洛克猪。这 184 头杜洛克猪于 2013 年 11 月至 2015 年 1 月间先后产下 1 183 头后代。184 头原种猪与其 1 183 头后代猪(共计 1 367 头)均在美国三家猪场派驻的专家指导下进行饲养管理,并进行生产性能测定,同时相关数据也被提交给美国国家种猪登记协会(National Swine Registration, NSR),同步进行遗传评估。

在引种时,NSR 出具了 184 头引进杜洛克猪在生长速度与胴体性状上的 EPD 值(expected progeny difference, EPD),即育种值的 1/2(记为 EPD1)。而引种时原种杜洛克本身尚无测定成绩,故 EPD1 为根据 NSR 数据库中这些种猪已有亲属信息估计出来的。

184 头种猪引进之后,不断产生后代,国内猪场作为 NSR 加盟单位,将这些后代的测定数据提交给 NSR。与此同时,其在国外猪场尤其是供种方猪场的亲属测定信息也被不断提交给 NSR,NSR 再利用所有信息进行估计。

因为这些猪的亲属信息不断变化，研究人员在1 183头猪测定后不久的2015年8月10日查询了NSR测定的184头引进种猪的EPD值（记为EPD2）和其1 183头后代猪的EPD值（记为EPD3）。同时，借助多性状模型计算184头原种猪的育种值（记为EBV1）以及1 183头后代的育种值（记为EBV2）。最后，计算了几组EBV与EPD之间的相关系数，如表7.1所示。

表7.1 不同来源的育种值EPD与EBV的简单相关系数（显著性 *P* 值）

性状	EPD1与EPD2	EPD1与EBV1	EPD2与EBV1	EPD3与EBV2
达115 kg体重日龄	0.230(0.002)	0.058(0.430)	−0.210(0.010)	−0.300(≈0)
活体背膘厚度	0.580(≈0)	0.033(0.660)	0.260(0)	0.720(≈0)
活体眼肌面积	0.670(≈0)	0.058(0.430)	0.170(0.030)	0.730(≈0)
估计瘦肉率	0.640(≈0)	−0.03(0.710)	0.020(0.770)	0.780(≈0)

上表中相关系数显著或极显著，意味着同一组NSR与国内科研人员估计的两套育种值间相关显著或极显著；相关系数越大，意味着同一组两套估计育种值的相关可能越大。相关系数为正，意味着NSR与国内科研人员的估计结果对个体排序在趋势上一致；相关系数为负，意味着NSR与国内科研人员的估计结果对个体排序在趋势上相反。由表7.1可知：①EPD1与EPD2间的相关，4个性状均达到极显著水平，但达115 kg体重日龄的相关性小于另外3个性状；②EPD1与EBV1间的相关，4个性状全都没有达到显著水平；③EPD2与EBV1间的相关，只有估计瘦肉率没有达到显著水平，其他3个性状均达到了极显著水平；④EPD3与EBV2间的相关，4个性状均达到极显著水平。而对于达115 kg体重日龄这一性状，EPD2与EBV1、EPD3与EBV2的相关系数均为负值。

在本案例当中，EPD2、EPD3分别是引种后由NSR同时对184头引进种猪和其1 183头后代跨国评估得出的结果，EBV1、EBV2则是由国内科研人员评估出的相应结果。NSR的跨国评估不仅利用了184头引进种猪在国内所产的1 183头后代的测定信息，还利用了NSR数据库中关于这些猪国外亲属的测定信息；国内科研人员的评估则是利用且仅仅利用了184头引进种猪在国内所生的1 183头后代的测定信息。EPD2与EBV1间的相关、EPD3与EBV2间的相关，总体趋势基本一致，并且说明下列几个问题：①对达115 kg体重日龄，NSR的跨国评估与国内科研人员的评估呈负相关，意味着NSR中生于国外的亲属测定信息对该性状的评估结果的影响可能是巨大的，且其表现是反方向的，即在国内表现好的可能在国外恰恰表现较差，反之亦然。这意味着分别根据NSR和国内科研人员的评估结果进行选择，可能背道而驰、效果相反。②对活体背膘厚度、活体眼肌面积、估计瘦肉率，NSR的跨国评估与国内科研人员的评估相比，除估计瘦肉率的EPD2与EBV1的相关外，其他相关系数都极显著且是正值，意味着二者评估出的种猪排序在趋势上具有一致性。但是EPD2与EBV1间的相关小于EPD3与EBV2间的相关，主要原因可能在于184头引进种猪自身没有测定成绩，影响了其与NSR评估的一致性。

细究4组育种值间的不一致，尤其是NSR与国内评估的不一致，主要原因可能有2个：一是信息量与参数不同，二是遗传与环境存在互作。

(1)信息量与参数不同　NSR的跨国遗传评估若不考虑遗传与环境互作，则其统计模型及MME可能采用的是与国内相同的模型，只是测定的数据、固定效应的组成、水平划分及对应的设计矩阵可能不同。另外，每个个体的育种值估计利用的信息量不同，估计的方差组分等参数不同、方法不同。这些不同，理论上使 NSR 的评估结果与国内的评估结果理应不同，并且测定个体与待估个体间的亲缘关系越近，可利用的表型测定信息越多，NSR 估计育种值的准确性也就越高。

但是，表 7.1 中 EPD3 与 EBV2 的相关结果显示，国内评估与 NSR 评估在这种模型信息上的差异并不明显，除了达 115 kg 体重日龄性状之外，其他 3 个性状均有较高的相关系数。EPD3 是 NSR 利用 184 头杜洛克在我国产下的后代测定数据计算出的育种值，相对应地，EBV2 是国内科研人员自行计算的育种值，与其他组育种值之间的对比相比，EPD3 与 EBV2 之间利用的信息最为接近，所以在除生长速度之外的 3 个性状上均得出了与 NSR 相似的结果。而在达 115 kg 体重日龄这一性状上，不仅没有像其他 3 个性状那样有较高的相关系数，反而出现了更加显著的负相关。在常规利用多性状模型评估遗传与环境互作的存在性研究中，性状之间的遗传相关系数低于 0.8 就意味着出现了较为明显的遗传与环境互作现象，可见对于达 115 kg 体重日龄这一重要的生长速度性状，遗传与环境互作影响较大。

(2)遗传与环境存在互作　信息量与参数仅影响估计值的准确性，遗传与环境存在互作将导致结果南辕北辙。比如，本研究中达 115 kg 体重日龄的生长速度性状，在 NSR 与国内科研人员自行估计的育种值对比(EBV2 与 EPD3)中出现了负相关显著的现象。

如上所述，国内外猪场之间环境的主要差别在于环境清洁程度的差异，国外猪场，不论场内场外，环境都很洁净。在此环境之下，理论上生长速度等性状在不断取得遗传进展的同时，免疫力因与生长速度等存在遗传负相关而不断下降。实际生产中因为环境洁净，猪仍十分健康，且其生产潜力可以发挥出来。

国外的猪种在被引到国内之后，生活环境存在较大差异。这种环境之下，遗传与环境可能存在互作，即种猪间的差异在国内外并不一样，甚至相反——在国外表现优秀的猪种在国内的表现情况恰恰相反。这种现象也正是我们在国内猪场所观察到的。EPD2 与 EBV1、EPD3 与 EBV2 间所呈现出的相关现象，尤其是对达目标体重日龄性状而言，最根本的原因可能正是遗传与环境的互作。而当遗传与环境存在互作时，除非跨国遗传评估改变模型或方法，否则应采用本国评估的结果，因为它反映了种猪在本养猪场内乃至国内特定环境下种猪的育种值。

总之，国内外环境差异很大，导致遗传与环境的互作可能存在并且影响较大，尤其是对生长速度而言。因此，引种时充分考察种猪的遗传评估信息仍是十分必要的，但需注意的是，引种后只有给引进种猪提供与国外相同的环境与管理，供种方的评估信息才有指导意义。否则，有些性状的信息，尤其是生长速度，便无参考价值。从这个角度来讲，在深入了解遗传与环境互作的机制后，生猪养殖者在引种时有必要建立一套自己的标准与评估方法，而科学地将遗传与环境互作考虑到基因组选择模型中无疑是消除甚至利用这一影响并最终实现“引进品种中国化”的必要路径。接下来的几个模型将详细介绍此类方法。

7.2.2　互作模型

互作模型是将环境与遗传的交互作用放入线性模型中，从而检验其效应是否显著，如下所示：

$$y_{ij}=\mu+G_i+E_j+GEI_{ij}+e_{ij} \tag{7.20}$$

式中：y_{ij} 是个体 i 在环境 j 下的表型，μ 是总平均值，G_i 是个体 i 的遗传效应，E_j 是环境 j 的效应，GEI_{ij} 是遗传与环境的互作效应，e_{ij} 是随机残差。当环境水平较多时，互作模型的计算负担急剧增加，而且互作模型只能考虑已有的环境，无法对没有记录的环境进行预测，这也使得它在基因组选择中的应用受限。

7.2.3 多性状模型

多性状模型主要适用于检测遗传与环境是否存在互作。当不同环境之间差异较大时，可以将同一性状的不同个体在不同环境中的度量值作为不同的但存在潜在相关的表型看待，下面的线性混合模型展示了将同一性状在两个不同环境中的表现当作两个不同的表型进行双性状研究的情况。

$$\begin{bmatrix}\boldsymbol{y}_1\\\boldsymbol{y}_2\end{bmatrix}=\begin{bmatrix}\boldsymbol{X}_1 & \boldsymbol{0}\\\boldsymbol{0} & \boldsymbol{X}_2\end{bmatrix}\begin{bmatrix}\boldsymbol{\beta}_1\\\boldsymbol{\beta}_2\end{bmatrix}+\begin{bmatrix}\boldsymbol{Z}_1 & \boldsymbol{0}\\\boldsymbol{0} & \boldsymbol{Z}_2\end{bmatrix}\begin{bmatrix}\boldsymbol{a}_1\\\boldsymbol{a}_2\end{bmatrix}+\begin{bmatrix}\boldsymbol{e}_1\\\boldsymbol{e}_2\end{bmatrix} \tag{7.21}$$

式中：$\boldsymbol{y}_1$ 与 $\boldsymbol{y}_2$ 是同一性状在两个不同环境中的表型，$\boldsymbol{\beta}_i$ 是固定效应向量，$\boldsymbol{a}_i$ 是个体的加性遗传效应向量，假定其服从正态分布 $N(\boldsymbol{0},\boldsymbol{A}\otimes\begin{bmatrix}\sigma_{a_1}^2 & \sigma_{a_1a_2}\\\sigma_{a_1a_2} & \sigma_{a_2}^2\end{bmatrix})$，其中 $\boldsymbol{A}$ 是个体间的亲缘关系矩阵，$\begin{bmatrix}\sigma_{a_1}^2 & \sigma_{a_1a_2}\\\sigma_{a_1a_2} & \sigma_{a_2}^2\end{bmatrix}$ 是 2 个环境下的表型加性遗传效应的方差-协方差矩阵，e_i 是随机残差，服从正态分布 $N(\boldsymbol{0},\boldsymbol{I}\otimes\begin{bmatrix}\sigma_{e_1}^2 & 0\\0 & \sigma_{e_2}^2\end{bmatrix})$ 是，$\boldsymbol{I}$ 是单位阵，$\begin{bmatrix}\sigma_{e_1}^2 & 0\\0 & \sigma_{e_2}^2\end{bmatrix}$ 是 2 个环境下性状的残差的方差-协方差矩阵，$\boldsymbol{X}_i$ 和 $\boldsymbol{Z}_i$ 分别是 $\boldsymbol{\beta}_i$ 和 $\boldsymbol{a}_i$ 的设计矩阵。利用该模型可以估计性状之间的遗传相关为 $\sigma_{a_1a_2}\Big/\sqrt{\sigma_{a_1}^2\sigma_{a_2}^2}$，遗传相关如果显著小于 1，则表明不同环境下此性状的遗传贡献出现了显著差异，也就是不同基因型对不同环境的反应不同，即存在遗传与环境互作。但是该方法并不适用于存在大量不同环境因素的情况，环境种类的增加意味着“性状”的增多，需要估计的参数更多，计算压力急剧增大。不过多性状模型可以很方便地将基因组选择整合进来，只需要将利用系谱计算的个体间分子亲缘系数矩阵 $\boldsymbol{A}$ 替换为利用遗传标记计算的 $\boldsymbol{G}$ 矩阵即可。

7.2.4 反应规范模型

相比于多性状模型，反应规范模型（reaction norm model）适用于当存在大量不同的环境，甚至环境因素可以用连续值来描述时的环境对遗传的影响研究。该模型可以将个体的遗传效应用一个与环境有关的一次函数进行拟合，即将遗传效应剖分为与环境独立的部分（截距）以及与环境相关的部分（斜率），如下模型所示：

$$\boldsymbol{y}=\boldsymbol{X\beta}+\boldsymbol{Z}_0a_0+\boldsymbol{Z}_1a_1+\boldsymbol{e} \tag{7.22}$$

式中：$\boldsymbol{y}$ 是表型向量；$\boldsymbol{\beta}$ 是固定效应向量；a_0 是加性遗传效应的截距；a_1 是斜率。假定 $\begin{bmatrix}a_0\\a_1\end{bmatrix}\sim N$

$(\mathbf{0}, \boldsymbol{A} \otimes \begin{bmatrix} \sigma_{a_0}^2 & \sigma_{a_0a_1} \\ \sigma_{a_0a_1} & \sigma_{a_1}^2 \end{bmatrix})$，其中 $\boldsymbol{A}$ 是个体间的亲缘关系矩阵，$\begin{bmatrix} \sigma_{a_0}^2 & \sigma_{a_0a_1} \\ \sigma_{a_0a_1} & \sigma_{a_1}^2 \end{bmatrix}$ 是截距与斜率的方差-协方差矩阵；e 是随机残差，服从 $N(\mathbf{0}, \boldsymbol{I}\sigma_e^2)$，其中 $\boldsymbol{I}$ 是单位阵，σ_e^2 是残差方差；$\boldsymbol{X}$ 和 $\boldsymbol{Z}_0$ 分别是将 β 和 a_0 关联起来的关联矩阵；而 $\boldsymbol{Z}_1$ 则是环境梯度(environmental gradient, EG)。

对于 EG 的处理方式是研究反应规范模型的主要关注点，主要包括以下几种方式：①把表型在各个环境中的平均值作为环境梯度 $\boldsymbol{Z}_1$ 代入反应规范模型中，处理计算较方便，但是显然保守估计了模型的不确定性，并将表型信息置于模型的等号两侧，人为导致了误导性的结果。②利用 Bayes 方法，将 $\boldsymbol{Z}_1$ 当成未知变量与模型中的其他未知参数同时估计，这种方法可能是估计 EG 的最优方法，但是在数据量较大且模型更加复杂时，用于参数估计的MCMC 过程很难收敛，计算量太大。③先利用普通的线性模型估计不同环境的效应，将此效应作为 EG 代入反应规范模型中进行计算，这种处理 EG 的方法可以视为对前面两种方法的综合，而且计算量大大减少。

反应规范模型所估计的斜率效应显著与否反映了环境是否对遗传有影响，而如果斜率的变异 $\sigma_{a_1}^2$ 显著大于 0，则意味着遗传与环境存在着互作。相比于互作模型与多性状模型，反应规范模型对环境的设定更加精细，而且具有处理大量不同环境因素的潜能，使得其适用性更加广泛。同样地，只需要将利用系谱计算的个体之间的分子亲缘系数矩阵 $\boldsymbol{A}$ 替换为利用遗传标记计算的矩阵 $\boldsymbol{G}$，就可以非常轻松地实现对遗传与环境互作的基因组的选择。

7.3 实例演示

本节将首先利用一组模拟数据对兼顾二元杂种信息的基因组选择进行演示。之后，基于 DMU 软件演示如何编写兼顾遗传与环境互作的基因组选择的配置文件。

7.3.1 兼顾杂种的基因组选择

本例主要演示了使用 R 语言中的 xbreed 软件包模拟根据杂种的表现对纯种进行基因组选择(CCPS)的过程，并与一般的根据纯种自身的表现选择纯种的效果进行对比，对比的标准是判断杂种的平均表型值是否随着时间增加。

模拟群体构建框架可参考图 7.2。其主要包括以下过程：①模拟一个历经 500 个世代而形成的群体规模为 200 头的历史群体(historical population)；②从历史群体中随机抽样各 100 头形成 A、B 两个群体；③通过设置窝大小为 5，对 A、B 两群体进行连续 10 个世代的群体规模的扩展。同时，为了使两群体的遗传结构差异加大，设置了按照表型从低到高与从高到低的选择模式；④完成群体扩充之后，利用 BayesB 方法对两群体的标记效应进行估计；⑤从两群体各选择 100 头公畜、200 头母畜进行群体内部繁衍。同时，从 A 群体选择 100 头公畜、从 B 群体选择 200 头母畜进行杂交。两个群体交配过程都持续 7 个世代，选择的方式分别为按照针对杂种群体的基因组育种值(GEBVC)与针对纯种群体自身的基因组育种值(GEBVP，即普通的基因组育种值)从高到低进行排序。另外，所模拟的性状表型方差为 1，加性方差为 0.3，显性方差为 0.2。

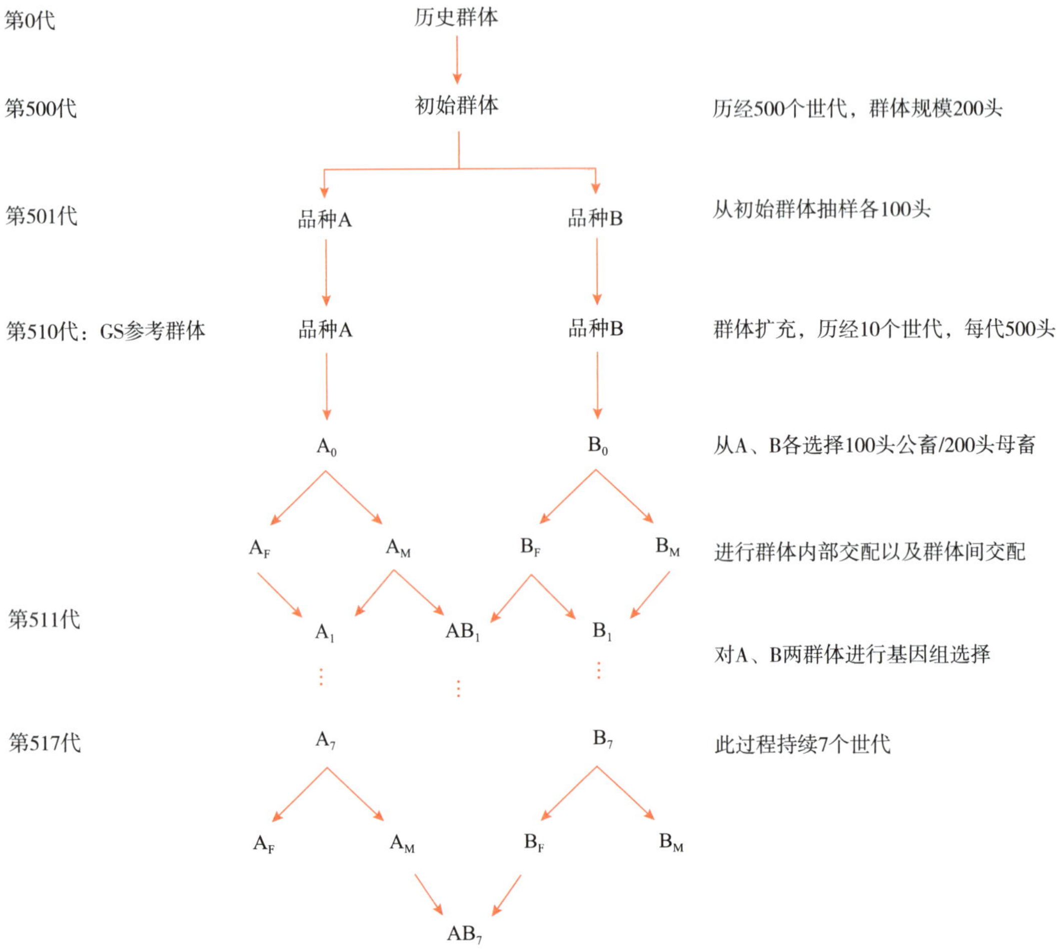

图 7.2　模拟群体的整体框架

通过杂交 7 个世代之后，分别计算杂交群体在连续 7 个世代的表型均值，表型均值越大说明杂交效果越好。具体的 R 语言代码以及整体的模拟分析流程可以参考如下网址中的 PDF 报告（https://gitee.com/milkzhe/GenomicSelectionInPigs/blob/master/CCPS.pdf）。

对比基于 GEBVC 与 GEBVP 进行选择的效果，如图 7.3 所示，整体两种方法都会使杂种群体平均表型值呈现上升的趋势，但是基于 GEBVC 进行的选择在所有 7 个世代中的表现都要更加优异，由此也可以看出兼顾杂种信息的基因组选择在育种中更具有优势。

7.3.2　兼顾遗传与环境互作的基因组选择

本例将展示基于反应规范模型的 DMU 软件的配置文件。假设需要进行遗传评估的个体来自 10 家猪场，由于各家猪场所处的地理位置、饲养管理等环境存在差异，所以可能伴随着遗传与环境互作的现象。基于反应规范模型计算个体的 GEBV，因为该模型中的环境梯度在此时处于未知状态，所以将利用两步法进行兼顾遗传与环境互作的基因组选择。

第一步，使用不考虑遗传与环境互作的线性混合模型估计各个猪场的固定效应，该步骤的配置文件如图 7.4 所示。

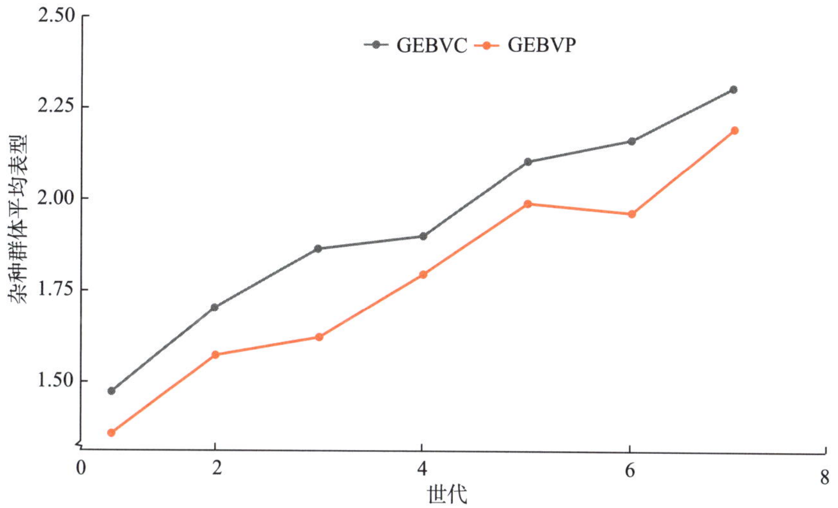

图 7.3 按照 GEBVP 与 GEBVC 进行选择的效果对比

```
1. $ COMMENT
2. Thisis the pragram for SSBLUP based on DMU
3.
4. $ ANALYSE1 1 0 0                    # 指定了分析方法为 DMUAI
5.
6. $ DATA  ASCII (3,1,-999) DATA.txt    # 数据文件。其中前三列是整型数据,最后一列是实数型
7.
8. $ VARIABLE                          # 下面几行指定变量名称
9. mu id farm                          # 整型数据分别为:总平均、个体号、猪场号
10. trait                              # 实型数据只有一个待分析的性状
11.
12. $ MODEL                            # 下面几行指定变量名称
13.1                                   # 表示是单性状模型
14.0                                   # 有几个性状就需要几行 0
15.1 0 3 1 3 2                         # 模型。性状 1 权重列共三个整型效应:mu farm id
16.1 1                                 # 1 个随机效应是上一行中最后一个
17.0                                   # 协变量(这一步骤中没有)
18.0                                   # 用来指定残差协方差(本例中不需要)
19. # 下一行指定了个体之间的方差协方差矩阵的构建方法,采用系谱与基因组信息相结合的方式
20. $ VAR_STR1 PGMIX 2 ASCII PED.txt Geno_id.txt .gamt.txt 0.2 G-ADJUST
21.
22. $ DMUAI                            # 下面是指定模型的收敛条件以及运行参数
23.10   Emstep     Number of steps before full weight on EM in imet = 2
24.1.0d-7     Conv_ndelta Convergence criteria for norm of the update vector
25.1.0d-6     Conv_gnorm Convergence criteria for norm of the gradient vector (AI)
26.1 Printout   1 -> Solution vector is printed/written to file SOL
27.0 Fspopt     Time (0) or memory (1) optimised FSPAK
28.0 P_neval    Restart an analysis from evaluation p_neval.
```

图 7.4 基于 ssBLUP 估计各个猪场效应的 DMU 配置文件

通过第一步估计出 10 个猪场的效应，此时该效应就可以作为每家猪场对此性状的固定效应。在第二步中，将猪场的效应作为环境变量，利用反应规范模型对个体的 GEBV 进行估计，该步骤的配置文件如图 7.5 所示。

```
29. $ COMMENT
30. Thisis the pragram for SSBLUP based on reaction norm model
31.
32. $ ANALYSE 1 1 0 0                     #指定了分析方法为 DMUAI
33.
34. $ DATA ASCII (3,2,-999) DATA2.txt     #数据文件。其中前三列是整型数据，最后两列是实数型
35.
36. $ VARIABLE                            #下面几行指定变量名称
37.mu id farm                            #整型数据分别为：总平均、个体号、猪场号
38.trait farm_effect                      #实型数据包括猪场效应与待分析的性状的表型值
39.
40. $ MODEL                               #下面几行指定变量名称
41.1                                     #表示是单性状模型
42.0                                     #有几个性状就需要几行 0
43.1 0 3 1 3 2                           #模型。性状 1 权重列共三个整型效应：mu farm id
44.1 1                                   #1 个随机效应是上一行中最后一个
45.1 2(6)                                #1 个协变量是实型变量第 2 列与 id 列的互作(G×E)
46.0                                     #用来指定残差协方差(本例中不需要)
47.#下一行指定了个体之间的方差协方差矩阵的构建方法，采用系谱与基因组信息相结合的方式
48. $ VAR_STR1 PGMIX 2 ASCII PED.txt Geno_id.txt .gamt.txt 0.2 G-ADJUST
49.
50. $ DMUAI                               #下面是指定模型的收敛条件以及运行参数
51.10  Emstep     Number of steps before full weight on EM in imet  =  2
52.1.0d-7         Conv_ndelta   Convergence criteria for norm of the update vector
53.1.0d-6         Conv_gnorm    Convergence criteria for norm of the gradient vector (AI)
54.1 Printout    1 -> Solution vector is printed/written to file SOL
55.0 Fspopt      Time (0) or memory (1) optimised FSPAK
56.0 P_neval     Restart an analysis from evaluation p_neval.
```

图 7.5　兼顾遗传与环境互作的基因组选择

图 7.5 中的代码与图 7.4 中的代码相比，多了一项遗传与环境的互作项，即代码中的第 45 行。可见，基于反应规范模型的兼顾遗传与环境互作的基因组选择非常容易实现，如果在日常的遗传评估中需要将某些猪场的数据进行联合遗传评估，可以考虑应用该模型。

第 8 章　选种与选配

【本章提要】 为进一步提高育种效率，预测获得基因组育种值，避免近交衰退，获得长期遗传进展，应考虑选种策略。本章综述了研究人员提出的几种选种方法，包括最佳贡献选择法、最优单倍体值法、最优群体值法以及前瞻选择法。选配虽没有选种重要，但可利用选种数据在不增加育种成本前提下，进一步提高长期遗传进展。因此，本章展示了基因组选择中可利用的选种、选配方法以及基因组标记信息在选配中的优势。

在基因组选择（Meuwissen，2001）这一概念引入动植物育种后，大量的研究都集中于如何进行遗传评估，准确地计算基因组育种值，最初提出的基因组选择（genomic selection）的概念应更准确地表述为基因组预测（genomic prediction）。而且，预测的结果也仅局限于个体的加性效应，没有考虑个体只有一半遗传物质能够遗传给特定后代以及群体中遗传物质的选择等问题，对个体的选配问题则考虑的更少。研究发现，使用基因组预测对促进长期遗传进展是有限的（Daetwlyer，2013）。因此，考虑上述相关问题，应用合适的选种选配方法，最终实现长期遗传进展最大化在近几年成为研究的热点。

8.1　选种

常规的基因组选择（conventional genomic selection，CGS）即截断式选择，主要对于短期选择具有较高的效率。为提高长期选择效率，研究人员相继提出了一系列相关方法。

8.1.1　最佳贡献选择法

最佳贡献选择（optimum-contribution selection，OCS）是传统选择中最常使用的方法，它通过约束父母的关系对选择双亲的遗传价值进行加权，进而达到长期遗传进展最大化的目的（Meuwissen，1997；Grundy，2000）。用二次函数表示如下：

$$\mathrm{U}_t(\boldsymbol{c})=\boldsymbol{c}'\boldsymbol{g}-\omega\boldsymbol{c}'\boldsymbol{Ac}$$

式中：$\boldsymbol{c}$ 是一个 n 维向量，是个体对下一代的遗传贡献；n 是由当代候选个体追溯到基础群的个体数；$0\leqslant \boldsymbol{c}_i\leqslant 0.5(i=1,\cdots,n)$，当 $\boldsymbol{c}_i=0$ 时表示个体不被选择；$\boldsymbol{g}$ 是育种值向量；ω 是下一代的期望关系的加权系数；$\boldsymbol{A}$ 是 $n\times n$ 的分子亲缘系数矩阵；$\boldsymbol{c}'\boldsymbol{g}$ 是期望的育种值；$\boldsymbol{c}'\boldsymbol{Ac}$ 是下一代的期望平均关系。加权系数 ω 在各代间是一个常量，通常使用 $0.01\Delta F$ 表示。

在基因组育种时代，OCS 仍然是首选的选择方法，它基于遗传贡献的理论（Wooliams and Thompson，1994）。该理论的提出基于对父母关系的约束，当真正的祖先的孟德尔抽样项与他们对群体中后代的遗传贡献存在确切的阈值线性关系时，最大的遗传进展率将被实现。实践中的问题是真正的祖先的孟德尔抽样项与遗传贡献的关系并不是已知的，通常是估计得来的，而且使用系谱并不能将双亲的遗传贡献分开。当两项的阈值线性关系远离时，相同的遗传进展率只能以父母关系的增加为代价获得。如果期望利用 OCS 使长期的遗传进展最大化，则需要更准确地区分孟德尔抽样项以及独立处理祖先贡献的信息。而使用基因组选择可以实现这一点。

使用基因组信息可以追踪染色体片段的遗传，更准确地估计候选个体间的关系。更准确的关系不仅增加了孟德尔抽样项的准确性，而且因其是祖先贡献的函数，得以使祖先贡献可以被区分开。

使用基因组信息 OCS 面临的挑战是如何制定约束父母双亲间的关系指标，以及监视遗传变异损失的指标。这些指标无须一致，在不同的预测中可以有所不同。Sonesson 等(2012)通过模拟试验得出，当使用基因组预测进行最佳贡献选择时，父母间的关系也应通过基因组信息来约束，因为基因组信息比系谱信息包含了更多的遗传变异。而有研究显示，基因组信息只在一些包含很多全同胞家系的物种中比系谱信息更多地约束父母间的关系。使用基因组信息构建矩阵有以下几种方法：①Vanradon 提出的不考虑连锁和标记独立性的构建 $\boldsymbol{G}$ 矩阵的方法；②使用连续纯合子片段鉴定连续长度的染色体片段是 IBS，这种情况可能是 IBD；③使用连锁不平衡估计一对个体在特定区间的 IBS。这些方法构建的亲缘关系矩阵都可以减少使用 OCS 时有利染色体片段的丢失。

但 Henyron 等于 2019 年的模拟结果则表明，使用系谱构建的亲缘关系矩阵的 POCS 所获得的遗传进展高于使用基因组信息构建的关系矩阵的 GOCS。他们研究分析得，系谱关系矩阵在没有 QTL 选择约束的情况下对遗传漂变进行了考虑，而 GOCS 则对遗传漂变或者是选择的标记进行了加权，因为这些标记与 QTL 连锁，最终减缓了对 QTL 的选择强度，进而降低了遗传进展。而目前大多数研究都是基于模拟实验，实际育种中的效果则有待进一步验证。

8.1.2 最优单倍体值法

Daetwyler 等于 2015 年提出了最优单倍体值的选择方法，将 CGS 中对比个体的加性效应转化为对比其最优后代的加性效应。个体的最优单倍体值(optimal haploid value, OHV)为：

$$\mathrm{OHV} = 2\sum_{b=1}^{B} \max_{m\in(1,2)} \sum_{l\in H(b)} G_{l,m}\beta_l$$

在计算最优单倍体值时，一个片段中邻近的标记聚集成单倍体。式中：B 为一条染色体的单倍型区域数；$H(b)$中的 b 取值范围为 1，…，B；l 为每个单倍型区域中的标记序号；m 为等位基因序号，在二倍体生物中，即 1 或者 2；$G_{l,m}$ 为等位基因的指示代码 0/1；β_l 为当等位基因为 1 时的等位基因效应。可见，个体的最优单倍体值是通过将个体效应较高的单倍体效应值乘以 2 之后得到的最优后代加性效应值。随后通过选择最优后代加性效应值的方式对个体进行选择。这种方法仍然属于截断选择。

8.1.3 最优群体值法

最优单倍体值仅考虑了个体被遗传的潜能，最优群体值(optimal population value，OPV)借鉴了这一思想，并同时考虑个体间的等位基因的不同，提出了选择一批个体的方法(Goffion, et al.，2017)，OPV 的计算方法如下：

$$\mathrm{OPV} = 2\sum_{b=1}^{B} \max_{n\in(1,\cdots,N)} \max_{m\in(1,2)} \sum_{l\in H(b)} G_{l,m,n}\beta_l x_n$$

式中：n 为个体，取值为 1，2，…，N（N 为群体内个体数）；x_n 是一个二项分布，决定个体是否被选择（如果被选择，则 $x_n=1$，如果不被选择，则 $x_n=0$）；当选择个体数 S 确定后，则有 $\sum_{n=1}^{N} x_n = S$，将 OPV 最大化，则得到所选择的个体。

使用这种方法不仅衡量了个体是否携带优势等位基因，而且可以将个体携带的特异优势基因考虑进来。因此，保证了群体中所有优势基因的延续。但是，该方法的缺点是 OPV 最大化难以计算，因为需要考虑不同个体的选择。Goffion 等提出了使用两步启发式算法来解决这一问题。第一步，随机地选择 S 个个体的育种群，计算 OPV；第二步，将一个已选择个体与未被选择个体交换，计算 OPV。如果 OPV 值增大，则接受交换；如果 OPV 值未增大，则重复这一步骤，直到 OPV 值达到最大。

8.1.4 前瞻选择法

在前几种方法中，都没有考虑达成目标需要的世代数以及选配策略问题。为解决这些问题，Moeinizade 等于 2019 年提出了前瞻选择（look-ahead selection，LAS）。使用 $f^{\mathrm{LAS}}(x,y,r,T-t)$ 代表需要最大化的指标函数，则这一函数中包括 4 个参数：选择的父母（x），选配决策（y），重组率（r）以及剩余的代数（$T-t$），其中 T 表示最终代，而 t 表示当前代。前 2 个参数是决策变量，需要通过最大化求解，而后 2 个参数则是寻求最大化求解时需要考虑的参数。f^{LAS} 表示最终代中最优后代的 GEBV。考虑到选配问题，则有 $x_n = \sum_{j=1}^{N} y_{n,j}$，$y_{i,j}\in(0,1)$。当 $y_{i,j}=1$ 时，表示个体 i 与个体 j 交配。$\boldsymbol{r}\in[0,0.5]^{L-1}$ 是重组率向量。由于这种方法需要考虑的参数较多，Moeinizade 等使用模拟的方法对在 T 代产生的个体的 GEBV 值进行估计。类似于 OPV 方法，使用启发式算法确定选择个体及如何选配。

而这种方法是在植物育种中提出，其许多模式是基于植物的选种选配模式，在猪育种中使用效果如何，还需进一步验证。

8.2 选配

相较于选种，选配得到的关注较少，这是因为选种在长期的遗传进展中影响最大。但是选择适当的交配方法同样可以提高遗传进展。由于多数选配设计的实施并不需要增加成本，育种方案的收益则可通过选配增加。选配所需要的信息在选种时都已进行了采集。选配提高长期遗传进展的方式主要是通过提升家系结构实现。选配设计通过在育种群中分散祖先贡献以及增加祖先数量的方式使祖先的贡献更独立。这将产生三个结果：第一，在促进选种时使祖先更接近于真正的阈值线性关系；第二，降低近交率，进而避免产生近交衰退以及一些等位基因由于遗传漂变丢失的风险；第三，通过增加关联而降低育种值估计准确性的变异。可见，选配应在育种中实施。

使用基因组信息进行选配设计可以参考使用系谱信息所提出的两种方法。一是最小祖先关系交配；二是以祖先贡献协方差最小化为目标进行交配（minimizing the covariance between ancestral contributions，MCAC 选配）。最小祖先关系直接通过计算基因组遗传关系即可。MCAC 同样可以使用基因组信息对个体间关系进行控制。

相对于根据系谱选配，基因组选配其优势是可以清楚地了解亲本基因型，因此对于其后代基因型可以进行预测，并估计除加性效应以外的显性效应。González-Diéguez 等在法国长白猪育种中提出了选配流程，并比较了是否加入显性效应对遗传进展的影响。首先对标记加性效应及显性效应进行估计，利用结果计算第 i 个公猪和第 j 个母猪所产后代的基因型值 $\hat{g}_{ij}$，计算公式如下：

$$\hat{g}_{ij} = \sum_{k} [P_{ijk}(AA)\hat{a}_k + P_{ijk}(Aa)\hat{d}_k + P_{ijk}(aa)(-\hat{a}_k)]$$

式中：$P_{ijk}(AA)$、$P_{ijk}(Aa)$ 和 $P_{ijk}(aa)$ 分别是后代中基因型为 AA、Aa、aa 的概率；$\hat{a}_k$ 与 $\hat{d}_k$ 分别是第 k 个位点的加性效应及其显性效应。在群体中使用 GEBV 选择 60 头公猪，限制每头公猪最多与 15 头母猪交配，以及每头母猪只与 1 头公猪交配的条件，通过最大化下列算式设置选配方式：

$$f_{\text{optim}}(\hat{g}_{ij}) = \sum_{i=1}^{nb}\sum_{j=1}^{ns} \hat{g}_{ij}\, x_{ij}$$

式中：x_{ij} 是选配决策项，值为 0 或 1，约束条件为 $x_{i1} + x_{i2} + \cdots + x_{is} = 15$ 以及 $x_{1j} + x_{2j} + \cdots + x_{bj} \leqslant 1$。对比发现，当选配考虑显性效应时，针对校正达 100 kg 体重日龄、背膘厚度以及窝内平均初生重 3 个性状，相对后代表现分别为 −0.79 d、−0.04 mm 以及 11.3 g，但遗传进展有所下降。

第 9 章 表型组测定

【本章提要】 表型组测定的开展应具有针对性及前瞻性，因此本章围绕当前育种目标一一列举了应测定的表型性状名称及具体定义，并搜集了各国种猪育种协会及育种公司所测定的性状及选择指数情况。基于基因组时代下大数据育种的概念对智能表型组主要关注性状、所遇到的问题及未来发展方向进行综述。最后，结合我国表型组测定的问题及表型组发展现状提出了我国种猪育种表型组测定的方案。

表型组可解释为某一生物个体的全部表型性状特征。猪的表型性状可分为数量性状与质量性状。数量性状如繁殖性状、胴体与肉质性状、生长发育性状等，这些性状与养猪生产效率密切相关，因而通常也被称为经济性状。质量性状如毛色、耳形等，多为品种鉴定的主要依据。表型组测定是达成育种目标的重要基础。基因组学的飞速发展带动了表型组学研究的进步。更加准确、系统、高效地对表型进行定量化研究将成为未来生物学、医学及相关交叉学科领域的前沿方向。

9.1 围绕育种目标的表型性状

在规模化养殖现状下，世界各国对育种群及扩繁群的要求可以概括为“死得少、用得久、产得多、育得好、吃得省、肉质好”。而对于商品群不需要考虑繁殖性能，则要求“死得少、吃得省、长得快、出肉多、肉质好”。商品群的性状优势得益于育种群的性状优势以及选配模式的制定，因此以上这些特点都应作为育种目标出现在母本或者父本的选育中。总结起来就是“死得少、用得久、产得多、育得好、吃得省、长得快、出肉多以及肉质好”。因此，表型测定应围绕这些选育目标开展。对这些目标进行专业的解读如下：“死得少”即要求猪群健康，抗病性能好；“用得久”即使用年限长；“产得多”要求育种群一方面产活仔数多，另一方面非生产天数少；“育得好”即断奶窝重较高；“吃得省”即饲料转化率要高；“长得快”则是日增重多；“出肉多”表明上市体重高以及胴体性状较好；“肉质好”一方面要满足不同地方人们的饮食要求，另一方面要利于人的健康以及猪肉贮存。根据育种理论可知，群体中母本对繁殖性状贡献较大，父本对生长及胴体肉质性状贡献较大。因此对母本的育种目标重点是“死得少、用得久、产得多、育得好”，对父本则是“吃得省、长得快、出肉多、肉质好”。“吃得省、长得快”可以归纳为生长性状，“死得少、用得久”为健康性状，“产得多、育得好”为繁殖性状，“出肉多、肉质好”则为胴体与肉质性状。另外，体型性状作为健康育种的间接指标通常被总结为猪育种的第五类性状。

9.1.1 繁殖性状

公猪可测定的繁殖性状主要是精液性状，母猪的繁殖性状则是产仔相关性状。繁殖效益是影响猪场经济的主要因素。繁殖性状多数遗传力较低，且只在单一性别中表现，选择较困难，遗传进展较慢，使用基因组选择相对具有优势。

9.1.1.1 母猪繁殖性状

(1)初情期(puberty)　母猪初次发情的日龄。

(2)初产日龄(age at first parity)　母猪头胎产仔的日龄。

(3)总产仔数(total number born)　出生时同窝的仔猪总数，包括死胎、木乃伊胎和畸形肽在内。

(4)产活仔数(number born alive)　出生时同窝存活的仔猪数，包括衰弱即将死亡的仔猪在内，即总产仔数减去死胎、木乃伊胎的数量。

(5)健仔数(number born healthy)　出生时同窝存活的健康仔猪数，即产活仔数减去即将死亡的仔猪和弱仔猪数(弱仔猪的判断常以初生重是否超过 0.8 kg 作为标准，但可视具体情况而定)。

(6)初生重(weight at birth)　仔猪出生时的个体重，在出生后 12 h 内测定，只测定出生时存活仔猪的体重。全窝存活仔猪体重之和为初生窝重。

(7)断奶重(weight at weaning)　仔猪断奶时的个体重。

(8)断奶窝重(litter weight at weaning)　断奶时的全窝仔猪体重之和，包括寄入的仔猪，但寄出仔猪的体重不计算在内。寄养应在出生后 3 d 内完成，并注明寄养情况。寄养后母猪所哺乳的仔猪数为群体平均数±1 头。母猪同胎哺乳期间不止一次寄养时，数据做无效处理。

(9)育成仔猪数(number of foster)　断奶时同窝仔猪的数量，包括寄入仔猪的数量，并注明寄养头数。

(10)哺育率(mothering ability)　育成仔猪数占产活仔数的比率。如有寄养情况，应在产活仔数中减去寄出仔猪数，加上寄入仔猪数，其计算公式为：

$$\text{哺育率}=\frac{\text{育成仔猪数量}}{\text{产活仔数}-\text{寄出仔猪数}+\text{寄入仔猪数}}\times 100\%$$

(11)窝间距(farrowing interval)　母猪前、后两窝产仔间隔的天数。

(12)母猪使用寿命　淘汰的胎次。

9.1.1.2 公猪繁殖性状

(1)公猪采精日龄　公猪初次采精的日龄。

(2)采精量(semen volume)　单次采精所获得的精液体积。

(3)精子密度(sperm density)　每毫升精液中所含有的精子数。

(4)精子活力(sperm motility)　精液中呈前进运动状态的精子所占的百分率。

(5)精子畸形率(percentage of abnormal sperm)　异常精子数占总精子数的百分率。精子畸形一般分为三类：一是头部畸形，表现为大头、小头、长形头、变形、缺失、轮廓不清、双头等；二是中段畸形，表现为偏轴、膨大、曲折、颈部断开，在接近头中段或接近尾中段存在原生质滴等；三是尾部畸形，表现为线体膨胀、双尾、卷曲、无尾、头尾缠绕等。当精子畸形率超过 20%时，不宜用于输精。

(6)精子质膜的完整性　尽管精子活力较高但质膜受损，同样会丧失受精力。而质膜又是精子低温、冷冻保存过程中最容易受损伤的部位，也是影响受胎率的因素之一，同时对维持自身新陈代谢、顶体反应、穿卵试验等非常关键。

(7)精子的抗氧化能力　可用总 ROS 含量、总抗氧化能力(T-AOC)和丙二醛(MDA)含量衡量。

(8)种用年限(breeding period)　作为种畜使用的年限,可以用淘汰胎次作为指标。

9.1.2　生长性状

(1)体重为 30～115 kg 或 70～115 kg 的采食量。

(2)体重为 30～115 kg 或 70～115 kg 的料肉比。

(3)体重为 30～115 kg 或 70～115 kg 的多余采食量。

(4)每头猪的日采食次数、日采食时间、日采食量、日采食速度等。

(5)体重为 30～115 kg 或 70～115 kg 期间的动态体重、采食次数、采食量。

(6)活体背膘厚度　测定垂直于背部皮下脂肪的厚度,以 mm 为单位。可采用 A 超或 B 超进行测定。

(7)活体眼肌面积　测定垂直于背部最长肌的横断面面积,以 cm^2 为单位。可采用 B 超进行测定。

9.1.3　胴体与肉质性状

通过屠宰可以充分了解猪胴体的组成和肉质,这对于肉质的改良具有重要意义。传统意义上,会在合适的日龄或体重阶段将猪进行屠宰,屠宰后对胴体各个组织进行分割、称重,并对相应指标进行测定,具体指标及含义如下。

(1)屠宰率　胴体重占宰前活体重的百分比。

(2)瘦肉率、骨率、肥肉率、皮率　取左半胴体去除板油及肾脏后,将其分为前、中、后三躯。前躯与中躯以第 6～7 肋为界垂直切下,后躯从腰荐与荐椎处垂直切下。将各躯皮、骨、肥肉和瘦肉分离,并分别称重。剥离时,肌间脂肪算作瘦肉不另剔除,皮肌算作肥肉亦不另剔除,软骨和肌腱计做瘦肉,骨上的瘦肉应剥离干净。剥离过程中的损失不应高于 2%。按以下公式分别计算皮率、骨率、肥肉率和瘦肉率:

$$\text{皮率}=[\text{皮重}/(\text{皮重}+\text{骨重}+\text{肥肉重}+\text{瘦肉重})]\times 100\%$$

$$\text{骨率}=[\text{骨重}/(\text{皮重}+\text{骨重}+\text{肥肉重}+\text{瘦肉重})]\times 100\%$$

$$\text{肥肉率}=[\text{肥肉重}/(\text{皮重}+\text{骨重}+\text{肥肉重}+\text{瘦肉重})]\times 100\%$$

$$\text{瘦肉率}=[\text{瘦肉重}/(\text{皮重}+\text{骨重}+\text{肥肉重}+\text{瘦肉重})]\times 100\%$$

(3)后腿比　沿腰荐椎结合处垂直切下的左侧腿臀重占左侧胴体重的百分比。

(4)胴体长　胴体耻骨联合前缘至第 1 颈椎前缘的直线长度。

(5)胴体斜长　耻骨联合前缘至第 1 肋骨与胸骨结合处内缘的长度。

(6)肌肉 pH　宰后一定时间内,离体肌肉酸碱度的测定值。其中,停止呼吸 1 h 内测定的,用 pH 1 表示;在 0～4 ℃条件下保存至停止呼吸 24 h 测定的,用 pH 24 表示。

(7)肉色　宰后一定时间内,离体肌肉横截面颜色的测定值。

(8)大理石纹　肌肉横截面可见脂肪与结缔组织的分布情况。

(9)肌内脂肪含量　肌肉组织内的脂肪含量。

(10)滴水损失　在无外力的作用下,离体肌肉在特定条件和规定时间内其内含水流失或渗出的量。常用 48 h 滴水损失表示。

(11)嫩度　肉纹理细腻程度和水分含量的丰度,可用嫩度仪测定。

(12)系水力　在特定外力的作用下,离体肌肉在规定的时间内保持其内含水的能力。其中,挤压后肉样中的含水量占肉样含水总量的百分率,用系水力表示;挤压后肉样的失重占肉样重的百分率,用失水率表示。

9.1.4　健康性状

健康性状涉及指标种类繁多,且指标检测难易程度不同,如 QTLdb 总结前人研究成果将猪健康性状分为疾病易感性(disease susceptibility)、血液指标(blood parameters)、病原体和寄生虫(pathogens and parasites)、免疫能力(immune capacity)和体温(body temperature)等生理指标 5 大类(Hu, et al., 2016)。疾病易感性是对个体的抗病性及耐受性的直接衡量,而血液参数和免疫能力等则是对个体的抗病能力的间接衡量。直接衡量指标需要个体暴露在病原威胁下,成本较高,时间较长。间接衡量指标则每个个体都可以测量,但是对间接指标与抗病性的关系需要清楚。直接衡量指标包括各种疾病(如猪蓝耳病、伪狂犬病、结核病等)感染后血液中的病毒滴度以及产生的抗体水平(Boddicker, et al., 2011;Serão, et al., 2014;Waide, et al., 2017)。

抗病性及耐受性是评价健康性状常使用的两个指标。抗病性是指宿主抵抗病原并免受其感染的能力,这一概念容易对感染病原与发生疾病混淆,可以用生态学的观念理解为抗病性是宿主与病原的互作,即宿主在一定程度上对病原的生命循环有影响。一个个体抗病性强则有可能是多方面的原因,例如不容易被感染、感染后会降低病原的繁殖或者是降低病原在群体内的传播等。因此,可见抗病性是一个相对的概念,而非绝对概念。耐受性则是指宿主感染病原后性能的变化。针对我国猪场免疫程序,健康性状主要测定以下指标。

(1)个体出生至 164 日龄间具体淘汰日龄、淘汰原因(病、死、伤、生长缓慢、体型外貌等)、体重。

(2)免疫细胞　主要应用流式细胞仪检测猪 T 细胞亚群(CD4+CD8-T 细胞、CD4-CD8+T 细胞、CD4+CD8+T 淋巴细胞),且最好是采样后马上检测。

(3)细胞因子　包括 IFN-γ、IL-4、IL-10、IL-6、TNF-α、IL-2、IL-12。

(4)口蹄疫抗体以及猪瘟抗体　由于测定前最后注射的是猪口蹄疫疫苗以及猪瘟疫苗,所以可针对抗口蹄疫的抗体进行测定,以判定猪特异性免疫力。

(5)扁桃体　扁桃体测定对猪伤害较大,可使用检疫中心数据进行分析。

9.1.5　体型性状

借鉴国外经验,并结合我国实际情况,建议参考加拿大的肢蹄评分体系开展相关体型评分。

加拿大的种猪体型评定体系是由加拿大圭尔夫大学和其各区域遗传评估中心的代表组成的小组制定的,如表 9.1 所示。有效乳头数也是体型性状评定指标之一。

(1)整体鉴定　在此主要根据品系特征、性别特征、整体结构、步态进行鉴定。品系特征即上述的体型外貌标准;性别特征是指母猪与公猪要具有各性别特征。整体鉴定实行 5 分记分制,1 分最差,5 分最好。

(2)肢蹄鉴定　前后肢根据表 9.1 的评分要求按照前视/后视打分。

表 9.1 加拿大的种猪体型评分体系

性状		分值				
		1	2	3	4	5
前后肢	前视/后视	高度内扣	内扣	垂直	外撇	高度外撇
	侧视	高度前弓/后弯	前弓/后弯	垂直	前伸/后蹬	高度前伸/后蹬
	系部	严重踮脚	踮脚	垂直	卧系	高度卧系
蹄部	内/外	太短	短	正常	长	太长
整体评价		很差	差	正常	好	很好

(3)腹线鉴定 腹线鉴定采用 10 分制。其中,有效乳头<7 对或有 1 个以上的反转乳头,或距离不对称,记 1～3 分,种猪直接淘汰;有效乳头 7 对以上,形状和距离适当,记 4～7 分,结果为好;有效乳头 7 对以上,每侧有 6 个或 6 个以上的有效乳头,排列整齐,发育良好,记 8～10 分,结果为非常好。有效乳头数的评定可在断奶到活体背膘厚度测定之间的任意时间进行,而评定时最好连同不进行背膘测定的猪一起,以鉴别出多数子女存在体型问题的公猪。

(4)生殖器官 生殖器官实行独立淘汰制。凡是生殖器官发育存在问题的猪,一律淘汰。其中母猪外阴过小、未发育、向上倾斜均属淘汰之列。

整体评价在此主要根据品种特征、角色特征、性别特征、整体结构、步态进行。根据表 9.1 并结合其标准差,肢蹄及整体的建议经济加权(w)如表 9.2 所示。然后分别计算肢蹄指数($I_{肢蹄}$)和整体指数($I_{整体}$),公式如下:

$$I_{肢蹄} = \sum w\left(1 - \frac{|3 - x|}{3}\right)$$

$$I_{整体} = 2x$$

表 9.2 建议经济加权

性状		经济加权
前肢	前视	7
	侧视	8
	系部	5
	趾蹄	5
后肢	前视	10
	侧视	10
	系部	10
	趾蹄	5
整体评价		2

有效乳头数采用 10 分制。1～3 分直接淘汰;高于 3 分,按照下列公式计算腹线指数($I_{腹线}$):

$$I_{腹线}=3x$$

最后按照下列公式计算体型指数(I)：

$$I=I_{肢蹄}+I_{整体}+I_{腹线}$$

上述公式中的 x 表示各性状的分值，与指数值不是一个概念。而体型评定以指数值为依据。

此外，下列几条建议可供参考：一是选种时应以指数和 EBV 选择为主，体型选择为辅，而且应当汰劣而非选美，即应制定一个合格标准，不合格的即淘汰。二是生殖器官可以单独根据标准淘汰。三是相关指数等已涵盖生长、胴体组成等性状，故在体型外貌评定时不应过分强调体躯。

9.2 各国表型组测定方案

各国育种体系主要有协会与组织引导以及国际化育种公司两种。协会与组织引导的主要有中国全国生猪遗传改良计划、美国国家种猪登记协会(National Swine Registry，NSR)、加拿大生猪改良中心(Canadian Center for Swine Improvement，CCSI)。育种公司有 PIC(Pig Improvement Company)、加拿大加裕公司(Genesus)、海波尔公司(Hypor)、法国科普利信集团(Cooperl)旗下的 Nucleus 种猪基因公司、丹育公司(DanBred)。

9.2.1 中国生猪育种改良体系

我国现行的生猪测定性状共 18 个，其中总产仔数、达 100 kg 体重日龄以及达 100 kg 体重背膘厚度为必测性状，其余性状为辅助性状，包括 4 个繁殖性状(产活仔数、21 日龄窝重、窝间距、初产日龄)、3 个生长性状(校正达 50 kg 体重时日龄、测定期间的料肉比、校正达 100 kg 体重时活体眼肌面积)、2 个胴体性状(胴体眼肌面积、腿臀比)、6 个肉质性状(肌肉 pH、肉色、滴水损失、大理石纹、肌内脂肪、嫩度)。父系选择指数仅由校正达 100 kg 体重日龄及达 100 kg 体重背膘厚度构成，母系选择指数包含 3 个必测性状。校正达 100 kg 体重日龄及达 100 kg 体重的背膘厚度计算公式如下：

$$校正达100\ kg日龄=测定日龄-[(实测体重-100)/CF]$$

$CF_{公猪}=(实测体重/测定日龄)\times1.826\ 040$；$CF_{母猪}=(实测体重/测定日龄)\times1.714\ 615$。

$$校正背膘厚度=实测背膘厚度\times CF$$

其中，$CF=A/[A+B\times(实测体重-100)]$，A 值、B 值见表 9.3。

表 9.3 不同品种公、母猪计算达 100 kg 体重背膘厚度时的 A 值和 B 值

品种	公猪		母猪	
	A	B	A	B
杜洛克	13.468	0.111 528	15.654	0.156 646
长白	12.826	0.114 379	13.983	0.126 014
大白	12.402	0.106 530	13.706	0.119 624

我国生猪遗传改良计划中所用的选择指数使用的是 CCSI 于 1988 年制定的，表 9.4 是 CCSI 在 1998—2000 年所使用的标准化经济重要性。它既涉及根据加拿大的育种-生产-经济系统估计出来的经济重要性，也涉及加拿大当时 3 个猪品种的遗传变异与遗传相关。

表 9.4 CCSI 在 1998—2000 年使用的标准化经济重要性

父母系	性状	杜洛克	长白	大白
父系	达 100 kg 体重日龄	−4.21	−3.62	−3.79
	达 100 kg 体重背膘厚度	−17.10	−14.70	−15.40
母系	总产仔数	43.40	34.33	34.88
	达 100 kg 体重日龄	−3.16	−2.50	−2.54
	达 100 kg 体重背膘厚度	−12.85	−10.17	−10.33

9.2.2 美国国家种猪登记协会

美国国家种猪登记协会(National Swine Registry，NSR)成员的育种由美佳育种集团(America's Best Genetics，ABG)完成。种猪测定和育种评估系统包含的性状分为以下几类。生长性状：背膘厚度、达到 250 lb 体重日龄、饲料转化率；肉质性状：瘦肉量(kg)、肉色、大理石纹、肌肉 pH 24；母猪繁殖性状：产活仔数、断奶重、21 d 断奶窝重、出生窝重、断奶至发情间隔。生物经济学指数包括母猪生产力指数(SPI)、母系指数(MLI)以及终端父本指数(TSI)。其中 SPI 包含产活仔数、断奶重、21 d 断奶窝重；MLI 包括产活仔数、断奶重、21 d 断奶窝重、达到 250 lb 体重日龄以及饲料转化率；TSI 包含达到250 lb 体重日龄与饲料转化率。

9.2.3 加拿大生猪改良中心

加拿大生猪改良中心(Canadian Center for Swine Improvement，CCSI)每周对大白、长白、杜洛克和皮特兰进行遗传评估，日常评估性状包括瘦肉量、眼肌面积、眼肌深度(120 kg)、日龄(120 kg)、饲料转化率、背膘厚度(120 kg)、总产仔数、产活仔数、断奶仔猪数、初产日龄、窝间距、断奶窝重、出生窝重变异、肉色、大理石纹、肌肉 pH 24、滴水损失、肢蹄结实度、脚趾、功能乳头数量。采食量、生长、脂肪和瘦肉沉积性状利用随机回归和非线性模型进行遗传评估。在产仔数性状的遗传估计中需加入杂种母猪的数据。父系指数包括达 120 kg 体重日龄、眼肌面积、饲料转化率以及估计瘦肉量几个性状。母系指数包括达120 kg 体重日龄、眼肌面积、饲料转化率、估计瘦肉量以及总产仔数。

9.2.4 丹育公司

丹育公司(DanBred)种猪性能测定方式分为中心测定站测定和场内测定，测定站仅测定公猪，年测定量约 5 000 头(测定公猪均来自核心育种场)，测定性状主要包括日增重(30～100 kg)、瘦肉率、饲料转化率、体型、屠宰损失率(父系猪)、pH (父系猪)等。场内测定主要在核心场内开展，年测定量约 10 万头，测定性状主要包括达 0～30 kg 体重的日增重、达 30～100 kg 体重的日增重、瘦肉率、饲料转化率和体型等，同时包括所有母猪的繁殖性状，如产仔数和产后 5 d 活仔数(LP5)。研究表明，总产仔数与死胎数遗传呈正相关，即总产仔数越多，死胎数也越高，这并不是猪场所期望的结果，因此 Su 等于 2006 年提出了使用第 5 天成活仔猪数作为产仔性状的指标，原因是出生 5 d 后，仔猪死亡的概率将大大降低。对于丹育公司不同品种种猪性状在选育目标中所占比重见表 9.5。

表 9.5　丹育公司不同品种种猪性状在选育目标中所占比重

性状	杜洛克	长白与大白
饲料转化率	45	40
日增重(30～100 kg)	22	25
日增重(0～30 kg)	5	3
与母体遗传相关的早期日增重		1
使用年限		2
仔猪出生后 5 d 存活率		9
繁殖力与存活率(父系效应)	6	
屠宰损失率	4	2
体型	7	2
瘦肉率	11	17

9.2.5　PIC

PIC(Pig Improvement Company)遗传评估数据主要来自母猪场(包括育种场和扩繁场)的繁殖性状数据(总产仔数、死胎数、断奶前死亡率、初生重、断奶重、断奶与发情间隔、乳头数等)、生长猪场(包括纯种猪及商品猪)的生长性状(生长速度、背膘厚度、眼肌面积、采食量、饲料转化率等)、胴体性状(分割肉价值)和肉质性状(肌肉 pH、肌内脂肪等)等数据，同时对商品猪场的屠宰数据也进行了收集。

9.2.6　加拿大加裕公司

加拿大加裕公司(Genesus)是加拿大最大的猪遗传改良公司，拥有全球最大的注册纯种猪群(超过 1.6 万头母猪)，占加拿大注册纯种种猪的 80% 以上。加裕目前是一个全球化发展的种猪公司。加拿大加裕公司主要关注猪繁殖性能、生长性能、健康性状以及胴体和肉质性状等方面的遗传改良，并且已常规化应用基因组选择进行遗传评估选育。基因组选择策略同样侧重于选育高生产力、生长速度快、饲料转化率高且产量高的种猪。基因组选择将繁殖性状(总产仔数)的评估准确性提升了 100%，达目标体重日龄、背膘厚度和眼肌面积 3 个生长性状的准确性分别提升了 45%、100% 和 60%，且实现了肉质性状(肉色、大理石纹、pH、胴体背膘厚度、眼肌面积等)准确性提升了 76%～135%。加拿大加裕公司母系猪(大白、长白)以繁殖性能为选育重点，产仔性状占总权重的 53%，同时注重选育母系猪的采食量(以提升母猪泌乳力)及抗病能力。目前，大白猪和长白猪的总产仔数分别达到了 18.3 头和 16.2 头。对于杜洛克父系猪，公司投入大量的精力研究其生长速度、饲料转化率和胴体特征等性状的遗传改良。尤其在胴体与肉质性状方面，每年测定了大量屠宰和肉质数据，包括瘦肉率、大理石纹、pH、颜色、嫩度、肌内脂肪等性状。父系指数中，最重要的日采食量、校正达目标体重的日龄和大理石纹 3 个性状，分别占总权重的 31%、24% 和 25%。当前，核心群杜洛克猪生长速度表现突出，全群平均校正达 120 kg 体重日龄缩短到了 151 d。经过 30 多年的积累，并在近些年对肉质和胴体性状进行了基因组选择，加拿大加裕公司在肉质性状选育上处于领先地位，其杜洛克猪肉色较深，大理石花纹较多，pH 也相对较高。

9.2.7 海波尔公司

海波尔公司(Hypor)的总体育种目标是通过平衡育种，培育出健康生长的生猪，并且以最低的成本支持猪肉生产。主要方式有：①通过对多性状的选育测定，母系猪追求每头母猪年产断奶健康仔猪的能力(断奶仔猪数与断奶体重的提高)，父系猪追求饲料转化率、生长速度和胴体质量的提高。②按照各性状的遗传力、遗传相关、市场目标进行平衡育种。③选育断奶窝重高和体型优等性状，提升母猪断乳能力和生产效率。海波尔同样注重新育种技术的研发与应用，是最早应用基因组选择技术的生猪育种公司之一，并建立了基因组选择的专业的样品采样、运输、处理、检测和数据分析的操作流程。

9.2.8 Nucleus 种猪基因公司

Nucleus 种猪基因公司主要选育的品种包括母系大白、长白种猪，父系皮特兰、杜洛克种猪。母系种猪在繁殖、生长和肉质三方面进行选育，繁殖性状占育种目标权重的 55%，主选性状包括产活仔数、初生重和窝均匀度；生长性状占比 33%，包括平均日增重和饲料转化率 2 个性状；肉质性状占比 12%，包括瘦肉率、屠宰率和 pH 等。同时，母系猪还根据母性行为、泌乳能力、分娩时间和分娩难易度等指标进行评分和选留。父系种猪选育的性状主要为生长、肉质和健康性状，包括初生重、日增重、背膘厚度、饲料转化率、肌内脂肪含量(活体测定)、肌肉 pH、滴水损失、异味、肢蹄和体型等。

9.3 基因组时代的表型组学

MikeCofey 于 2011 年在 ICAR 会议上提出"in genomic era，phenotype is the king"。由于互联网和各种电子设备的发展，表型组在当代已经飞速发展。目前，传感器能够低成本地记录图像、视频、声音及多种环境参数，这使得表型组研究可行。表型组的研究也存在较多的问题。相对于基因组的有限性而言，表型组可应用的范围是无限的。表型组可以是不同性状的组合或者是多个个体的组合，且性状与基因型一成不变不同。与植物育种或人类遗传学相比，动物表型组学受到的关注较少。随着科技的发展与进步，新技术允许评估社会高需求的新表型，如那些与动物福利、恢复力、疾病发病率或资源使用优势相关的表型。而最近动物表型组学在动物科学中的研究也越来越多，在美国农业部提出的农业基因组到表型组倡议等公共倡议中得到了重视。

高通量动物表型测定的创新来自两个方面：①从来测定过的新性状；②可以连续测定的经典性状，这些性状认为是不完整的、冗余的、有噪声的。本节将从这些性状以及表型组存在的高纬问题及未来发展方向进行综述。

9.3.1 新性状和可重新审视的标准性状

9.3.1.1 个体和组群层面上的行为学

动物行为和动物之间的社会互动可以极大地影响动物的生产和表型，也是研究动物福利的主要组成部分。鉴于在表型组学时代之前各猪场测量行为的差异，在遗传评估中，行为对生产性状的影响要么被忽略，要么被间接解释。例如，通过社交遗传效应模型分析发现选择可能会改变一些行为，特别是那些与攻击相关的行为是部分遗传的。目前，行为特征可以通过可穿戴传感器和计算机视觉技术来测量。行为指标可以影响单个个体，但通常涉及成对的或更大的动物群体。如果是在个体水平上的测量行为，则可以利用多性状直接遗传效应模型获得感兴趣的行为以及繁殖性状和福利性状的育种值。一个较少被探索的方向是在二元水平上的行为建模（即在个体对中）。这种类型的数据已被用于参数化社会遗传效应模型，但它也可以作为数量遗传研究中的响应变量矩阵以决定哪些遗传因子影响一个群体中的同伴被攻击。这种类型的分析尚未进行，但目前正在从家畜物种中收集二元行为数据，并已被用于构建社会网络。一种典型的互动行为是攻击性（例如，混笼后攻击），需要区分一个个体测量和一组或二元测量。例如，每只动物用在打架上的总时间代表了一个个体层面的观察，但是当对一个社会群体中的每一对动物的打架时间进行注释时，就会生成一个二元表型数据集。这种数据集允许开发特殊的、新的建模策略。

9.3.1.2 饲料转化率

饲料转化率在很大程度上决定了养殖成本。传统测定方法需要借助于传感器技术，通过自动饲喂记录设备，才能准确地进行大规模饲料转化率测定。利用自动采食器获得的采食量和采食行为数据具有 2 个固有特征，即不完整性和异质性。因为通过不同的装置记录和预处理采食数据，所以测量的性状结果可能略有不同。有时由于功能故障，可能有部分数据缺失，例如记录采食行为，但没有动物 ID，或记录了动物的访问，但采食量明显错误或根本没有测量。这些问题均需要在分析流程中考虑，包括原始数据处理、清理和填充。

在数据建模方面，可以从自动喂料器的数据中提取额外的信息和新的性状；可以挖掘访问自动喂料器的顺序、访问间隔时间和多空间饲喂器中动物的共存，以揭示动物之间的相互作用；还可以从自动喂食器中提取采食特征用于参数化社会遗传效应模型。在未来研究中将采用自动输入数据与计算机视觉算法相结合的方式，对这些问题进一步阐明。

9.3.1.3 传统表型重新审视

传感器技术可以测量新的表型，但也干扰了如何记录“标准”性状，如体重或体型等。传统的体重及体况评分测定方法通常需要移动动物，是劳动密集型，因此在每个生产周期中只能做有限的测定。随着表型组学的出现，这些传统的表型可以在大量的动物身上自动连续收集，而无须干扰它们。例如，可以使用 3D 成像技术精确地测量质量，或者可以从图像中测量构象特征。这些精密的畜牧业设备可以广泛记录商品动物相关性状，而不仅仅是核心群。结合这些措施，还可以从气象站或圈舍环境控制装置中获得类似的关于时间和空间分辨率的记录。

然而，将自动测量的身体状况评分或体重增加量纳入现有的基因组评估中也将带来挑战。在对数百万只动物进行现有的遗传评估之前，必须对现有数据进行总结并对它们的数据流进行清理。在表型组学时代，通过记录个体拟合生长曲线的方式检测异常值，并进行清理可能效率不高。相反，采用稳健的数据分析技术可事半功倍，如非线性分位数回归可以使用由所有数据拟合的生长曲线进行分析，避免异常观测值效应。最后，每只动物完整的生长曲线将促成围绕这些传统表型的新性状的评估。

9.3.1.4 个体追踪和识别

传感器可以收集大量的环境数据，因此可以更大规模地研究基因型与环境之间的互作，并将遗传与环境互作纳入候选动物的评估中。这就要求生产动物的表型记录需要与亲本基因型以及环境和生产记录联系起来。另一方面，在整个生产周期中持续的个体识别将为记录许多新的性状提供机会，因此将会增加对动物识别和追踪以及实时数据流同步的需求。目前，个体识别是通过标记或未标记动物的计算机视觉完成，或通过在动物生产过程中一直穿戴着的射频识别(RFID)设备进行数据的搜集。动物识别的计算机视觉算法使用不同的技术，如动物的体型外貌(构型、被毛色等)的自然变异可以使用永久或暂时附着在动物身上的视觉标记或标签进行识别。理想情况下，计算机视觉算法将使用动物空间(圈舍)的全景图像，这些图像是用天花板或高墙安装的摄像机拍摄的，通常同一相框中包括几只动物的图像。

自动、可靠的动物鉴定目前并没有实现。需要解决的挑战有：①在正常生产条件下使用俯视图相机改进当前对动物识别和跟踪的计算机视觉算法；②多个数据流的集成和同步。例如制作多个视频摄像机视频流的 RFID 检测日志；③动物个体的确定以及不确定 ID 个体的处理。例如，如果动物识别算法对 1 个动物图像产生了 2 个概率相似的可能 ID，应该如何处理？该 ID 是否会被视为缺失的数据？或者是否使用类似于处理不确定亲本的方法，将不确定性应用到动物遗传评估中？当数据流的应用变得普遍时，这些问题就会被重新审视。

9.3.2 高维问题

表型组学技术提供了需要处理纳入育种和管理决策的高维数据。在这方面，有 2 个主要的统计问题：降维和惩罚。降维包括获得新的合成变量，作为原始维度的组合。降维常常证明只有几个维度实际上是相关的。惩罚是指在预测模型中设置参数解的约束条件。在实践中，降维技术主要用于可视化。在降维空间中引入新的变量，尽可能忠实地保留原始数据形式。在主成分分析(PCA)中，新变量可以解释最大可能的方差，它是原始表型的线性组合，二者之间是正交的约束。PCA 法和多维尺度(MDS)法是目前最广泛使用的降维工具，但也存在一些其他的方法。其中一些方法提供了非线性近似，与线性主成分分析形成对比。而自动编码器(AE)便是一种非线性替代。自动编码器为深度学习(DL)算法，其工作原理是基于几个堆叠的神经元层。与典型的 DL 网络相比，输出和输入都是不同的，在 AE 中输入和输出都是相同的。因此，它们是无监督技术。如果不设置限制，则最优 AE 解为恒等向量，重构输出与输入相同。然后有必要设置一些约束，即惩罚，以优化 AE 网络。在单层和线性激活函数的特殊情况下，已经证明 AE 和 PCA 得到的结果基本相同。

另一种有趣的降维算法是 *t*-分布的随机邻域嵌入(*t*-SNE)。*t*-SNE 的目标是建立一个低维代表，即将原始空间中相似的数据点显示在一起，遥远的样本显示在较远的距离。PCA 和 *t*-SNE 之间最重要的区别为前者是一个低维空间的投影，而后者是一种代表策略。此外，通过构造，PCA 的目标是样本在低维空间绘制时的最大距离。MDS 是一种广义的 PCA 方法，与 *t*-SNE 类似，它被设计用于保持样本之间的距离。然而，与 MDS 相比，*t*-SNE 具有一系列的优势，它减少了样本聚类在一起的倾向，这是由高维度造成的，从而提高了分辨率。目前 *t*-SNE

和自动编码器在动物表型组学中应用较少,但它们是值得探索的,因为它们可与标准线性方法互补。

惩罚是指在变量数量较大时,对变量设置约束,以避免共线性和过拟合问题。众所周知,惩罚是为避免方法学习不可复制噪声,即“维度诅咒”。目前已经提出了两种主要的正则化类型:L1 和 L2。L1 是指对结果的绝对值之和设置一个约束,而 L2 是指针对解的平方和。诸如贝叶斯框架中,先验信息的概念等价于惩罚。尽管在贝叶斯文章中已经提出了许多不同名称的方法,但它们中的大多数只是在先验信息设置上的不同。此外,深度学习技术还开发出了特殊的额外的正则化策略。其中一种被称为“丢弃法”,它包括从内部随机移除“神经元”图层,以迫使系统使用更少的参数。在通常的惩罚框架中,丢弃法可以从贝叶斯的角度解释。在一些 DL 模型中使用的另一种方法是直接惩罚神经元权重的 L1 或 L2 法,即在权重的绝对值或平方值的和上添加一个约束。

复杂性、异质性,特别是数据大小在表型组时代将显著增加,这将对建模方法产生影响。有时人们错误地认为,先验信息的影响会随着大数据集而消失,但事实并非如此,因为无论数据量如何,先验信息总是对最终解有影响。因此,可替代正则化策略的影响值得研究。因为从预测性能的角度来看,我们不能期望单一策略在所有情况下都是最优的。

术语“维度诅咒”在统计中已经流行,在育种中意味着增加模型不必要的复杂性进而导致较差的预测能力,其中“不必要的”可以解读为缺少惩罚。根据 Donoho 的说法,该术语最初是用来描述随着变量数量的增加而不能列举所有可能的模型。但是,高度相关的变量有助于消除噪声。另外,增加变量的数量通常会导致具有改进的预测性能的惩罚模型。同时,增加维度可以有助于模型获得生物学上的洞察力。

9.3.3 发展方向

常规表型组收集需要解决的首要问题之一是设施需要接入宽带。除了基础设施问题外,我们希望重点关注方法问题。

质量控制和可视化技术应该是表型组学流程中的第一步。随着表型成为一个大规模主题,可靠性可能会有所折中,而环境条件下的异质性可能会增加。然而,偏差可能是一个比错误更严重的危险,因为表型组数据将不会被随机收集。由于生产中会特别关注育种核心群,某些表型将优先在这些群体中被收集。我们还可以预期来自育种核心群的数据与来自商业农场的数据相比准确性存在差异,必须通过适当的建模方式降低偏差。

因此表型数据也将是高度不平衡的:即使是传感器常规地用于信息收集,不同个体间可获得的数据种类及数量也是不同的。在不同农场或不同时期记录同样表型的可能性较小。这可能是一个重要的障碍,因为它将需要删除样本和(或)计算缺失值。因此需要开发有效和准确的推断工具,或使用直接处理缺失数据的方法。

由于缺失数据是不可避免的,因此填补是必需的。这是一个广泛的领域,针对特定问题存在许多解决方法。然而需要注意的是,大多数填补技术假定数据是随机缺失的。表型组学数据的另一个问题是它们的异质性,因此不能给出通用的填补规则。除了标准的填补方法之外,还存在着基于深度学习的替代方法。例如,自动编码器可以用于填补数据中的“漏洞”,特别是那些具有空间模式的数据(如图像和视频)。标准自动编码器输出是对原始输入数据的一种正则化表示。这是通过一个“编码器”将数据转换为一个“潜在空间”和一个“解码器”,以获取潜在空间的坐标,并输出一个正则化的图像。变分自动编码器(VAE)生成一个概率函数描述潜在空间中的观察结果,而不是将输入的数据记录到潜在空间坐标中。因此,可以生成真实的数据点。例如,VAE 已被用于提高图片的分辨率或恢复损坏的图片,该问题在概念上与填补是相同的。同样,代际对抗网络(GAN)也是一种可以重现高维变量的 DL 算法。到目前为止,GAN 主要用于生成图像,例如从不完整或低分辨率的图像中生成非常高分辨率的图像,甚至是视频。与 VAE 相比,GAN 更灵活,但训练难度较大,速度较慢。此外,GAN 还需要更多的数据。将 GAN 和 VAE 的概念应用到表型组学的填补中,运行工作将十分高效,它们较灵活且不需要分步假设。但是这些方法主要是用图像数据进行测试,而在其他场景中的性能还没有得到充分探索,因此要谨慎使用。

即使有了合理规模的完整数据,在当前的方法和软件中也存在着重要空白,大量的分析工具需要被开发。自动个体识别允许动物自由放养,或至少在群养动物中可移动。这是可以实现的,例如使用连续的视频记录和跟踪。从图像、视频、声音记录中自动提取表型的算法是一个非常活跃的研究领域。衡量图像之间相似性的标准指标可适用于家畜,而由于视频通常被用于比较动物的行为,因此同样需要实施新的视频指标。自动构象测量必须改进以达到对活体动物进行自动测定、最小化人为干扰的目的。更大的挑战是将所有这些信息纳入基因组预测中。

虽然模型的可解释性是一个问题,但经验表明,准确地预测并不需要打开"黑盒子"。然而,表型组学数据将进一步启发表型生物学基础的发展,并将补充基因型数据。遗传学家经常追求 DNA 致因性突变。然而,聚焦这一研究可能阻碍非遗传因素的检测,这些因素对表型表达的效应可能比致因性突变更强,这在表达数量性状位点(QTL)的研究中可以观察到。大规模的表型本身是重要的,无论基因组数据是否可用。在该情况下,结构方程建模和无监督学习也获得了相关性,较有影响的 DL 先驱认为人工智能的未来在于无监督学习。这是因为未标记数据(不适合进行有监督学习)比已标记数据更加丰富。更重要的是,无监督学习更类似于人类大脑的实际工作方式。由于表型组数据多年来是在相同或相似的育种方案中收集的,通过使用无监督学习方法,我们将获得关于选择对整个生物体的影响的宝贵知识。例如,无监督学习可能会发现特征之间或特征与环境变量之间未被发现的关系。同时也可以发现如何克服一些选择障碍,或如何动态地优化经济权重。

表型组学是当前一个热门领域,但也不能免除风险。这些新方法也有自己的挑战,从有偏到可解释性,而且存在过度宣传。一个严重的问题是,与基因型相比表型数据可能不容易在不同农场之间转移或比较,通常测量技术在多种系统共存。将原始传感器数据转换为更有意义的测量算法仍需探索,且传感器本身变化很快,使得纵向数据分析变得困难。传感器行业的标准和开源算法是充分揭示表型组学潜力的必要条件。促进在这个领域发展新算法的一种方法是将相关数据集发布到研究社区,并围绕这些数据集的分析组织活动。表型组学在自动驾驶汽车、计算机视觉和许多其他领域都被使用过。

未来主要的革命将来自重新设计动物育种计划,以明确允许高维度表型组学的应用。未来是否需要重新定义育种值?因为基因型与环境互作(G×E)可能需要被考虑进去。本质上,在模型中包含 G×E 相当于为育种值提供一个函数,而不是一个单一的值。在表型组学时代,传统的育种值可能被高维衍生函数所取代。目前还不清楚这一点将如何实现。一种方法是利用表型组学数据将机制生物学模型整合到遗传评估中。通俗地讲,假设基于表型组学的基因组评估很可能是生成式机器学习的标准统计方法与模拟工具的结合。在最近的一项工作中,de los Campos 等采用以基因型和环境变量为条件的大规模模拟预测未来表现,但不是点预测且不确定未来气候条件的整体分布。预想未来的表型组学辅助育种方案将模拟每个目标基因型在一系列潜在环境条件下的复杂表型。

表型组学在家畜育种中的应用才刚开始，还有许多工作要做。高维度表型组学可以提高预测优势，也将帮助育种者调整相关表型，并发现哪些是预期的限制条件。表型组学的研究进展依赖于快速发展的传感器技术和机器学习。未来的育种者需进一步强化健全的农艺和生物背景，并要在统计学和机器学习方面进行坚实训练。受过表型组学培训的育种家，如果能够与生物学家、生产者、工程师和计算机科学家共同合作，将会增加在就业市场上取得成功的机会。

9.4 我国猪育种表型组发展方向

随着基因组选择的广泛应用，研究人员期望表型组能够越来越完善，以使基因组信息利用价值最大化。我国目前选择指数中使用表型较为单一，而由于部分性状之间呈负相关关系，只注重少量性状的选择有可能导致其他性状越来越远离理想状态。因此，建议在表型测定方案中考虑较多的性状，从而在拟合选择指数中进行利用。新的选择指数的加权计算可以从性状的经济重要性考虑，也可以根据经验从育种重要性考虑。

测定的表型性状应具有经济价值，有一定的遗传变异，并遵循其生物学规律。猪从出生到屠宰过程中的性状测定流程如图 9.1 所示。生长性状自出生至屠宰可测量如初生重、断奶重、育肥初期体重(达 30 kg 体重日龄)、育肥末期体重(达 115 kg 体重)、饲料转化率等。体型外貌性状可在断奶时测定腹线性状，在育肥结束时测定肢蹄、生殖器、整体性状，测定活体背膘厚度、眼肌面积等生长性状以及肌内脂肪含量。后备种猪及选留种猪对公猪测定精液品质，对母猪测定繁殖性能。健康性状则可通过记录整个生命过程的“病、死、伤、淘”作为主要指标，也有部分文献借助不同时期免疫后个体的免疫因子水平作为辅助指标。在信息技术加入养殖管理后，个体体温、行为学等也用于对健康性状进行评价。

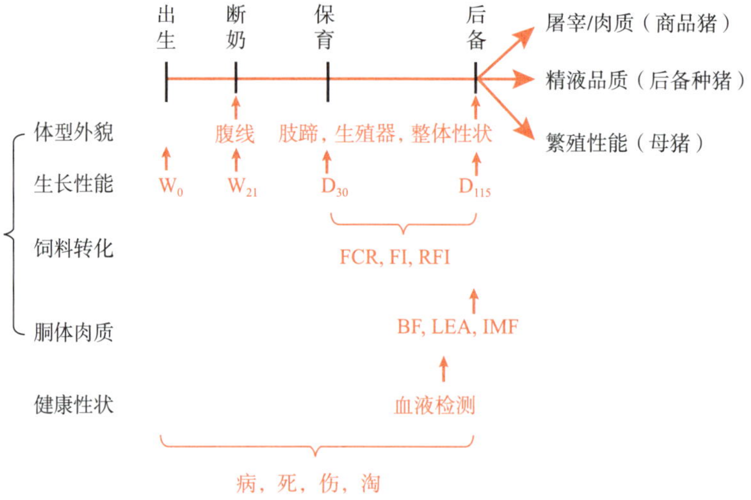

图 9.1 性状测定流程

W_0 为初生重；W_{21} 为断奶重；D_{30} 为达 30 kg 体重日龄；D_{115} 为达 115 kg 体重日龄；FCR 为饲料转化率；FI 为饲料采食量；RFI 为剩余采食量；BF 为活体背膘厚度；LEA 为活体眼肌面积；IMF 为肌内脂肪含量

第 10 章　基因组检测

【本章提要】 本章首先介绍各类遗传标记，进而引出针对第三代遗传标记——单核苷酸多态性(single nucleotide polymorphism, SNP)进行检测的各大基因组检测平台及其分析流程，最后介绍缺失基因型填补的相关方法与原理。

高通量测序技术与芯片技术的出现和进步使得早在 2001 年就已经被提出的基因组选择技术得以实现与推广。可以说，高密度的、覆盖全基因组的遗传标记是基因组选择最重要的“基础”。

10.1　第三代分子标记

基因组检测实际上就是检测基因组上的遗传变异，因为只有变异才能反映出个体之间由于遗传因素导致的差异性，而这种差异性就是进行基因组选择的基础。也正因为其具有多态性，所以遗传变异可以作为一种标记(genetic marker)存在，并随性状分离且易于识别，是一种可遗传的等位基因变异。当然受时代限制，早期的遗传标记并不一定位于基因组上，比如最早的遗传标记是孟德尔研究豌豆 7 对相对性状遗传规律时所观测的性状本身，由于它们具有明确的外部形态，易于观察，所以被称为形态学标记。除此之外，还有细胞学标记、生化标记等遗传标记类型，但是它们数量较少、多态性较差，有些还容易受到环境影响，都不是最理想的标记。

相比而言，基因组上的分子标记(molecular marker)是核酸水平上具有相对差异的等位区域，由于其以 DNA 形式存在，不受生物所处环境影响，且数量极多、多态性高，使之成为主要的标记系统。早期使用较多的标记主要是第一代分子标记与第二代分子标记，但是其标记密度稀疏，检测方法通量很低，不利于在基因组选择领域应用。2003 年，国际著名学术期刊《自然综述・遗传》刊登了法国科学家 Luikart 的一篇综述文章。他写道：在群体遗传领域的研究中，检测基因组中大量的简单的可靠的遗传变异的方法至关重要，遗憾的是目前还没有这样的方法存在。对于基因组选择而言，Luikart 提到的这种“遗传变异”正是第三代分子标记——单核苷酸多态性(single nucleotide polymorphism, SNP)。虽然早在 2001 年基因组选择的概念就已经被提出，但是正像 Luikart 所说的那样，由于“这样的方法”还不存在，覆盖基因组的 SNP 的获得依然非常困难，使得基因组选择的应用受到限制。幸运的是，这篇综述文章发表不久，基因组检测技术就取得了迅猛的进展，尤其是伴随着第二代测序技术(next-generation sequencing, NGS)的进步，包括 SNP 芯片、简化基因组测序(reduced representation sequencing, RRS)、全基因组测序(whole genome sequencing, WGS)等多个可以对覆盖基因组的遗传变异进行高通量检测的技术成本迅速下降，使得基因组水平的 SNP 的获得越来越容易，这就最终补齐了基因组选择在应用层面的最后一块短板，令其能够在畜禽分子育种中大放异彩。

而所谓的 SNP，就是指在群体中出现的单碱基多态，其中最常见的碱基占比不超过 99%。与前代分子标记相比，SNP 往往是以两种等位基因的形式出现在群体中，在基因组上长度为 300～500 bp 就足以出现一个 SNP，可见其密度之高，能够在稀疏分子标记所覆盖不到的地方检测出多态。SNP 比之前的标记更加稳定，突变频率较低。最重要的是，检测 SNP 更加方便，不需要进行长度对比，只需要检测碱基位点出现的具体方式，因此其检测方式更容易自动化、标准化。所以，这些特点使得 SNP 成为基因组选择的理想标记。

10.2 SNP 检测平台

10.2.1 SNP 芯片

SNP 芯片依托于 DNA 微阵列（microarray）技术，后者是指将大量 DNA 探针以一种特定排列模式固定在底物上，被检测的 DNA 与探针按照碱基互补配对原则进行杂交并延长。最后，没有结合到探针上的碱基片段被洗脱，结合了目的基因的芯片经过激光扫描，通过荧光信号强度检测来最终判定不同基因的丰度，并通过算法解析出具体的基因型。SNP 芯片检测原理见图 10.1。

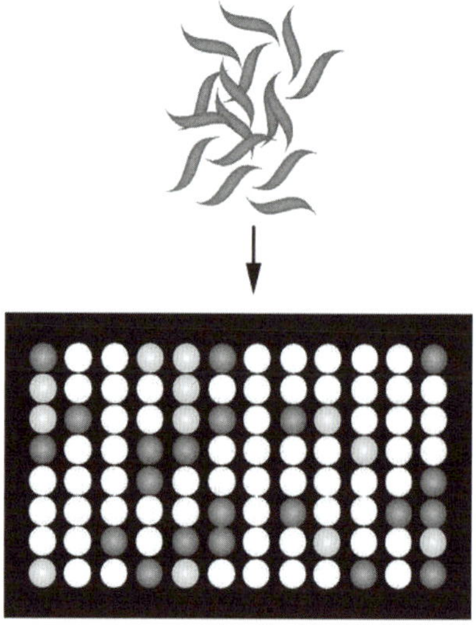

图 10.1 SNP 芯片检测原理

高通量芯片的出现使得每个位点的检测成本从微卫星标记的 1 美元下降到 0.01 美元，使得在群体中进行大规模个体的 SNP 检测成为可能，极大地推动了基因组选择技术的应用。当前市场上主导的芯片是由 Illumina 公司设计的"Infinium HD assay"平台。基于此平台开发的中等密度芯片（mid-density BeadChips，50 000～60 000 个 SNP 位点）已经普及几乎所有的农业动物。除此之外，更高密度的芯片（一般指超过 50 万个 SNP 位点）在奶牛与家禽中也有应用，其他物种的高密度芯片也在开发之中。

从 SNP 芯片的原理可以看出，由于芯片检测的位点已经固定，整个流程较简单，使得利用该技术对群体进行高通量的 SNP 检测容易自动化与标准化，检测效率高于需要繁复 DNA 文库构建的测序技术，成本也较低。但是由于 SNP 芯片的位点的设计都是基于已知变异位点，对于一些新的与性状相关的变异没有包含，使得其在基因组选择与遗传机制解析中的应用稍显呆板。下面分别介绍几款当前市场上较为常用的猪 SNP 芯片。

10.2.1.1 GGP Porcine 50k

GGP Porcine 50k 由纽勤（NEOGEN）公司研发，包含了约 51 000 个 SNP 位点，此芯片在基因组 SNP 上的分布如图 10.2 所示。可以看出，GGP Porcine 50k 芯片在基因组上的分布相对比较均匀，已经能够代表基因组的信息。在设计时，该芯片包含了国际权威学术机构鉴定的一些重要性状相关联位点，如瓦赫宁根大学鉴定的 WUR10000125 号与猪蓝耳病抗性相关的位点、氟烷敏感基因位点、酸肉基因位点、大肠杆菌抗性位点以及一些知名的已被证实与饲料转化率、生长速度、瘦肉率、肉质等性状相关联的位点等。截至 2023 年，该芯片的价格在 180～200 元/张。

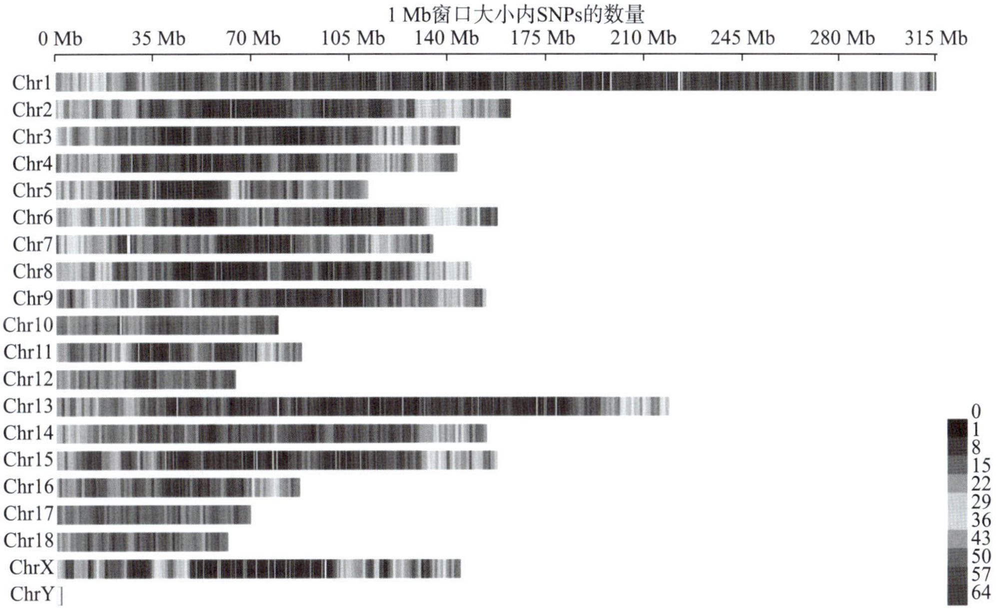

图 10.2　GGP Porcine 50k 芯片的 SNP 分布

10.2.1.2　PorcineSNP60 v2 Genotyping BeadChip

PorcineSNP60 v2 Genotyping BeadChip 由因美那(Illumina)公司联合国际猪 SNP 芯片组织研发,包含了约 64 000 个 SNP 位点,和 GGP Porcine 50k 一样,该芯片整合了包括瓦赫宁根大学、法国农科院、丹麦农科院、英国罗斯林研究所等学术机构多年来定位的针对主流品种(杜洛克猪、长白猪、大白猪、皮特兰猪)重要性状关联位点的研究成果。该芯片在基因组上分布也较为均匀,图 10.3 展示了该芯片两两位点间距的频率分布,可以看出其间距较大的 SNP(大于 100 kb)较少,对基因组具有较强的代表性。

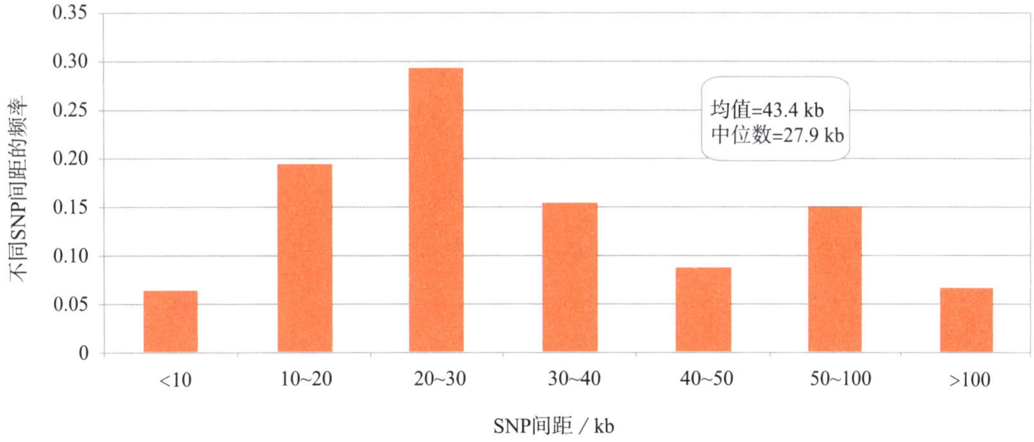

图 10.3　PorcineSNP60 v2 Genotyping BeadChip 芯片的 SNP 间距频率分布

10.2.1.3　"中芯一号"SNP 芯片

"中芯一号"SNP 芯片以江西农业大学黄路生团队研究成果为基础,集成了南京农业大学、中国农业大学、北京畜牧兽医研究所、华中农业大学、上海交通大学等国内 12 所猪基因组研究领域的高校与科研院所最新的研究成果，依托康普森公司开发而成。该芯片富集了猪的抗 K88 仔猪腹泻因果位点、酸肉改良因果位点、健康脂肪酸因果位点、改良肉色紧密位点等 422 个性状相关位点，涵盖猪从出生到屠宰共 10 个时间点，拥有 51 368 个 SNP 位点，其中包含 81 个亚洲特有地方品种位点，对家猪基因组育种研究和应用具有高效性和精准性优势。最重要的是，该芯片由于整合了一些我国地方品种独有的性状关联位点，所以对我国特有猪品种的选育工作更具有针对性。

10.2.2 测序技术

虽然沃森(Watson)与克里克(Crick)在 1953 年就已经提出了 DNA 分子的三维结构——双螺旋结构，但是人们又花了很长一段时间才掌握了“读取(测序)”DNA 分子的方法。这主要因为 DNA 分子很长，而且构成 DNA 分子的只有 4 种碱基，所以很难区分不同的“读段(reads)”。测序技术的发展经历了一代测序、二代测序、三代测序等阶段。

10.2.2.1 一代测序

DNA 分子三维结构确定 24 年后，Sanger 于 1977 年提出了“双脱氧链终止法”来进行 DNA 分子测序。该方法将待测 DNA 分子(模板链)与 4 种脱氧核糖核酸(dNTP)和 4 种被不同荧光或者同位素标记的双脱氧核糖核酸(ddNTP)共同构成反应体系，加入 DNA 聚合酶让该体系基于模板链自由进行 DNA 复制。由于 ddNTP 脱去了 DNA 复制过程中链延长所需的 3′羟基，所以此时 DNA 复制会发生两种情况：①正常复制。按照碱基互补配对原则加入 dNTP，DNA 链正常延长；②终止复制。依然按照碱基互补配对原则，但是加入了 ddNTP，导致链终止在该位置，而且由于加入了同位素或者荧光标记，可以被区分出来。最后，通过凝胶电泳，不同长度的 DNA 链由于质量不同分布在不同的条带，即可以根据荧光/同位素的种类与条带的位置轻易地读取模板链的序列。尽管该方法效率稍低与操作稍显复杂，但是其准确性特别高，直到今天依然在使用，Sanger 也因为提出了该方法于 1980 年第 2 次获得诺贝尔化学奖(第 1 次是由于其确定了胰岛素的氨基酸序列，于 1958 年获奖)，而“双脱氧链终止法”也被认为是第一代测序方法。更重要的是，2001 年完成的人类基因组测序草图就是使用一代测序方法完成的，该方法对于生物学研究具有里程碑式的意义。

10.2.2.2 二代测序

尽管一代测序较为准确，但是在完成第一张人类基因组测序草图之后，生物学家对于测序效率的要求急剧提高，此时就要求在保证一定准确性的基础上可以并行(parallel)测序，也就是高通量测序(high throughput sequencing, HTS)。2005 年，罗氏(Roche)公司推出了第一款测序仪——罗氏 454，标志着人类正式进入了二代测序(next generation sequencing, NGS)时代。值得一提的是，罗氏很快就利用该测序仪测定了 DNA 双螺旋结构发现者沃森的个人基因组，总花费不到 100 万美元。虽然成本依然很高，但是相比于人类基因组计划已经大幅度下降。

当前常用的测序平台包括罗氏公司的 454 FLX 与 Illumina 公司的 Miseq/Hiseq 等。NGS 主要包括以下步骤：①DNA 片段化。利用酶切、超声波打断等方法将基因组 DNA 打碎成 300～800 bp 的片段。②接头(adapter)添加。在单链 DNA 的 3′端与 5′端分别加上接头，该接头的功能类似引物，方便后续聚合酶链式反应（polymerase chain reaction，PCR）的进行。③纯化。当前一般采用磁珠纯化的方式去除杂质，成功添加了接头片段。④PCR 扩增。以 Illumina 的测序平台为例，单链 DNA 的一端通过接头与分布在一张芯片上的底物 DNA 互补连接，另一端随机与另一个底物 DNA 互补连接，形成一个拱形的桥式结构，在此基础上进行扩增，成为 DNA 簇。⑤边合成边测序。这一步借助测序仪形成反应环境，利用特殊的 DNA 聚合酶进行 DNA 合成时，添加的 dNTP 带有不同的荧光，每次结合时都会发出荧光，从而达到读取序列碱基的目的。

由于通量高、成本低，二代测序成为当前生物学研究最重要的测序手段，但是其缺陷也很明显——读取的片段长度短、测序质量低。这是由于单个 DNA 分子必须扩增为 DNA 簇，然后同步复制才能增强荧光信号达到测序的目的，但是随着读长的增加，DNA 簇同步复制的协同性下降，导致测序质量下降，这也使得二代测序的读长一般不超过 500 bp。在实际研究中，人们一般通过提升测序的“深度”，也就是重复测定某一 DNA 片段序列的方式提高其准确性。

10.2.2.3 三代测序

从二代测序的原理可以发现，如果能够避免 PCR 扩增，只对一个 DNA 分子进行测序，就可以避免 DNA 簇同步复制协同性下降的问题，从而扩展读长，提升测序的准确性。在这一思路的启发下，三代测序——单分子测序技术应运而生。Helicos Biosciences 是第一家开发单分子测序方法（tSMS™）的公司，该公司最主要的技术是开发了针对 Cy5 荧光基团的灵敏监测系统，由于该基团光稳定性好、水溶性强、荧光效率高，能够直接记录单个碱基荧光。

经过不断地技术更新，当前三代测序较为常用的是 Oxford Naropore 公司的单纳米孔测序和 Pacific Biosciences 公司的单分子实时测序两种平台。与二代测序相比，三代测序技术由于实现了单分子测序，无 PCR 与 GC 含量的偏好性，且测序读长较长，平均读长为 10～15 kb，最长可达 40 kb。这样的技术优势使得三代测序在基因组组装、DNA 甲基化测序、结构变异检测等多个前沿领域具备更加广泛的应用前景。但是当前三代测序的成本依然偏高，使其应用略显受限。

10.2.3 全基因组测序

全基因组测序（whole genome sequencing，WGS）是指将个体细胞核 DNA 序列进行一次性全测序的方式。WGS 由于覆盖面全，理论上可以捕捉所有 SNP，对于基因组选择这一基于微效多基因假说的方法来说，理论上 WGS 对基因组选择准确性的提升必定有所帮助。实际上，基因组选择技术的提出者 Meuwissen 于 2010 年通过模拟研究发现了基于 WGS 的基因组选择相比 30k SNP 芯片数据的准确性可以提升 40%以上。但在实际应用中，人们发现基于 WGS 的基因组选择准确性反而要低于芯片数据。一方面可能是由于复杂性状的遗传背景不一定是严格服从微效多基因假说，而少数由主效基因与微效多基因决定，所以 WGS 所带来的过多的 SNP 位点反而引入了大量噪声；另一方面可能是 WGS 数据的准确性相比于密度较低的芯片数据依然较低的缘故。

尽管如此，WGS 未来在基因组选择中依然有着巨大的潜能：一方面，随着三代测序等技术的发展，WGS 的数据准确性将进一步提升；另一方面，由于基因组选择方法的进步，算法在未来可以更好地利用 WGS 所提供的变异信息，从而使得基于 WGS 技术的基因组选择的准确性不断提高。在此将简要介绍基于二代测序技术（NGS）的 WGS 数据的分析流程。

10.2.3.1 原始数据质量评估与过滤

一般而言，从测序仪中得到的数据都是以 FASTQ 格式存储的文件，如果对同一条 DNA 分子进行双端(pair-end)测序，会得到 5′与 3′端的 2 个 FASTQ 文件。FASTQ 文件对于每条测序所得到的 read 都将使用如下 4 条进行描述：

(1)序列的编号(ID)。

(2)序列的碱基信息。

(3)一个加号(+)。

(4)对应第 2 行每个碱基的测序质量信息。

一条典型的测序 read 如下所示：

```
@FCD05KEACXX:1:2201:12477:18182#ACAGTGNN/1
CAAGTGCAGCTGCATGAAAGGACTGTTGGGCTGCCTGGAGGCTAAGGCATCAGTGTGAATATACCAGGAAGATTTAGACCCCAAACTAAA
+
<=@?>@??@??@??>@?AA@@?>?@>?@@@?>@???@@?@@??>A@@??>@?@>@>@?A>>
>>=??@@?A@?>>?=?@=???>?>==;=<
```

前面提及二代测序存在测序质量不高的问题。为了提高用于后续分析的数据质量，需要先对原始数据进行过滤。当前最常用的质量评估与过滤的软件是 fastp，其效率高、生成的质量报告信息也较为完备(图 10.4)，且可以同时完成质控与过滤两个步骤。

Summary

General

fastp version:	0.20.0 (https://github.com/OpenGene/fastp)
sequencing:	paired end (150 cycles + 150 cycles)
mean length before filtering:	150bp, 150bp
mean length after filtering:	148bp, 148bp
duplication rate:	24.668677%
Insert size peak:	269

Before filtering

total reads:	793.129400 M
total bases:	118.969410 G
Q20 bases:	111.003240 G (93.304019%)
Q30 bases:	103.813106 G (87.260335%)
GC content:	53.046047%

After filtering

total reads:	692.154880 M
total bases:	102.829573 G
Q20 bases:	99.597352 G (96.856720%)
Q30 bases:	94.435662 G (91.837065%)
GC content:	53.325480%

Filtering result

reads passed filters:	692.154880 M (87.268847%)
reads with low quality:	87.220646 M (10.997026%)
reads with too many N:	208.026000 K (0.026229%)
reads too short:	13.545848 M (1.707899%)

图 10.4 fastp 对某杜洛克猪 DNA 文库测序数据的质量控制报告(部分)

从上图可以看出，对于测序数据我们主要关心以下几个指标：测序数据量(total reads 与

total bases);reads 的长度(mean length);测序质量,即 Q20 与 Q30 的数据量(Q20 bases 与 Q30 bases)。Q20 与 Q30 为碱基的错误率百分比,如 Q30 表示碱基质量为 30,错误率为 0.1%,正确率为 99.9%。具体计算方式为-lg(错误率),比如 Q30=-10lg(0.001)。GC 含量(GC content),指 reads 中含有 G 碱基与 C 碱基的比例,该指标较为重要是由于测序往往对 GC 含量在 50%左右的 reads 具有测序偏好性,而对较高或较低的 GC 含量测序偏好性较低。这对于一些 GC 含量变化范围较大的物种,如原核生物影响较大,对猪的影响偏小,一般在 50%左右;测序质量随读长的变化,从图 10.5 可以看出,测序质量随着读长的延长而逐渐下降,这与上文中所介绍的二代测序由于必须对 DNA 簇进行协同的合成测序所导致的缺点相吻合。

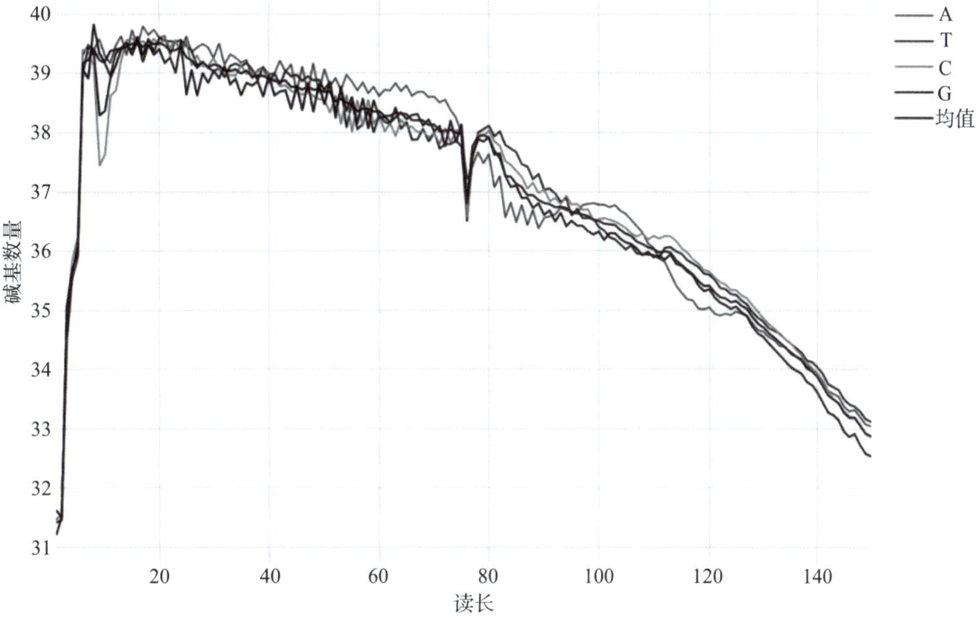

图 10.5 碱基的测序质量随读长所发生的变化

10.2.3.2 与参考基因组的比对

对于过滤后得到的数据,研究人员最关心的是 reads 位于基因组的具体位置,而对于猪等已有参考基因组的物种可以借助序列比对方法将测序的 reads 比对到参考基因组上,从而确定其具体位置。

参考基因组是通过对大量测序短片段(reads)进行拼接得到的。在拼接的过程中,首先基于 reads 之间的重叠区获得没有间断(gap)的重叠群(contig),并基于重叠群构建 paired-end 库或者 mate-pair 库,基于这些序列可以确定重叠群的顺序关系与位置关系,最后将重叠群按照一定方向进一步组装成较长序列(scaffold),并能够填补重叠群之间的一些缺口。具体地组装短片段形成重叠群,以及组装重叠群形成支架(scaffold)的算法,这里不做过多介绍。其中评估组装质量的指标为:①N50。它表示将 scaffold(scaffold N50)或者 contig(contig N50)的长度加和,获得一个总长度,然后将 scaffold/contig 按照从长到短进行排序,将 scaffold/contig 按照这个顺序依次相加,当长度达到总长度的一半时,最后一个加上的 scaffold/contig 的长度就是 scaffold N50 或者 contig N50；②N90。其与 N50 的定义类似，当相加长度达到总长度的 90%时，最后一个加上的 scaffold/contig 的长度就是 scaffold N90 或者 contig N90。N50 或者 N90 的长度越长，表示组装的质量越好。

最早的猪参考基因组是 2012 年发布的杜洛克猪的参考基因组——Sscrofa10.2，之后很长一段时间猪的芯片、测序数据比对等都依赖于这一参考基因组。但是该基因组依赖二代测序数据构建，读长较短，质量存在差异。另外该基因组基于杜洛克猪构建，而我国地方猪种具有一些特异片段，比对效果并不十分理想。所以 2017 年又发布了针对杜洛克猪的参考基因组——Sscrofa11.1，该参考基因组的测序选择了三代测序法，读长更长，所以组装效果更好。同时，也有一些基于我国地方猪种的参考基因组出现，比如五指山猪、荣昌猪、梅山猪、藏猪等，极大地提升了测序数据的比对效果以及遗传变异检测的效率与质量。

一般而言，这种将测序所得的 reads 比对到参考基因组上有两种策略：一是为参考基因组构建索引(index)，然后查询测序所得的 reads 在索引中的位置；二是给 reads 创建索引，判断参考基因组在 reads 中的位置。当前最常用的比对方法是 bwa，其采用的是为参考基因组构建索引的方法，所以在使用该软件之前，一般需要先为参考基因组构建索引，而这一过程一劳永逸，非常方便。

10.2.3.3 SNP 检测

基于比对完成的数据，研究人员可以对所研究的群体进行 SNP 检测，确定每个个体在具体某一 SNP 位点的基因型。对于测序而言，由于随机错误的存在，所以 SNP 检测与分型算法必须引入概率模型，最终在某一位点的个体基因型实际为似然值(genotype likelihoods)，这是考虑了包括测序错误、比对、基因组组装、等位基因频率、连锁不平衡程度等因素计算得到的预测结果。同时基于这些信息，SNP 检测软件也会反馈每个 SNP 的质量得分，方便进行后续的质控与过滤。

当前常用的 SNP 检测软件包括 bcftools 软件的 mipleup 工具以及 GATK 软件的 UnifiedGenotyper 工具与 HaplotypeCaller 工具。一般而言，准确性最高的是 HaplotyperCaller，但其检测效率偏低；UnifiedGenotyper 与 mpileup 准确性稍低，但检测效率较高。有时研究人员会选择两者同时进行 SNP 检测，并提取其交集，从而提升准确性。

最后，所得到的 SNP 一般会以一种称为“变异检测格式(variant calling format，VCF)”的形式进行存储。该文件包括以下信息：①元信息(meta info)。一般以 2 个“#”开头，储存了一些包括版本及关键字解释等必要信息。②头信息(header)。以 1 个“#”开头，储存后续行中每列的列名。③数据。第 1 列是染色体信息，第 2 列是位置信息，第 3 列是 SNP 的 ID，第 4 列是参考基因组在这一位点的碱基，第 5 列是变异位点出现的另一种可能碱基(如果有多个可变碱基，则使用逗号分隔)，第 6 列存储着该变异的质量得分，第 7 列表示该变异是否应该被过滤掉，第 8 列是变异的一些信息，第 9 列是对应第 10 列及以后的每个样本的格式，自第 10 列开始则是各个个体的基因型以及测序深度等信息。VCF 文件格式如图 10.6 所示。

利用 VCF 文件，可以进行后续的过滤与质控，并基于此进行基因组选择等分析。

Meta Info

```
##fileformat=VCFv4.2
##fileDate=20090805
##source=myImputationProgramV3.1
##reference=file:///seq/references/1000GenomesPilot-NCBI36.fasta
##contig=<ID=20,length=62435964,assembly=B36,md5=f126cdf8a6e0c7f379d618ff66beb2da,species="Homo sapiens",taxonomy=x>
##phasing=partial
##INFO=<ID=NS,Number=1,Type=Integer,Description="Number of Samples With Data">
##INFO=<ID=DP,Number=1,Type=Integer,Description="Total Depth">
##INFO=<ID=AF,Number=A,Type=Float,Description="Allele Frequency">
##INFO=<ID=AA,Number=1,Type=String,Description="Ancestral Allele">
##INFO=<ID=DB,Number=0,Type=Flag,Description="dbSNP membership, build 129">
##INFO=<ID=H2,Number=0,Type=Flag,Description="HapMap2 membership">
##FILTER=<ID=q10,Description="Quality below 10">
##FILTER=<ID=s50,Description="Less than 50% of samples have data">
##FORMAT=<ID=GT,Number=1,Type=String,Description="Genotype">
##FORMAT=<ID=GQ,Number=1,Type=Integer,Description="Genotype Quality">
##FORMAT=<ID=DP,Number=1,Type=Integer,Description="Read Depth">
##FORMAT=<ID=HQ,Number=2,Type=Integer,Description="Haplotype Quality">
```

Header

```
#CHROM POS     ID        REF ALT    QUAL FILTER INFO                              FORMAT      NA00001        NA00002        NA00003
```

Data

```
20     14370   rs6054257 G   A      29   PASS   NS=3;DP=14;AF=0.5;DB;H2           GT:GQ:DP:HQ 0|0:48:1:51,51 1|0:48:8:51,51 1/1:43:5:.,.
20     17330   .         T   A      3    q10    NS=3;DP=11;AF=0.017               GT:GQ:DP:HQ 0|0:49:3:58,50 0|1:3:5:65,3   0/0:41:3
20     1110696 rs6040355 A   G,T    67   PASS   NS=2;DP=10;AF=0.333,0.667;AA=T;DB GT:GQ:DP:HQ 1|2:21:6:23,27 2|1:2:0:18,2   2/2:35:4
20     1230237 .         T   .      47   PASS   NS=3;DP=13;AA=T                   GT:GQ:DP:HQ 0|0:54:7:56,60 0|0:48:4:51,51 0/0:61:2
20     1234567 microsat1 GTC G,GTCT 50   PASS   NS=3;DP=9;AA=G                    GT:GQ:DP    0/1:35:4       0/2:17:2       1/1:40:3
```

图 10.6 VCF 文件格式

10.2.4 简化基因组测序

尽管 WGS 在覆盖度上具有一定的优势，且分析手段成熟，可以捕获高密度的遗传标记，具有较大的应用潜能，但是 WGS 的成本相对较高，尤其对于基因组选择这类需要对群体中大规模样本进行基因组检测的情况而言，采用 WGS 很不经济。另一种既能保证遗传标记密度，又能降低成本的基因组检测手段是简化基因组测序（reduced-representation sequencing，RRS）的方法。

RRS 的主要思路是将基因组分为多个亚集，根据实验目的，取出一个或多个亚集对其进行测序。目前，RRS 主要包括靶向富集法（target enrichment approach）和基于限制性内切酶的基因组简化法两大类。其中，靶向富集法主要包括 PCR 扩增法、分子杂交捕获（molecular-hybrid capture）、分子反向探针（molecular inversion probes）等。靶向富集法进行基因组简化的程度较高，研究成本高，仅适合于特定的感兴趣的基因组区域，例如几个感兴趣的基因或外显子。基于限制性内切酶的基因组简化方法对基因组的简化程度可根据选择的限制性片段数量灵活控制，该方法劳动强度小，操作难度低，研究成本也相对较低，是当前较为常用的基因组简化方法。在本小节中，将简单介绍几种基于限制性内切酶进行 RRS 的 DNA 文库构建方法。

10.2.4.1 简化代表性文库法

简化代表性文库（reduced-representation libraries，RRLs）法最初应用于一代测序，研究人员利用这种方式构建了人基因组草图。其基本原理为：将多样本的 DNA 进行混合，然后使用限制酶进行完全消化，并利用凝胶电泳的方式分离目的片段，将片段接上 adapter 后进行测序。RRLs 法操作流程简单，可操作性强，但是没有办法区分具体的 DNA 片段来自哪一个体。这对于以群体为研究对象的研究，如群体遗传学研究，较为理想，但是对于基因组选择这类必须将个体加以区分的方法来讲却没有使用价值。

10.2.4.2 多态序列复杂性降低法

多态序列复杂性降低（complexity reduction of polymorphic sequences，CRoPS）法是一种针对复杂基因组大规模多态性检测的一种方法。其最初设计理念是建立一种针对无参考基因组序列物种的全基因组多态性检测平台。该方法利用低频切割酶(rare cutter enzyme)和高频切割酶(frequent cutter enzyme)组合对基因组 DNA 进行限制性切割,然后将分别携带两种限制性酶切位点的特异性接头(adapter)连接到带有两种限制性酶切位点的 DNA 片段两端,并以此为模板,用含有选择性碱基的引物进行扩增,将扩增产物进行测序。CRoPS 方法的特点是可根据 adapter 末端的选择性碱基选择基因组测序的简化程度,进而灵活选择标记密度,但该方法建库较为烦琐。

10.2.4.3 限制性位点相关 DNA 法

限制性位点相关 DNA(restriction site-associated DNA, RAD)是特异限制性内切酶 2 个识别位点之间的一段 DNA 片段。利用 RAD 方法进行基因文库构建的主要步骤为:①基因组 DNA 被限制性内切酶消化成大量的、长短不一的限制性片段并被连接上个体特异的 P1 adapter;②将所有个体的 P1 adapter 连接完成后的 DNA 进行混合,进行 DNA 的随机打断(random sheared);③将打断产物进行 P2 adapter 的连接,并进行 PCR 富集;④将选择性富集的带有 P1 adapter 和 P2 adapter 的 RAD 标签进行分离,质控合格后进行高通量测序。该方法的主要特点是测序的基因组覆盖度较高,产生的标记密度高,平台稳定性好等。但该方法建库流程非常烦琐,测序文库构建中间环节需进行 2 次 adapter 连接、1 次 DNA 随机打断、2 次纯化等步骤,需消耗大量的初始 DNA。

10.2.4.4 多元鸟枪基因型判型法

多元鸟枪基因型判型法(multiplexed shotgun genotyping, MSG)使用 *Mse* Ⅰ 限制性内切酶对基因组 DNA 进行切割,然后将每个个体所有的限制性片段两端连接上个体特异的 barcode adapter,连接完成后将所有样品进行混合,混合液用异丙醇(isopropyl alcohol)进行浓缩,浓缩后的混合液使用 Tris-EDTA 悬浮,然后用饱和酚氯仿 Tris-EDTA 溶液以及氯仿萃取,萃取后用 AMPure 微珠对 linker-dimers 进行去除,最后用琼脂糖凝胶电泳对测序文库进行分离和回收。该方法通过使用 *Mse* Ⅰ 限制性内切酶保证了测序片段的充足性,而且该文库构建过程中不需要 PCR 富集,对 DNA 用量要求也较低,其操作的烦琐程度稍微降低,但依然较为复杂。

10.2.4.5 基于测序的基因型判型法

基于测序的基因型判型(genotyping by sequencing, GBS)法是一种利用甲基化敏感的Ⅱ型内切酶 *Ape* KⅠ降低基因组复杂性,进而在限制性酶切片段两端分别连上 barcode adapter 和 common adapter,利用 barcode adapter 和 common adapter 特异性引物对目的片段进行富集,富集产物经质量控制后进行高通量测序。GBS 方法主要有以下特点:①富集文库在测序前无需经过片段选择,测序文库片段依靠限制 PCR 的延伸时间进行控制;②文库构建流程简单,机械化操作性强;③测序文库中使用的 adapter 5′末端不需要磷酸化处理,adapter 单链与限制性片段末端之间产生的缺口可通过 PCR 循环前设置的预延伸过程填平;④GBS 方法采用两套 adapters 体系,一种为 barcode adapter,另一种为 common adapter。这两种 adapter 均采用互补双链,而非 Illumina 公司官方测序采用的"Y"形 adapter;⑤GBS 方法构建需要较少量的基因组 DNA,约 100 ng。

10.2.4.6 基于基因组简化与测序的基因型判型方法

基于基因组简化与测序的基因型判型方法(genotyping by genome reducing and sequencing，GGRS)是潘玉春课题组针对猪等远交动物群体开发的简化基因组测序方法，其文库构建主要包含 7 个步骤(图 10.7)：①从猪耳组织中提取高质量的 DNA；②每个个体等量的 DNA 分别被限制性酶消化；③每个个体所有酶切片段的两端被连接上特异的 adapter-barcode 序列；④所有个体的所有连接产物被混合，形成 DNA 片段池；⑤以池产物为模板进行 PCR 扩增；⑥琼脂糖凝胶对 PCR 产物进行测序文库的分离；⑦利用安捷伦 2100 生物分析仪对测序文库进行质量控制，对没有 adapter/primer 污染的文库进行测序。

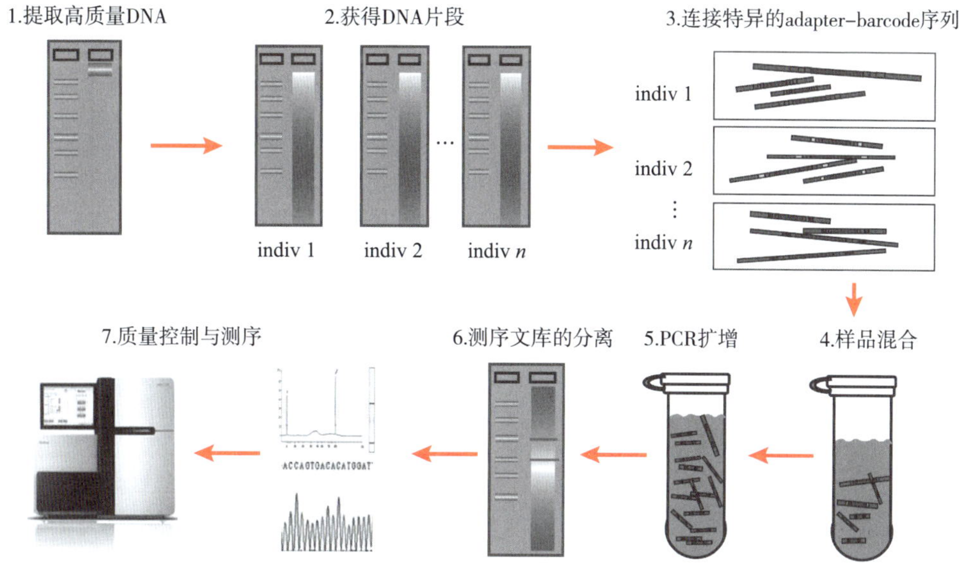

图 10.7　GGRS 法流程

从图 10.8 可以看出基于 GGRS 的简化基因组测序建库流程相对简单，对 DNA 用量较少，是一种十分适合于猪基因组检测的手段。

10.3　缺失基因型填补

无论是芯片、全基因组测序还是简化基因组测序，都会因检测质量差或者覆盖度低等因素导致检测到的 SNP 在某些个体上存在缺失现象。对于芯片与较高密度的 WGS 数据来讲，缺失位点的比例较少，一般可以根据 SNP 水平的检出率(SNP 检出率，等于在该位点成功分型的个体数与总个体数之比)与个体水平的检出率(个体检出率，等于在该个体成功分型的 SNP 数与 SNP 总数之比)对数据进行质控，一般要求检出率不小于 95%，此时只有极少数缺失基因型存在。基于这一缺失率较低的数据，一方面可以直接进行基因组选择，另一方面可以用缺失基因型填补的方法将缺失的数据预测出来。而对于缺失率较高的数据，比如测序深度较低的 WGS 数据以及缺失率较高的 RRS 数据，则必须进行缺失基因型填补，否则按照检出率大于 0.95 过滤将丢失掉过多的个体和位点，无法进行后续的基因组选择计算。另外，缺失率太高将严重影响等位基因频率的估算，使得后续计算的准确性受影响。

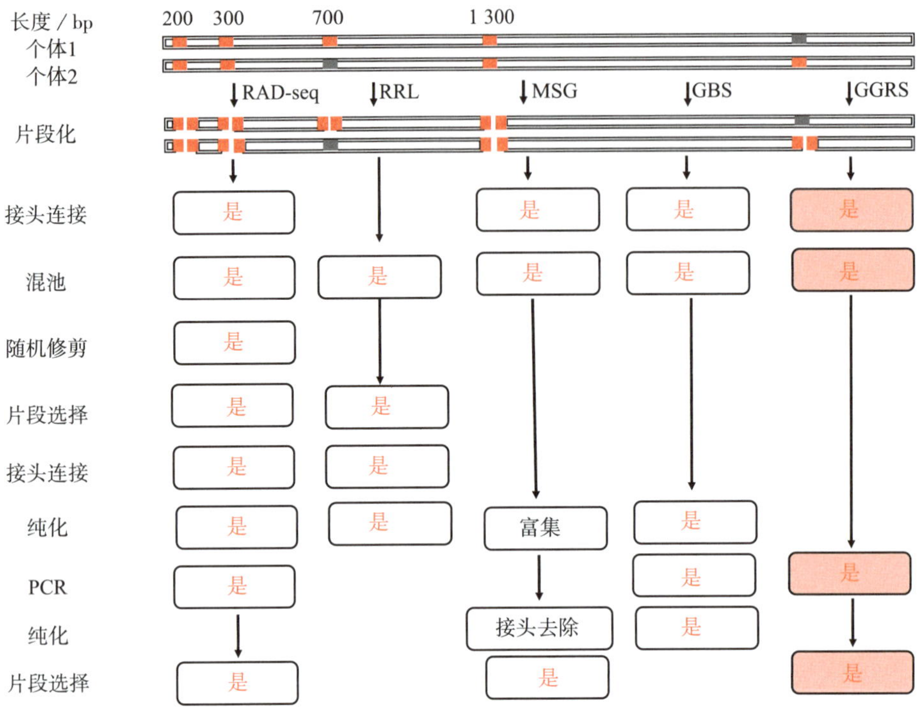

图 10.8 几种简化基因组测序的建库流程对比

基因型填补(genotype imputation)是指对样本个体中没有直接分型的基因型进行预测或填补的过程(Marchini 和 Howie,2010)。通常情况下基因型填补的应用主要包括以下两种:①高通量检测 SNP 随机产生的缺失基因型。如上所述,这种情况在芯片、WGS 与 RRS 中都有可能出现,在 RRS 与低深度 WGS 数据中表现的尤为明显。②跨密度填补。将低密度的数据(比如 50k SNP 芯片数据)借助高密度参考单倍体型模板库(haplotype reference panel,HRP)的信息填补得到高密度数据(比如 700k SNP 芯片或者 WGS 水平)。本部分将首先介绍基因型填补中涉及较多的单体型定相的相关概念,之后介绍基因型填补的相关理论、方法与软件。

10.3.1 单倍型定相

单倍型(haplotype)是指从父母体中任一方继承而来的一条染色体上的多个位点的排列形式。一般来说,各种 SNP 检测平台最终生成的 SNP 分型结果往往只有基因型信息,而不提供单倍型信息。在 VCF 文件中,这类不包含单倍型信息的基因型往往使用“/”进行分隔,比如“0/0” “0/1”,或“1/1”。基于这类基因型信息确定单倍型的过程称之为定相(phasing),已经定相的基因型在 VCF 文件中使用“|”分隔,比如“0|0” “0|1”或“1|1”。

对于基于 SNP 的基因组选择来讲,只关注其基因型。但是对于缺失基因型填补,单倍型信息就非常重要了。定相这一过程的复杂性随着杂合子 SNP 数量的上升急剧上升,比如图 10.9 所示的由 5 个位点的基因型所组成的 1 个染色体片段,在其中有 3 个位点是纯合子就会产生 4 种可能的单倍型。假设杂合子个数为 C,则可能有2^{C-1}种单倍型。这对于芯片、WGS 与 RRS 等技术所产生的高密度、大规模 SNP 数据来讲无疑是一个挑战。以下为几种单倍型定相的方法及其使用场景，具体算法细节可以参考 Balding 等(2019)的相关文献。

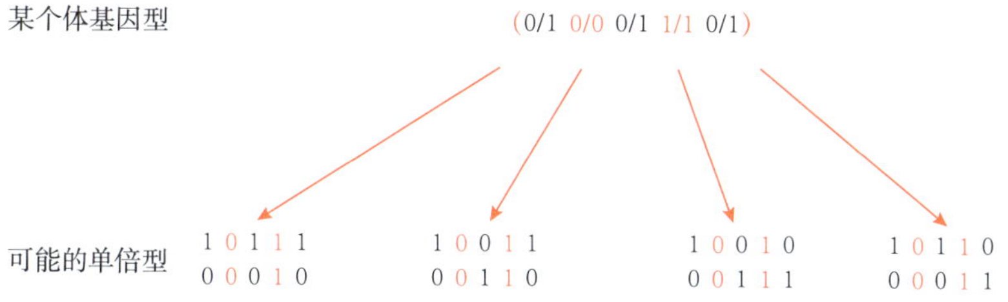

图 10.9 基于 5 个位点(其中 3 个杂合位点)的基因型可能产生的单倍型

10.3.1.1 EM 方法

EM 本身是一种算法，其全名是 expectation maximization algorithm(期望最大化算法)，其本质是统计学习中用来对含有不可观察数据(比如单倍型)的参数进行迭代估计的方法。Excoffier 和 Slatkin(1995)第一次使用 EM 算法定相单倍型，实际上后来的很多定相方法都包含 EM 算法。EM 方法将所有可能的单倍型都视为等可能的先验(priori)，然后使用 EM 算法推断最可能的单倍型。对于少数几个标记来讲(一般标记数小于 10)EM 方法表现较好，但是标记数量一旦增加，该方法很快就遇到瓶颈。所以 EM 方法常用于含有少量标记的基因单倍型推断，对于大规模 SNP 数据不再适用。

10.3.1.2 基于近似溯祖理论与隐马尔科夫模型的方法

所谓溯祖(coalescent)是指基于等位基因信息回溯种群历史，并最终归于某一共同祖先的理论模型，而近似溯祖(approximate coalescent)则是按照溯祖模型对当前群体的遗传变异进行建模的近似方法，在计算上较为简单。这一类方法认为较新的单倍型往往通过变异与重组的形式起源于较老的单倍型，而由于变异与重组在较短的区段内同时发生的可能性较低，所以在短区段内单倍型会比较相似。比如在群体中研究人员已经观察到了两种单倍型——1100 与 0001，那么就有可能也会观察到 1101 和 0011，前者由于重组，后者由于突变，但是 1111 这种单倍型就不太可能出现，因为它是突变与重组同时发生时才会出现的。基于这种理论开发了众多单倍型定相的方法与软件，包括 PHASE、fastPHASE、MACH、IMPUTE2、SHAPEIT 与 BEAGLE。这些方法利用近似溯祖模型计算过程中都会使用的隐马尔科夫模型(hidden Markov model, HMM)，目的为了简化计算。由于这类方法运算速度较快，且适用于大规模标记与样本，其中 IMPUTE2、SHAPEIT 与 BEAGLE 等都是当前最常用的单倍型定相方法。

10.3.2 基因型填补

一般而言，在动物育种的实际应用中往往会借助基于系谱信息的关联个体方法对缺失基因型进行填补。这种方法的代表包括 FImpute 等，但是目前 FImpute 在处理 WGS 水平数据时计算能力有限，且在应用中往往存在动物系谱质量较差或者未知的情况。本部分将介绍当前使用较多的基于 HRP 单倍型信息进行缺失基因型填补的方法，以及两种不需要 HRP 信息进行缺失基因型填补的方法。

10.3.2.1 借助 HRP 信息进行缺失基因型填补方法

当前在人类遗传学中使用的较为广泛的是基于 HMM 的概率方法，它为借助 HRP 信息进行缺失基因型填补方法的一种。该方法准确性较高且速度较快，对于动物群体有重要的借鉴意义(Whalen et al. 2018)。对于基于 HMM 的这一大类方法而言，尽管不同方法在细节上有所不同，但是常见的基因型填补算法的原理和流程大概都可用图 10.10 进行解释。其中图 10.10(a)表示原始的基因系数据，存在一定的缺失基因型位点；图 10.10(b)表示已有的单倍型参考模板库(HRP)，其构建方法可以参考 10.3.1 节所介绍的单倍型定相方法。对人类群体来讲，单倍型定相法当前已有包括人类国际单倍体型计划(HapMap)在内的多个 HRP 可供使用；对于猪来讲，Yang 等构建了一个包括猪、马、牛、羊等动物的 HRP，其中猪的 HRP 基于 233 头猪的四千万个 SNP 进行构建，但是该 HRP 样本量较小，且 SNP 是基于前面所提到的相对较旧的版本基因组——Sscrofa10.2 构建的。针对这一问题，潘玉春课题组基于公共数据库中以及自测的超过 2 000 头猪的高质量 WGS 数据构建了猪单倍型参考模板库(pig haplotype reference panel，PHARP。http://alphaindex.zju.edu.cn/PHARP/index.php，图 10.11)。PHARP 使用了最新版本的参考基因组(Sscrofa11.1)，并且支持用户在线提交数据进行下载，这将是猪基因组检测领域的重要平台。

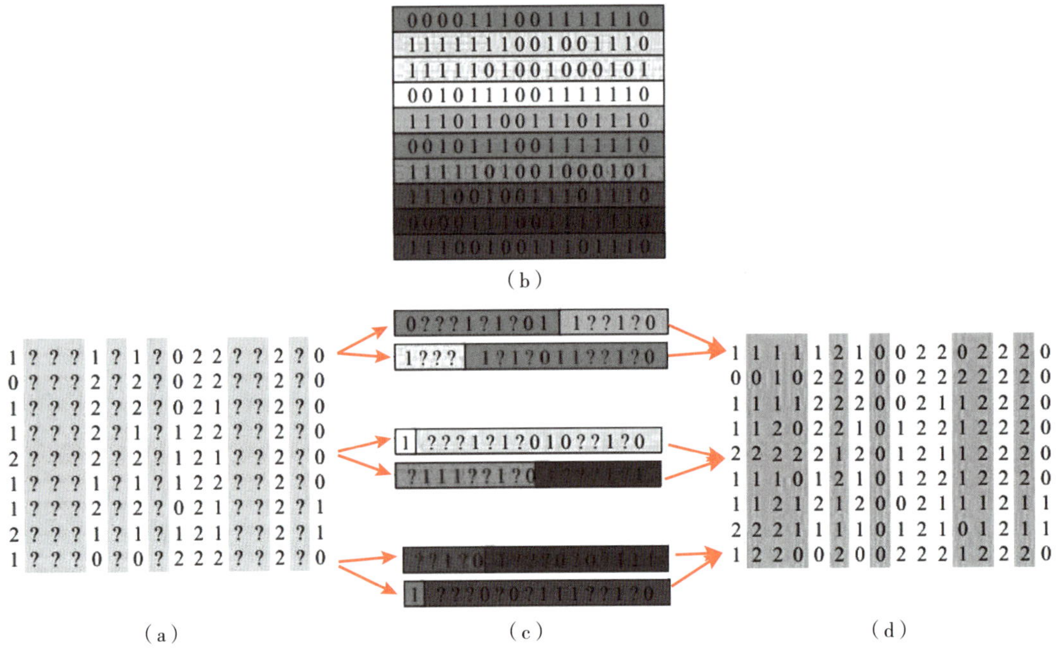

图 10.10 基于 HRP 的缺失基因型填补原理

图 10.10(c)表示基于原始存在缺失基因型的数据进行单体型推断(此处选择了 3 个个体的单体型进行展示)，这一步一般是通过填补软件进行，也可以在填补之前进行，后者可以大幅度降低后续填补所需的计算时间，但是会稍稍降低填补的准确率。最后，将图 10.10(c)与图 10.10(b)的单倍型库进行对比，寻找一致的片段，从而将参考群体的单倍型填充到缺失的基因型上，形成图 10.10(d)。这种策略需要假设任何一个个体的单倍型都是由其他个体的单倍型嵌合而成的。

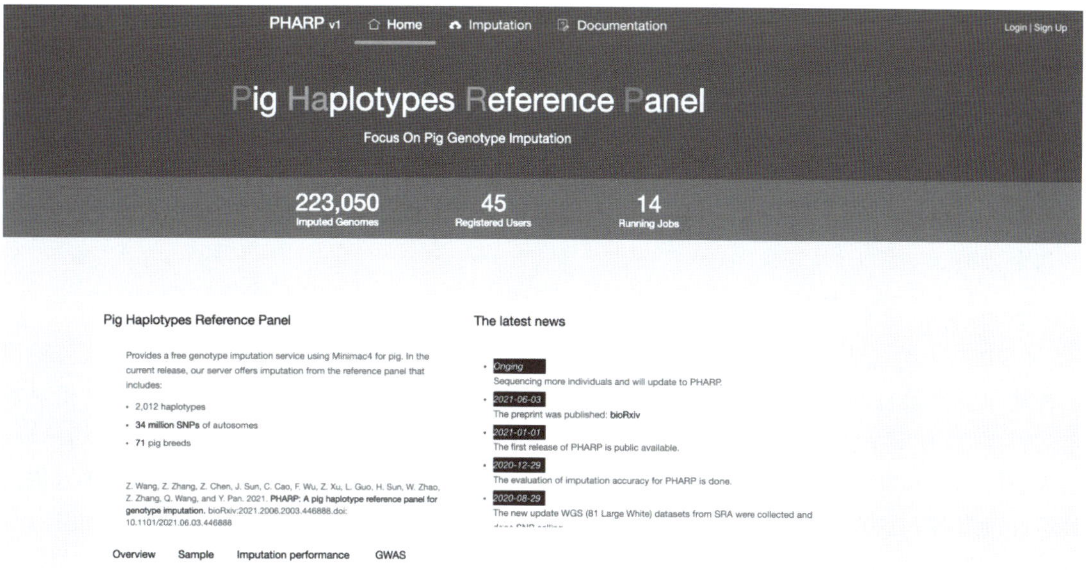

图 10.11　PHARP 的主界面

10.3.2.2　不需 HRP 信息进行缺失基因型填补的方法

潘玉春课题组针对所开发的 GGRS 简化基因组测序平台，构建了一种缺失基因型填补方法——iBLUP。该填补方法着力于解决以下问题：一是远交群体杂合率高；二是缺失率高的远交群体基因型难以进行单倍体分型；三是无参考单倍型模板信息；四是群体系谱信息不完整或缺失；五是除简化基因组测序外，同样适用于基因芯片和其他高通量测序数据。

iBLUP 方法起源于 Gengler (2007)提出的 M-MM 法。该方法将二元等位基因位点的基因型用指定等位基因的含量表示，将基因型值看作连续变量，缺失位点基因含量借助亲属信息可以通过 BLUP 预测，针对单点的混合模型为：

$$\boldsymbol{g}=\boldsymbol{\mu}+\boldsymbol{a}+\boldsymbol{e} \tag{10.1}$$

式中：$\boldsymbol{g}$ 表示 0、1、2 编码的基因型；$\boldsymbol{\mu}$ 是均值；$\boldsymbol{a}$ 为基因型育种值，服从正态分布 $N(\boldsymbol{0},\boldsymbol{A}\sigma_a^2)$；$\boldsymbol{e}$ 为随机误差，服从正态分布 $N(\boldsymbol{0},\boldsymbol{I}\sigma_e^2)$。其中 $\boldsymbol{A}$ 矩阵为基于系谱构建的亲缘关系矩阵，该方法可以利用多性状 BLUP 模型将式(10.1)的模型扩展为多点模型，但是该方法依然需要借助系谱信息。

相比于 M-MM 法，iBLUP 借助了基因组选择的思想，不需要依赖系谱信息，而是采取迭代法计算个体之间的亲缘关系矩阵 $\boldsymbol{G}$，初始 $\boldsymbol{G}$ 矩阵通过计算每对个体共同分型位点的基因型值获得。为使不同对个体间的亲缘关系具有可比性，采取除以共同分型位点数的方法以达到均一化的效果。新一轮的 $\boldsymbol{G}$ 矩阵由 BLUP 填补结果计算，当连续两轮 $\boldsymbol{G}$ 矩阵的相关系数大于 0.999 时，迭代过程结束。同时，iBLUP 借助位点之间的 LD 信息对位点之间的关联程度进行合理度量，进一步提升了填补的效果。

10.4 基因组检测最优方案

10.4.1 现有检测方法的优劣势

猪基因组检测的方法众多，但是各个方法的优缺点实际上也较为鲜明，具体主要体现在以下几个方面。

10.4.1.1 SNP 芯片

SNP 芯片的优势在于其位点依赖于已经鉴定的性状关联位点进行设计，相对固定，检测流程简单且准确性高，密度也相对较为稀疏，价格便宜，计算方便。但正是由于其位点相对固定的特点，也使其天生具有劣势。随着表型组检测技术的进步，越来越多的新性状（包括肉质、行为、社交，甚至转录组、代谢组、蛋白质组等分子表型）被鉴定出来，这些新性状相关联的位点可能并没有被包含在芯片当中，且当前众多主流芯片是依据某几个品种的基因组进行设计，具有一定的局限性。

10.4.1.2 简化基因组测序

相比芯片，简化基因组测序的优势在于其位点不再固定，价格也较便宜。但是由于其具有很大的随机性，对基因组的覆盖有限，需要较为强大的缺失基因型填补技术进行支撑才可以达到较理想的准确性，且操作流程上较芯片烦琐。

10.4.1.3 全基因组测序

全基因组测序最大的优势在“全”，其覆盖范围广泛，对于一些全新性状，都可以借助全基因组测序找到其相关联的位点。而且，随着测序深度的提高，全基因组测序的准确性可以非常高。但是，全基因组测序的最大劣势在于其成本太高，且数据量大，数据分析所需的时间与运算成本都很高，这对于需要大规模进行基因组检测且需要进行早期选择的基因组测序并不十分适用。

10.4.2 基因组检测新方法

除了上述介绍的 3 种基因组检测方法外，近年来，基于此又衍生出了一些基因组检测的新方法——低深度全基因组测序技术与液相芯片技术。

10.4.2.1 低深度全基因组测序技术

简化基因组测序对基因组覆盖有限、准确性不高，而全基因组测序由于深度太高导致成本太高。近年来，出现了另一种折中方案，即牺牲一部分测序深度从而降低成本，同时又保证对基因组的检测覆盖度较高，这种技术称之为低深度全基因组测序（low-coverage whole genome sequencing，lcWGS）。该技术相比于简化基因组测序与全基因组测序，其区别可以由图 10.12 反映出来。从该图可以看出，当使用全基因组测序一个样本相同数据量时，lcWGS 已经可以检测很多个体。有研究表明，同样数据量的情况下，低深度测序由于可以检测更多的样本量，所获得的群体遗传学参数（包括个体间亲缘关系）要比利用全基因组测序得到的参数更加准确。

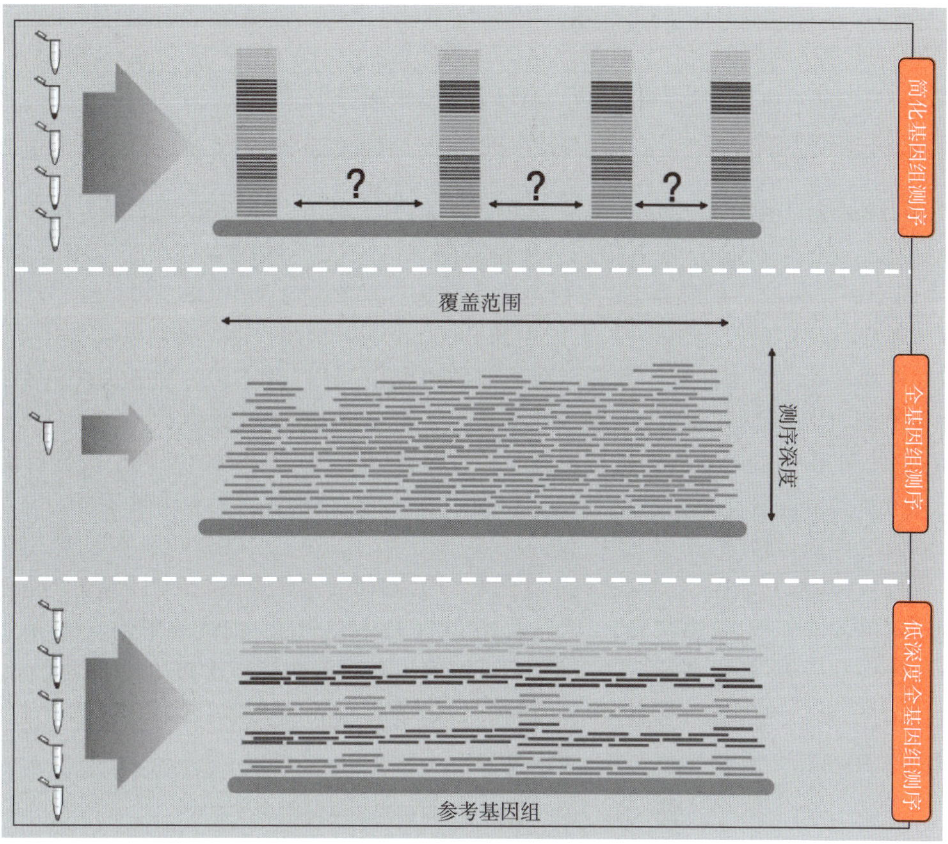

图 10.12 3 种不同测序方法的区别

同时，近年来随着 lcWGS 的应用越来越广泛，一些针对 lcWGS 数据检出的 SNP 基因型校正与填补工具也被开发出来。表 10.1 列出了一些常用工具及其特点，值得关注的是，虽然有些工具(比如 STITCH)不需要单倍型参考模板就可以进行低深度全基因组测序的校正与填补，但是单倍型参考模板的加入将会进一步提升其准确性。因此，建议使用潘玉春课题组开发的 PHARP 作为参考模板，利用下述软件对 lcWGS 数据进行填补与校正。

表 10.1 几款针对 lcWGS 检出的 SNP 的基因型进行校正与填补的软件

方法	发表杂志	软件网址	是否需要 HRP
Beagle	American journal of human genetics	https://faculty.washington.edu/browning/beagle/b4_1.html	否
GeneImp	Genetics	https://pm2.phs.ed.ac.uk/geneimp/	是
STITCH	Nature genetics	https://github.com/rwdavies/STITCH	否
GLIMPSE	Nature genetics	https://odelaneau.github.io/GLIMPSE/	是

续表 10.1

方法	发表杂志	软件网址	是否需要 HRP
QUILT	Nature genetics	https://github.com/rwdavies/QUILT	是

图 10.12 中对于测序数据定义了两个重要的量：一个是 breadth of coverage(BC)，另一个是 depth of coverage (DC)。前者描述为覆盖范围，后者描述为被覆盖区域的测序深度，BC 与 DC 的乘积则是整体测序的数据量，与检测成本相关。那么对于 lcWGS 来讲，BC 与 DC 哪个量更加重要呢？不同的研究都表明，上图中的 BC 对于 lcWGS 的 SNP 检测以及上述几款填补与校正软件要比 DC 更加重要。潘玉春在之前的研究中利用 lcWGS 对 297 头杜洛克猪的基因组进行检测，DC 平均在 1 左右，但是 BC 达到了 0.5，利用这组数据检测到了 1 400 万个 SNP 位点，并利用 STITCH 软件进行填补与校正，将结果与芯片检测的基因型进行对比，发现 STITCH 软件填补与校正后的准确性(r^2)达到了 98.7%。图 10.13 展示了不同方法对不同染色体测序的准确性情况，其中 ELC-WGS 代表原始利用 lcWGS 检测到的基因型，可见其准确性普遍较低，基本上都在 0.7 左右；STITCH-ALL 则代表了经过 STITCH 填补与校正之后所有的基因型的准确性，普遍都在 98%左右；STITCH-MISSING 则代表原本在 lcWGS 检出的位点中出现基因型，经过填补后的准确性，可以看出其准确性只是比整体准确性稍低。因此可以得出，对于杜洛克等有效含量较小的群体来讲，使用 lcWGS 已经可以达到非常全面且准确的检测效果。

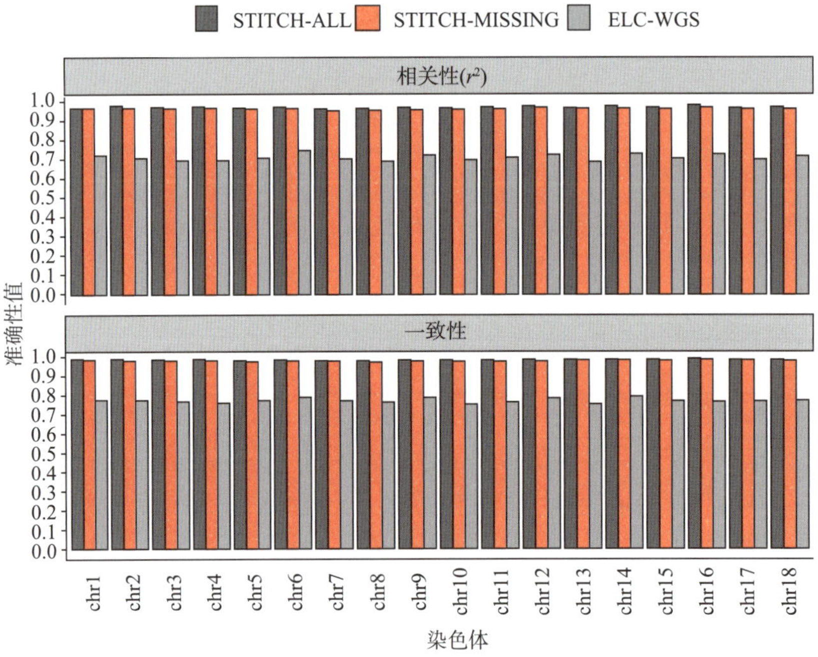

图 10.13　不同方法对不同染色体测定的准确性

第 11 章　信息化体系

【本章提要】 表型组数据采集、传输、存储、处理，基因组数据高效处理和存储，猪只个体的高效识别是基因组选择的关键。本章从大数据采集、传输、存储、处理角度就动物个体高效识别、表型高效获取、基因组数据的高效存储分析等角度进行介绍。

无论表型组的测定还是基因组的检测，都涉及数据的采集、传输、存储、处理等一系列问题。为了规范各个环节操作，本章简要介绍相关知识。

11.1　个体号标识及高效识别

猪只个体编号实行全国统一的编号规则，编号由 15 位字母和数字构成，如图 11.1 所示，在计算机系统中存储成长度为 15 的字符串。

品种		场号				分场号	年度		场内窝序号				个体号	
1	2	3	4	5	6	7	8	9	10	11	12	13	14	15

图 11.1　种猪个体编号

具体编号原则如下：

——前 2 位用英文字母表示品种(图 11.1)，其中杜洛克猪为 DD、长白猪为 LL、大白猪为 YY、皮特兰猪为 PP、巴克夏猪为 BB；

——第 3 至 7 位用英文字母或数字表示场号(由农业农村部统一认定)及分场号；

——第 8 至 9 位用公元年份最后二位数字表示个体出生时的年度；

——第 10 至 13 位用数字表示场内窝序号；

——第 14 至 15 位用数字表示窝内个体号，公猪用奇数表示、母猪用偶数表示。

为高效快速地识别猪只耳号，建议配套电子标签使用，常用的有电子耳标、栏位标签与识别器，如图 11.2 所示。

栏位标签即定位栏的身份标识，频率为 134.2 Hz，稳定性好，使猪的转舍、转栏有迹可循。电子标签识别器可读取无线射频电子耳标、动物芯片，透过蓝牙技术可与 iOS 或 Android 平台的行动装置做数据传输使用，默认长度为 75 cm，可定制，读耳标距离约 15 cm，动物芯片约 8 cm。

栏位标签可以和工业级手持终端机配合使用。三防设计的工业级手持终端机(图 11.3)，小巧玲珑，方便携带，防水、防尘、防摔，按需求每栋舍配一台，不允许员工私人物品带入猪场生产区，减少猪场与外界物品的接触，有效提高了生物安全。员工工作时用定制的手持终端进入猪场工作，减少私人手机工作时的信息干扰，让员工更专注于工作，专注于即时采集猪场生产数据。

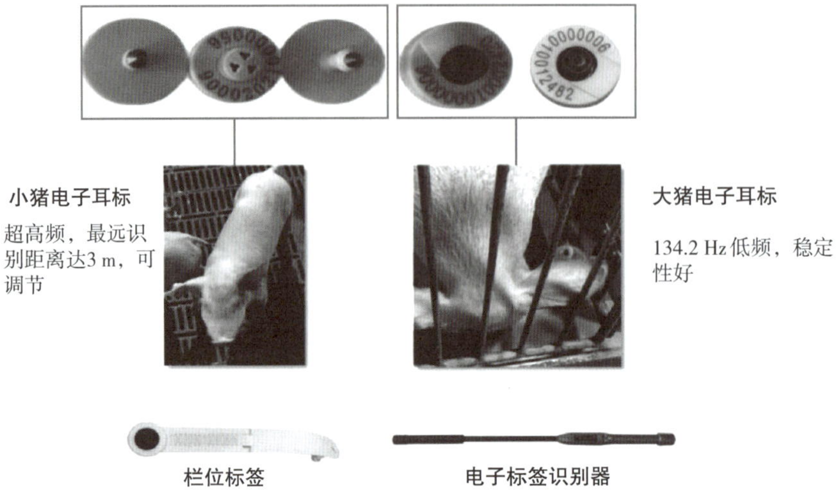

图 11.2　种猪电子耳标、栏位标签与电子标签识别器

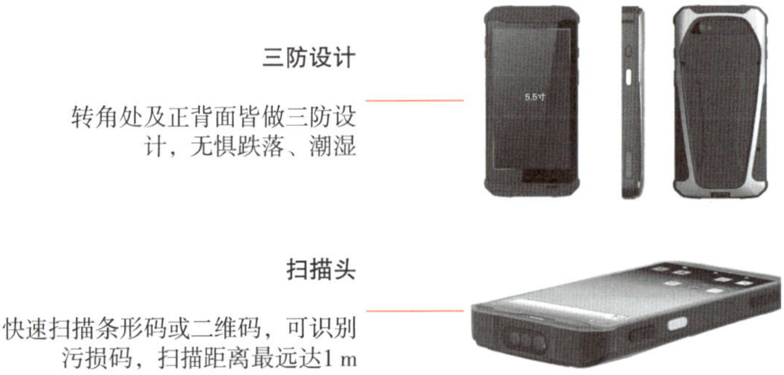

图 11.3　三防设计的工业级手持终端机

11.2　表型组数据高效收集

表型组数据能否精准采集是基因组预测与基因组选择能否有效的关键。在构建参考群的过程中，我们期望表型数据能够具有以下 4 个特点：①包括猪生长、生产的重要经济性状；②每条数据能够精准地对应个体号；③数据本身精确到一定程度；④数据量足够大。这对一线育种工作人员提出了较高的操作要求。同时，历年来积累数据的存储、管理、展示、信息挖掘也是育种环节中的重中之重。因此，通过开发相应软件及硬件从而使数据采集人员能够快速、精准地采集表型组数据显得尤为重要。

基因组预测中使用的测定性状主要包括如下部分：繁殖性状（总产仔数、产活仔数、木乃伊胎数、畸形胎数、初生窝重、断奶窝重、初配期、母猪使用寿命等；公猪初配期、公猪精液品质等）；生长性状（初生重、断奶重、达 30 kg 体重日龄、达 75 kg 体重日龄、达 115 kg 体重日龄、75～115 kg RFI、30～115 kg RFI、活体背膘厚度、活体眼肌面积等）；胴体性状；屠宰性状；肉质性状；体型外貌（打分）；健康性状等。下面简要介绍基于物联网等技术予以表型组数据高效收集的相关方法。

11.2.1 繁殖性状

11.2.1.1 母猪

由于繁殖性状本身是低遗传力性状，会受到环境的很大影响，因此，需要记录母猪配种的栋舍、时间、与配公猪，以及分娩的栋舍、时间和胎次，这些是目前常规使用的统计模型中必须具备的信息。另外，随着统计模型以及信息技术的发展，将会对其他动态表型有更多的挖掘潜力，如母猪哺乳期间的采食行为、母猪哺乳期间在栏位的动作行为等。总之，要尽可能地记录母猪在繁殖过程中的所有信息，一方面有利于猪场本身的生产管理，另一方面也可为现在甚至未来的育种方案打下坚实基础。生产过程中详细信息的记录也是为了次级表型的提取做好准备，这对软件和硬件都提出了较高的要求。推荐使用信息化的管理平台高效精准地记录信息。

生产过程中建议记录的字段如下所示。

发情阶段：耳牌号、发情日期、胎次、所在栋舍、发情类型。

配种阶段：耳牌号、配种日期、胎次、所在栋舍、一配公猪、二配公猪、三配公猪、配种类型。

孕检阶段：耳牌号、孕检日期、胎次、所在栋舍、孕检方式、受孕情况。

流产记录：耳牌号、流产日期、胎次、所在栋舍、流产原因。

产仔阶段：耳牌号、产仔日期、胎次、所在栋舍、窝次号、健仔数、弱仔数、畸形数、木乃伊胎数、死胎数、窝重(kg)、公仔数、母仔数、弱淘数、活仔数、总仔数。

断奶阶段：耳牌号、断奶日期、胎次、所在栋舍、断奶日龄、断奶仔猪数、断奶窝重(kg)、断奶类型、断奶栋舍。

以上是建议记录的必须字段，实际生产中也应该记录对应的配种员、饲养员等利于管理的信息。采集过程中，工作人员应秉持精准的态度，为提高效率，可以使用优秀的软件管理平台(图 11.4)和硬件设施，如 Alpha index 等数据管理平台、产房多功能作业车(图 11.5)和断奶仔猪作业车等。

(a) 母猪发情阶段

(b) 配种阶段

(c) 孕检阶段

(d) 流产期

(e) 产仔期阶段

(f) 断奶阶段

图 11.4 管理母猪繁殖的软件平台

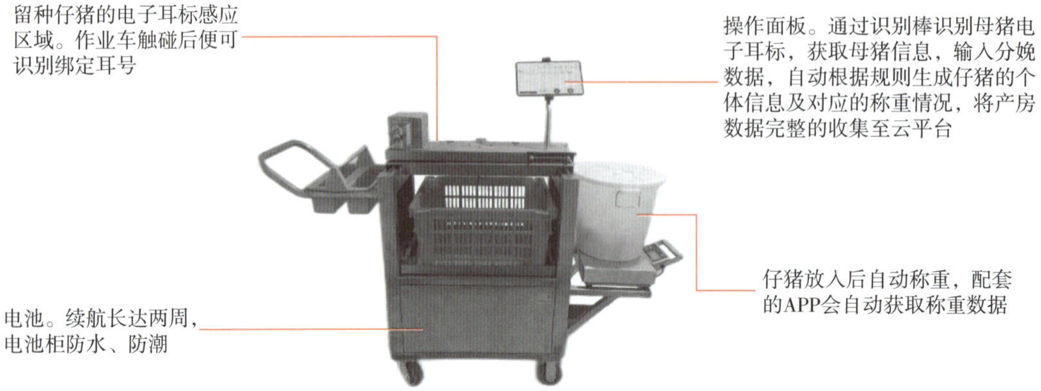

图 11.5　产房多功能作业车

通过产房多功能作业车完成抓猪、打耳标、称重、记录、断尾、灌服驱虫药物、滴鼻伪狂犬疫苗、补铁、保健、打疫苗等产房 SOP 操作流程，可以对产房数据进行快速采集(图 11.6)，大大降低人工成本，减少药物与疫苗的浪费，降低仔猪伤口感染，提高产房仔猪的成活率。

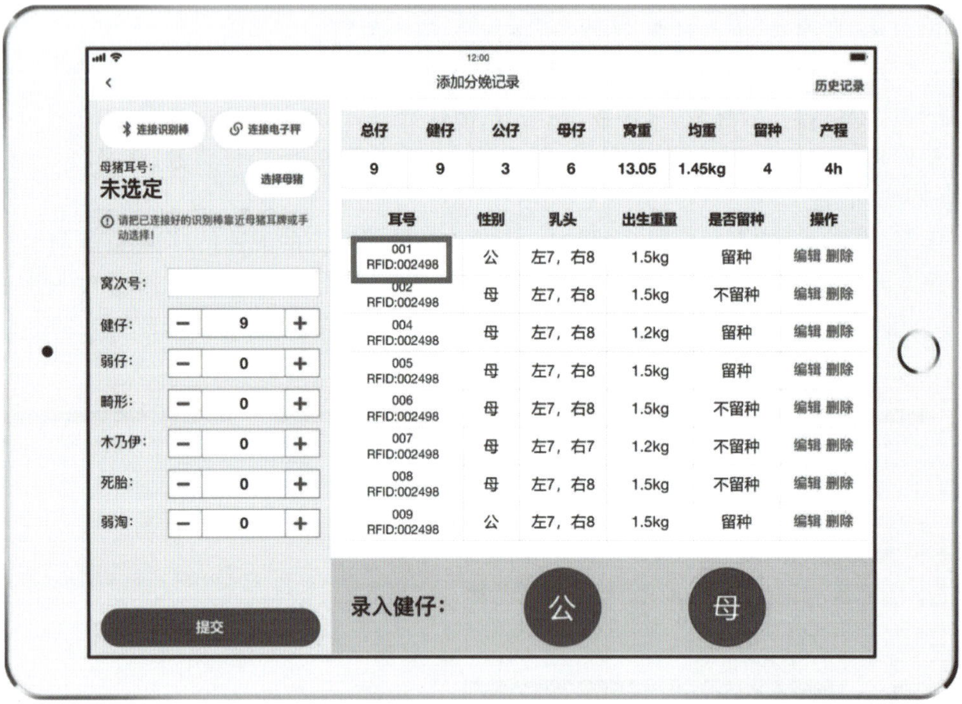

图 11.6　快速采集产房数据

查情、配种等也可通过工业级的手持终端机进行日常无纸化作业，并可完成对繁殖数据的高效采集(图 11.7)。

11.2.1.2　公猪

公猪的改良在种猪生产中十分重要，能够产生优良精液的种公猪具有巨大的经济价值。然而，公猪精液质量的提升还有很多需要克服的问题，如季节对公猪精液质量的影响、环境中

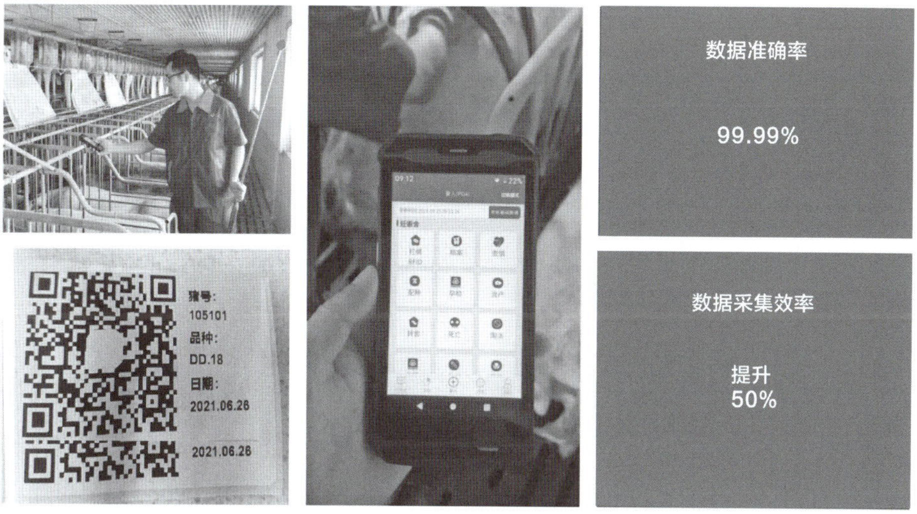

图 11.7　高效采集繁殖数据

微生物对精液质量的影响以及影响精液质量的主效基因等。因此对于种公猪精液采集的时间、栋舍、次数以及精液质量相关性状的监测十分重要。另外，如果能够精准地获取每一份精液的与配母猪、受孕成功率、产仔性能等信息，那么对于科研人员理解精液质量的作用将具有更大的意义。

需要记录精液信息的字段如下：耳牌号、采精日期、所在栏舍、精液颜色、采精方式、采精量（mL）、精子密度（亿/mL）、原精活力（%）、总精子数（个）、畸形率（%），具备条件的还可以记录精子质膜的完整性和精子的抗氧化能力。

在实际生产中，还应该记录稀释份数、采精员以及其他备注信息。基因组预测中需要记录的字段以及字段的具体含义如图 11.8 所示，建议利用 Alpha index 等数据管理平台进一步规范相应的数据格式。

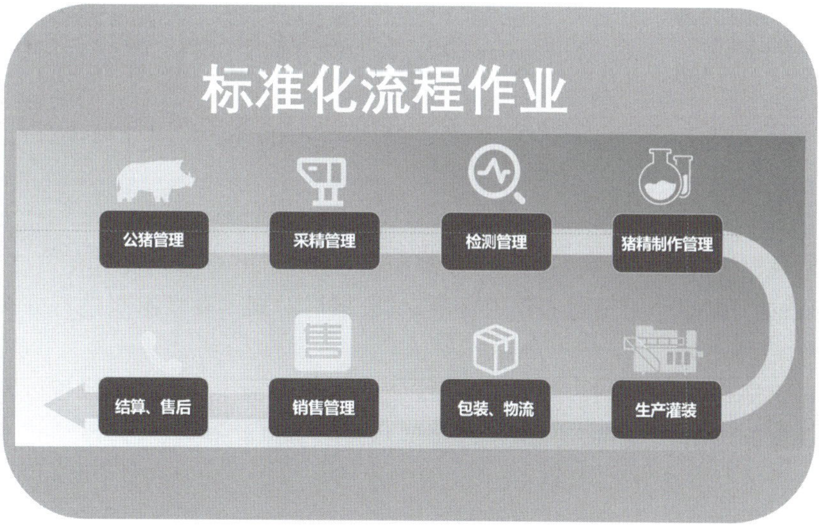

图 11.8　采集存储分析精液的软件平台标准化流程

11.2.2 生长性状

图 11.9 奥斯本自动喂料仪

生长性状是关系生产成本的直接性状之一，包含了猪生长速度和饲料利用率等信息。实际生产中可以使用奥斯本自动喂料仪（图 11.9）对数据进行动态检测，并传输到 Alpha index 等数据管理平台。

测定生长性状包含的字段有：测定站、用户自编号、射频耳标、进入时间、退出时间、采食时间、采食量、当天体重、进入时料重、退出时料重、加料料重。

通过对每一时刻的信息进行整理挖掘，可以探究猪群社会行为、猪群组合喂养策略以及每头猪的生长性状。如：达 30～115 kg 或 70～115 kg 体重的采食量；达 30～115 kg 或 70～115 kg 体重的料肉比；达 30～115 kg 或 70～115 kg 体重的多余采食量；每头猪的日采食次数、日采食时间、日采食量、日采食速度；动态体重、采食次数、采食量；活体背膘厚度，可采用手持 B 超仪测定（图 11.10）；活体眼肌面积。

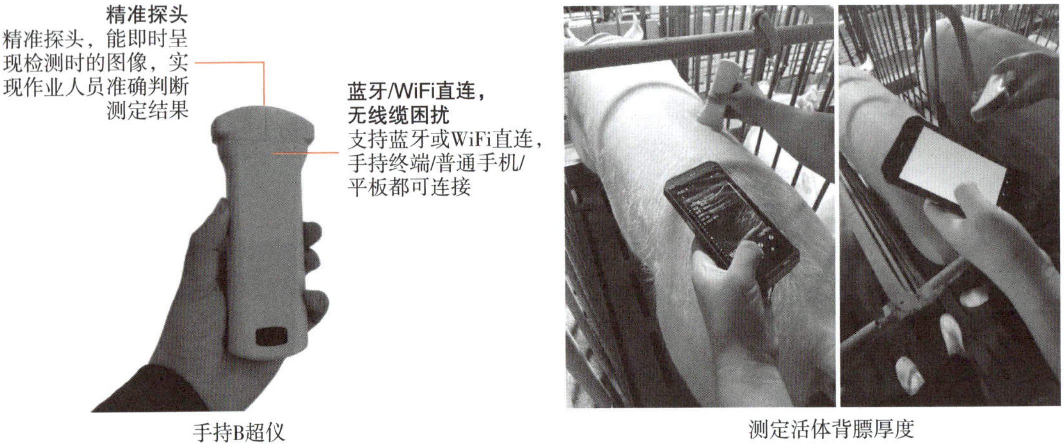

图 11.10 手持 B 超仪测定活体背膘厚度

11.2.3 胴体与肉质性状

通过屠宰我们可以充分了解胴体的组成和肉质，这对于肉质的改良具有重要意义。传统意义上，在合适的日龄或体重阶段将猪进行屠宰，屠宰后对胴体各个组织进行分割、称重以及相应指标的测定。

随着图像识别和医疗影像技术的发展，可以应用 CT 扫描仪对猪体组成进行检测，这样便可以实现活体检测猪体组成和肉质，对于种猪的选育具有重要意义。另外，通过 CT 扫描（图 11.11）可以比屠宰测定获得更多的数据。信息技术的运用将在更多角度、更多层面、更加彻底地研究猪只的组成和肉质，以加速肉质的遗传改良。目前潘玉春课题组正在开发相应的模型方法，并将进一步整合到 Alpha index 数据管理平台中。

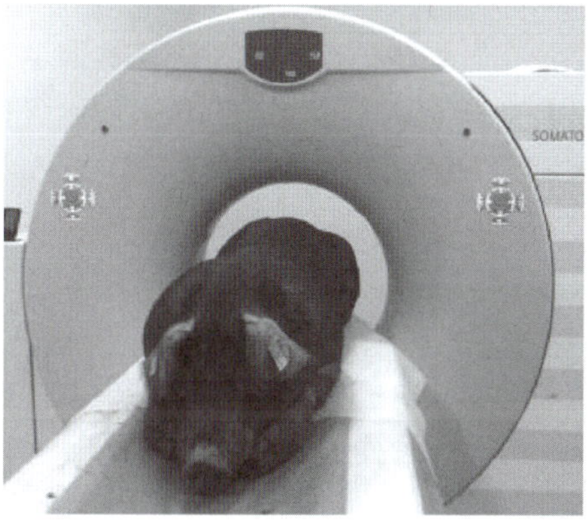

进行CT扫描

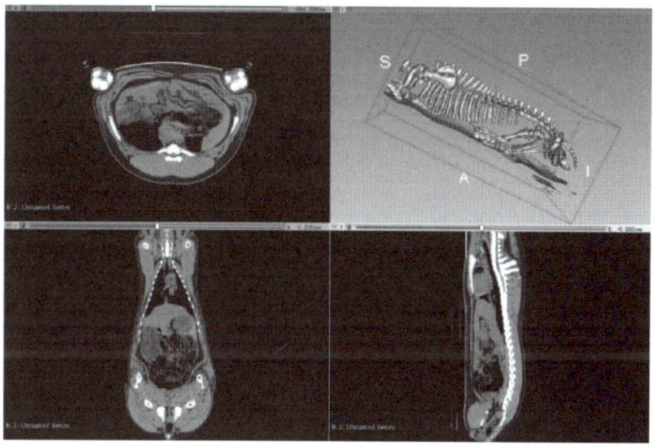

CT扫描结果

图 11.11 CT 扫描

11.2.4 健康性状与环境数据监测

对健康相关性状的检测可以重点考虑如下几项。

(1)基本健康性状监测 个体出生至 164 日龄间具体淘汰日龄、淘汰原因(病、死、伤、生长缓慢、体型外貌等)、体重。

(2)免疫细胞测定 主要使用流式细胞仪检测猪 T 细胞亚群(CD4+CD8-T 细胞、CD4-CD8+T 细胞、CD4+CD8+T 淋巴细胞构成),且最好是采样后马上检测。

(3)细胞因子测定 包括 IFN-γ、IL-4、IL-10、IL-6、TNF-α、IL-2、IL-12。

(4)口蹄疫抗体以及猪瘟抗体测定 由于测定前最后注射的是猪口蹄疫疫苗以及猪瘟疫苗,所以可针对口蹄疫抗体进行测定,以判定猪特异性免疫力。

(5)扁桃体测定 扁桃体测定对猪伤害较大,可使用检疫中心数据进行分析(每年测定 2 次,对象为种猪)。

当前一些企业开展猪只健康指标非接触式测定技术和智能化设备的初步应用,如环境监控机器人(图 11.12)实现猪只个体行为、声音、体重、体温等多模式多目标的主动感知与测定,能实时监测和智能分析猪群声音数据,识别生猪应激、咳嗽、发情等声音行为特征。

图 11.12 环境监控机器人

此外，环境因子关乎猪只健康，京东农牧等公司将环境传感器集成至巡检车中，对环境数据进行监测，包含温度、湿度、二氧化碳、氨气等(图 11.13)，实时传输数据至边缘计算网关，边缘计算网关根据已设置的环境阈值，通过调控卷膜卷被控制猪舍内温度、湿度，疏散有害气体，保证猪只在适宜环境下健康生长，为育种猪只提供适宜环境，保证育种不因环境因素造成实验误差。

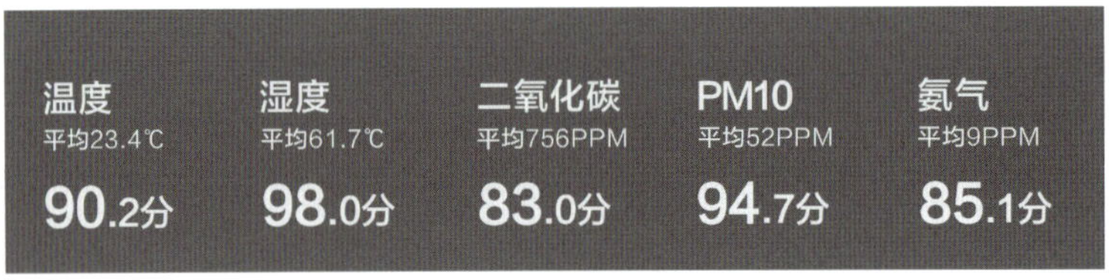

图 11.13　环境数据监测

11.2.5　体型外貌

借鉴国外经验，结合我国实际情况，建议参考加拿大的肢蹄记分体系开展相关体型评分。

随着物联网的发展，可以通过远程智能 AR 眼镜对猪只的体型外貌进行鉴定(图 11.14)，其可以移动视角观察种猪的肢体、乳头、体型情况，配套相关软件系统可高效存储分析体型数据，进而转换成线性评分等用于基因组选择的数据格式。

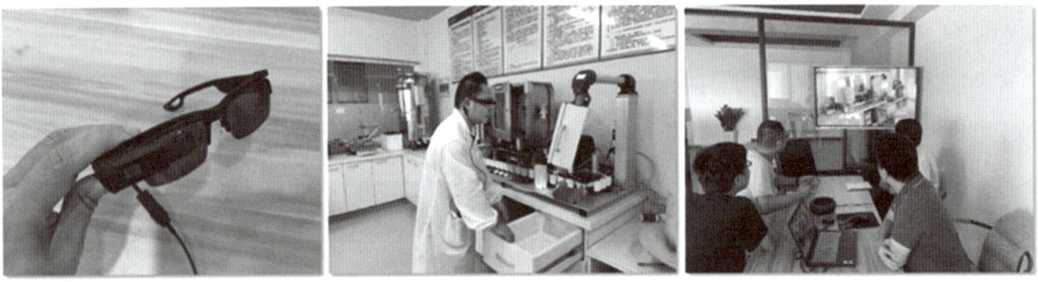

图 11.14　AR 眼镜鉴定猪只体型外貌

当前，也有一些企业通过安装过道自动识别系统(图 11.15)对耳标自动识别，可用于自动转群识别和体型外貌鉴定。

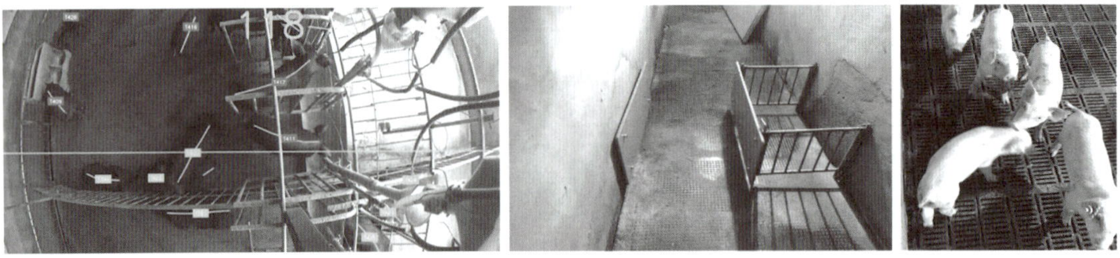

图 11.15　过道自动识别系统

综上所述，猪群表型数据的采集、存储、管理、挖掘与各方面的硬件和软件性能息息相关，表型数据具有复杂度高、类别多、可衍生等特点，蕴藏的巨大价值有待进一步探究和挖掘。表型数据的采集是基因组预测和基因组选择的基石，表型数据涉及软件和硬件的开发。在未来，数据采集将会更加依托于物联网、图像识别、医疗影响等技术。潘玉春课题组联合相关软件公司开发的Alpha index 平台正在整合最新的物联网技术开展高效的表型组数据收集。

11.3 基因组数据处理规范

高密度、低成本的遗传变异检测也是基因组选择的关键。随着测序成本的降低，越来越多的研究人员选择采用基因组测序技术开展遗传标记检测，标准化分析流程如下。

11.3.1 原始测序数据质量评估与过滤

测序公司交付的测序结果一般是每个文库对应 2 个 FASTQ 文件(以.fq 或者.fastq 作为文件名后缀)，分别对应的是双端测序(pair end)的两端 reads。在测序过程中，可能会有少量 reads 被测到接头序列，或者由于测序长度过大导致 reads 的 3′端 bases 测序质量过低的现象，这些数据会对后续的分析结果产生负面影响。因此，需要对原始数据进行预处理，主要目的是将低质量的 reads 去除，减少分析的杂音，过滤准则如下：

(1)去除引物及接头污染序列。

(2)保留质量值高于 Q20 的位点及占总读长 70%以上的 reads。

(3)去除包含 5 个以上未识别碱基(N)的 reads。

(4)去除 3′末端低于 Q20 的位点。

(5)去除长度低于 75 bp 的 reads。

本步骤采用 fastp 软件进行过滤与质量评估，该软件效率极高，支持多线程操作，而且可生成 HTML 格式的网页报告，所有图片都是动态图片，方便进行交互查看。按照前面所列出的过滤标准，命令如下：

```
1.fastp-i raw_R1.fastq.gz \            #读入 R1 端数据
2.-o filter_R1.fastq.gz \              #输出 R1 端过滤后文件名
3.-I raw_R2.fastq.gz \                 #读入 R2 端数据
4.-O filter_R2.fastq.gz \              #输出 R2 端过滤后文件名
5.-3 \                                 #过滤掉 3′端低质量碱基
6.-q 20 \                              #碱基质量小于 20 就是低质量碱基
7.-u 30 \                              #Q20 占 30%以上的 reads 被过滤掉
8.-l 75 \                              #reads 长度在 75 个碱基以上
9.-w 24 \                              #线程数
10.-z 5                                #输出文件压缩水平,在 1～9 之间,1 最快,9 最小
```

其中过滤准则中的(1)和(3)是 fastp 的默认参数，不需特意设置。以一个杜洛克猪文库的测序结果为例，得到经 fastp 过滤后的测序数据质量控制分析报告部分截图如图 11.16 所示。

Summary

General

fastp version:	0.20.0 (https://github.com/OpenGene/fastp)
sequencing:	paired end (150 cycles + 150 cycles)
mean length before filtering:	150bp, 150bp
mean length after filtering:	148bp, 148bp
duplication rate:	24.668677%
Insert size peak:	269

Before filtering

total reads:	793.129400 M
total bases:	118.969410 G
Q20 bases:	111.003240 G (93.304019%)
Q30 bases:	103.813106 G (87.260335%)
GC content:	53.046047%

After filtering

total reads:	692.154880 M
total bases:	102.829573 G
Q20 bases:	99.597352 G (96.856720%)
Q30 bases:	94.435662 G (91.837065%)
GC content:	53.325480%

Filtering result

reads passed filters:	692.154880 M (87.268847%)
reads with low quality:	87.220646 M (10.997026%)
reads with too many N:	208.026000 K (0.026229%)
reads too short:	13.545848 M (1.707899%)

图 11.16　fastp 过滤后的测序数据质量控制报告截图(部分)

其中 duplication rate 是 PCR 所导致的重复序列，占总长度的 1/4，后续可以利用 GATK 或者 Picard Tools 进行进一步过滤。

11.3.2　去重(demultiplex)与文库质量评估

经过 fastp 过滤以后得到的 FASTQ 文件包含一整个文库所有个体的 reads，这也是 GGRS 采用 multiplex 建库的特点。所以，实践中需要进行去重(demultiplex)，从而将每条 reads 都按照身份标签(barcode)分配到对应的个体上，并且去除 barcode 序列，从而保证后续可以与参考基因组进行顺利比对。

11.3.3　测序数据到参考基因组的比对

在得到各个个体的 reads 之后，需要通过与参考基因组比对的方式确定 reads 的具体位置，同时对比对到基因组的数据进行相关操作与过滤，从而最终得到可以用于后续变异检测的 reads，具体的步骤可参考图 11.17。

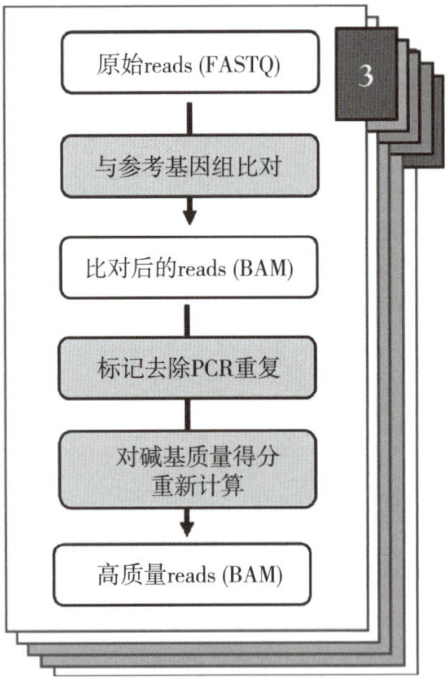

图 11.17　利用测序数据获取高质量 reads 的步骤

1. 与参考基因组比对

比对的目的是获得测序 reads 在基因组上的具体位

置。一般情况,先要对参考基因组创建索引(index),然后利用索引查询 reads 的具体位置。所以,首先确定参考基因组有对应的索引文件(一般以. fai 作为文件名后缀),如果没有,可以利用 bwa index 生成。

最常用的比对工具是 bwa 的 mem。对于 GGRS 来讲,由于采用了多重建库(multiplex library),所以在去重之后需要进行循环比对,具体的代码如下:

```
1. #!/usr/bin/perl
2.
3. my $ inpath = "demultiplex_dir";
4. my $ outpath = "bwa_mem";
5. my $ cpu = 24;
6. mkdir " $ outpath" unless -e " $ outpath";
7.
8. opendir DIR, $ inpath;
9. my @files = readdir DIR;
10.
11. for my $ file(@files){
12.  if( $ file = ~/(\w + )_1\. fastq $ /){
13.    system "bwa mem -t $ cpu \                           # 指定比对的线程数
14.      -R \@RG\tID: $ 1\tPL:ILLUMINA\tPU: $ 1\tLB:GGRS\tSM: $ 1\tCN:PAN \
15.                                                         # 添加 read group 信息
16.     -M ref_genome/genome. fa \                          # 指定参考基因组
17.      $ 1\_1. fastq  $ 1\_2. fastq > $ outpath/ $ 1\. sam";  # 双端数据比对,生成一个 sam 文件
18.
19.   system "samtools view -hb $ outpath / $ 1\. sam > $ outpath/ $ 1\. sam";
20.   # 将 sam 转为 bam
21.   system "samtools sort -O bam -@ $ cpu -o $ outpath/ $ 1\_sorted. bam $ out_path/ $ 1. bam";
22.                                                         # 对 bam 进行排序
23.   system "samtools index $ out_path/ $ 1\_sorted. bam"    # 给 bam 文件创建索引
24.   }
25. }
26. closedir DIR;
```

除了比对参考基因组,上述代码还进行了从 SAM 文件到 BAM 文件的转换(第 19 行)、对 BAM 文件进行排序(第 21 行)以及为 BAM 文件创建索引(第 23 行)等操作。另外,在第 14 行还添加了 read group 信息,该信息描述了样品与样品所在文库的信息(测序平台、样品名称、测序公司等),是后续一些操作所必需的。

2. 标记/去除 PCR 重复

图 11.16 显示示例文库大概包含 1/4 的 PCR 重复,这主要是建库时 DNA 浓度较低所致。所以,实际上同一段 reads 会被多次测序,为后续变异检测带来偏差。一般情况下可以单纯标记这些 PCR 重复,后续其他工具会根据这些标记进行处理,但是建议直接去除。PCR duplicate 去除代码如下:

```
#!/usr/bin/perl

my $inpath = "bwa_mem";
my $outpath = "mark_dup";
mkdir "$outpath" unless -e "$outpath";

opendir DIR, $inpath;
my @files = readdir DIR;

for my $file(@files){
  if($file=~/(\w+_sorted)\.bam$/){
   system "gatk --java-options '-Xmx8G' MarkDuplicates -I $inpath/$file \      # 输入文件
   -O $outpath/$1.bam \                                                        # 输出文件
   -M $outpath/marked_dup_metrics_$1.txt \                                     # duplicate 的统计文件
   -REMOVE_DUPLICATES true \                                                   # 去除重复
   -VALIDATION_STRINGENCY LENIENT";                                            # 不对 BAM 文件要求过分严格
  }
}
closedir DIR;
```

3. 对碱基质量得分重新计算

这一部分包括两个步骤，第一步是对 reads 在 Indel 附近重新比对。这是因为 Indel 具备移位(displacement)特点，可能会导致后续的 SNP calling 出现假阳性，所以必须根据已知位置的 Indel(比如来自 dbSNP 数据库的公共数据，或者是所研究群体前期利用其他软件所确定的高质量 Indel)对其附近的 reads 进行重新比对，但如果后续将使用 GATK 的 haplotypecaller 工具进行变异检测则不需要这一步。因为 haplotypecaller 会同时进行高质量的Indel 检测，所以它呈现出的 SNP 也更精确，但是会牺牲大量的计算时间。另外，GATK4 已经不支持 Indel Realignment，本步骤将利用 GATK3 实现，代码如下：

```
#!/usr/bin/perl

my $inpath = "mark_dup";
my $outpath = "indel_realign";
mkdir "$outpath" unless -e "$outpath";

opendir DIR, $inpath;
my @files = readdir DIR;

for my $file(@files){
  if($file=~/(\w+_sorted)\.bam$/){
   system "java -Xmx8g -jar GenomeAnalysisTK.jar \         # GATK3 的使用方式
      -T IndelRealigner \                                  # 调用 Indel Realigner 工具
```

```
        -R genome.fa \                                    # 指定参考基因组
        -I $inpath/$file \                                # 读入输入的 bam 文件
        -o $outpath/$file\                                # 指定输出的 bam 文件
        -targetIntervals $outpath/$1.IndelRealigner.intervals \
                                                          # 输出 Indel Realigner interval
        -known ../dbSNP/pig_indel_build150.vcf";          # 从 dbSNP 下载的猪 indel 数据
  }

}

closedir DIR;
```

第二步是对 reads 中碱基质量的重新计算，尽管 FASTQ 文件中已经包含了测序公司反馈的碱基质量，但是计算碱基质量时的系统误差依然无法避免。一些工具(如 GATK)可以借助已有的 SNP 数据对这一系统误差进行最大限度的校正，这一步依然借助 GATK3 进行，因为 GATK4 已经不支持多线程操作，降低了效率，代码如下：

```
#!/usr/bin/perl

my $inpath = "indel_realign";
my $outpath = "bqsr";
mkdir "$outpath" unless -e "$outpath";
my $cpu = 24;

opendir DIR, $inpath;
my @files = readdir DIR;

 for my $file(@files){
   if($file=~/(\w+_sorted)\.bam$/){
    system "java -Xmx8g -jar GenomeAnalysisTK.jar \     # 进行碱基质量计算
    -T BaseRecalibrator \                               # 指定工具
    -R genome.fa \                                      # 指定参考基因组
    -I $inpath/$file \                                  # 指定输入文件
    -cov ReadGroupCovariate \
    -cov QualityScoreCovariate \
    -cov CycleCovariate \
    -cov ContextCovariate \
    -rf BadCigar \                                      # 以上几条都是一些过滤准则
    -o $outpath/$1.recal.table\                         # 输出碱基质量结果
    -knownSites ../dbSNP/pig_snp_build150.vcf \         # 有相关 SNP 数据作为参考
    -nct $cpu";                                         # 线程数

    system "java -Xmx8g -jar GenomeAnalysisTK.jar \     # 基于上一步的结果生成新 BAM
```

```
        -T PrintReads \                                   #指定工具
        -R genome.fa \                                    #指定参考基因组
        -I $inpath/$file \                                #指定输入文件
        -o $outpath/$1.bam \                              #输出文件
        -rf BadCigar \                                    #过滤条件
        -BQSR $outpath/$1.recal.table \                   #碱基质量结果
        -nct $cpu";                                       #线程数
    }

}
closedir DIR;
```

经过上面几个步骤的操作后已经具备了可以用于后续变异检测的 BAM 文件，存储于大数据管理平台，便用于后续基因组选择。

第 12 章 联合育种

【本章提要】 基因组预测的准确性随着参考群体规模的增加而提高。而参考群体的规模受到两个因素的限制:一是群体本身的规模较小,比如三元杂交商品猪生产体系中使用较少的父系种猪(如杜洛克猪)及母系父本种猪(如长白猪);二是基因组检测的成本较高使得群体中只有很少一部分个体能够被基因型分开。在这种情况下,合理开展跨场联合育种从而扩大参考群体的规模是一种可行的方法。正因如此,我国如同世界很多国家一样,启动了联合育种工作。而联合育种中,应该采用何种联合方式?采用何种联合遗传评估方法?如何解决数据安全的问题?本章将对这些问题进行探讨,并通过实例演示联合育种的具体操作方式。

目前,猪的育种工作主要存在三种模式:①集团育种。如温氏集团、史记生物等,一般规模很大,内部种猪需求量大,育种工作主要依靠内部联合;②专业育种。如上海祥欣等,专注种猪繁育及商品猪的生产,规模有限,但是往往专注某类品种(如终端父本),自成体系,但也与其他猪场联合;③联合育种,大多属于中小猪场之间联合,以扩大群体规模,提高遗传评估的准确性,通过跨场选种选配,达到降低留种率、提高遗传进展的目的。我国从 2010 年起全面推动猪的联合育种工作。

12.1 联合方式

12.1.1 繁育体系结构

根据国家统计局的统计结果,2014 年我国年出栏生猪量达到历史高峰,为 74 952 万头。以年出栏 7.5 亿头作为标准进行计算,假设曾祖代的公母比为 1∶25(大白猪为 1∶75),祖代和父母代的公母比为1∶275。每头曾祖代杜洛克母猪年生产 3 头杜洛克公猪,每头曾祖代长白母猪年生产 1.5 头长白公猪,每头曾祖代大白母猪年生产 4.5 头祖代大白母猪,每头祖代大白母猪年生产 5.25 头父母代长大二元杂种母猪,每头父母代长大二元杂种母猪年出栏商品猪 23 头。如此,繁育体系结构大致如图 12.1 所示。

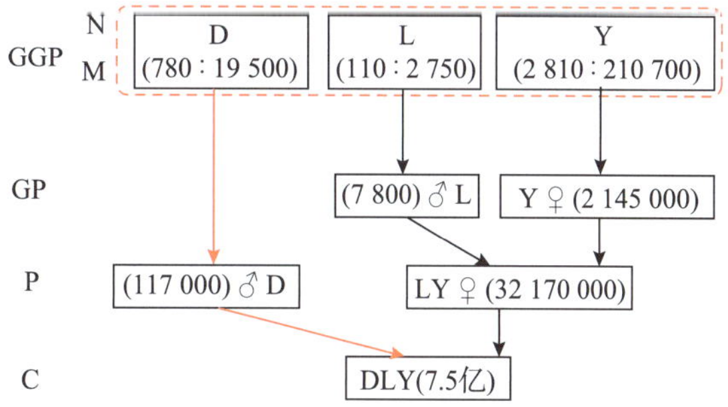

图 12.1 年出栏 7.5 亿头商品猪三元杂交体系结构

D 为杜洛克猪;L 为长白猪;Y 为大白猪

在此,祖代和父母代的母猪与公猪的比例是据表 12.1 推算的,即假设每头母猪年繁殖 2.25 窝,每窝使用 2 份精液,则 123 840/(2×2.25)≈27 520。在欧美发达国家,这一比例已经高达(300~400)∶1。我国实际生产中这一比例尚在 150∶1 左右,但随着人工授精的广泛应用，这一比例有望大大提高。

表 12.1　种公猪年生产精液量

	比例/%	采精次数/次	稀释份数/份	每月生产/份	每年生产/份
＜12 月龄	14.0	3	12	504	6 048
12～14 月龄	13.5	4	12	648	7 776
14～18 月龄	25.0	6	15	2 250	27 000
18～24 月龄	34.5	8	18	4 968	59 616
24～36 月龄	13.0	10	15	1 950	23 400
	100.0			10 320	123 840

由此可知，在该繁育体系之中，不同品种、性别的猪所扮演的角色不同：①对父母代二元杂种母猪而言，长白猪和大白猪分别提供 50％的遗传基础，因而影响其 50％的繁殖性能。②对商品代三元杂种而言，杜洛克猪贡献 50％的遗传基础，长白猪和大白猪则各贡献 25％的遗传基础，因而对商品猪生产性能的影响也分别为 50％、25％和 25％。③在祖代，一头长白公猪可与 275 头大白母猪交配，影响约 1 440 头父母代母猪的繁殖性能，即其效应可以放大 720 倍；在父母代，一头杜洛克公猪平均可以与 275 头长大二元杂种母猪交配，影响约 6 325 头杜长大商品猪的生产性能，即其效应可以放大 3 160 多倍。所以需要明确，联合育种对杜洛克猪、长白猪、大白猪同等重要，但是跨场选种选配最主要的是跨场选育公猪。

12.1.2　大白猪的联合育种模式

根据“全国种猪遗传评估中心”统计，我国 2022 年 1—6 月 93 家国家级核心育种场平均存栏大白猪规模如图 12.2 所示，基础母猪总体规模达到 109 805 头，几近繁育体系中育种群与扩繁群的一半，其中超过 600 头的猪场有 74 家。经过分析可知：①我国的大白猪来源丰富，但是育种群(N)与扩繁群(M)乃至祖代群(GP)缺乏明确区分。②由图 12.1 可见，曾祖代与祖代(GGP＋GP)母猪需求量很大，猪场更关心纵向联合(N→M→GP)以期销售更多母猪。③育种群(N)种猪倾向自繁自留而非横向联合、跨场选种，以致场间缺乏必要的遗传联系，无法有效开展跨场遗传评估。④GGP 种公猪需求量很少，但作用很大。

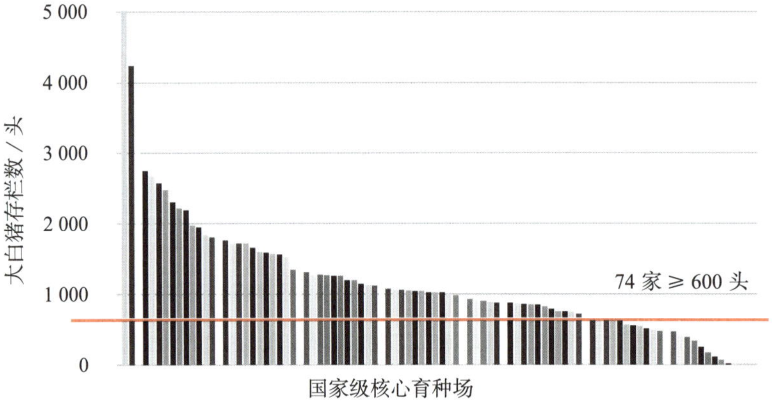

图 12.2　2022 年 1—6 月国家级核心育种场大白猪存栏情况

鉴于这一现状，建议大白猪采取下列联合育种方式(图 12.3)：①区域内或跨区域种猪来源类似的大白猪核心育种场成立联盟，共建参考群体。②联盟内各大白猪育种场在本场内进行场内测定，并实行跨场联合遗传评估，同时确保生物安全。这种做法的优点是测定群体规模很大，后备总数很多，从而使留种率尤其是种公猪的留种率很低。对大白猪不鼓励联盟单独建育种场。③联盟内各大白猪育种场共享种公猪或者精液，具体办法是既可以将跨场遗传评估获得优秀种公猪留在本场使用并向联合育种各场供应精液，也可在各场测定并在遗传评估完成后集中到共建的总公猪站统一使用。母猪可以共享或者自留，并提供给扩繁场和祖代场。④联盟内各育种场应提供其下属育种场、祖代场、父母代场的繁殖性能等信息。

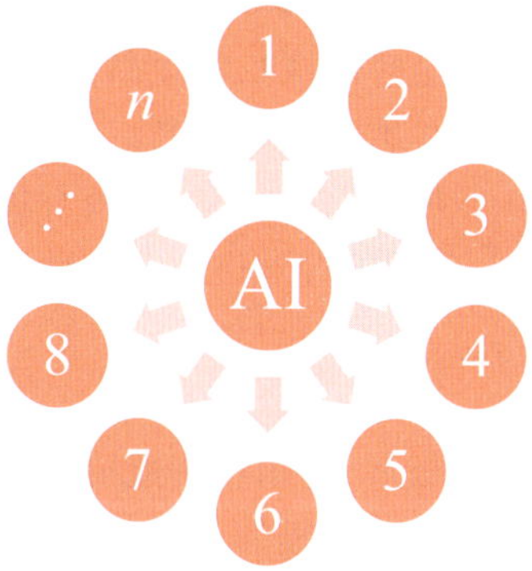

图 12.3 大白猪核心育种场联合育种方式

采用这一联合育种方式，最大的作用是各场可以通过基因组的检测建立起相互间的遗传联系，而且因为种猪来源相同，遗传联系可能大到可以实现跨场遗传评估，进而通过共享精液进一步增大相互间的遗传联系，从而使联合育种有机运行起来。这是解决当前联合育种因为遗传联系问题而停步不前的有效手段。

这种联合育种方式可通过跨场选择种猪，尤其是公猪，降低留种率，提高遗传进展。对此，下例可以说明。

如果将 18 月龄前的公猪用于核心育种场育种，平均每头公猪可配母猪数为 176 头。实际生产当中育种群的公母比例为(1：10)～(1：25)。为了方便，在此假定 1 头公猪可与 17.6 头母猪交配，即公猪的潜力远未发挥出来。跨场选择时，1 头公猪可配 176 头母猪，总的公猪数累计只需原来的 1/10。如果几家核心场通过人工授精共享种公猪，总留种率相当于原来的 1/10，根据下式可得其遗传进展：

$$\Delta G_t = \frac{\Delta G}{L} = \frac{\sigma_A i r_{AI}}{L}$$

由此可得，遗传进展与选择强度成正比(即与留种率成反比)，与世代间隔成反比。假设原来公猪的留种率为 1%，现变成 0.1%，据表 12.2 所示，公猪选择强度 i 将由 2.660 提高到 3.400。假设原来公猪的使用年限为 24 个月，现变成 18 个月，则世代间隔也将大大缩短。

表 12.2 选择强度与留种率间的关系

留种率 P/%	选择强度 i	留种率 P/%	选择强度 i	留种率 P/%	选择强度 i
0.1	3.400	15	1.554	70	0.497
0.5	2.900	20	1.400	80	0.350
1.0	2.660	30	1.159	85	0.274
2.0	2.420	40	0.966	90	0.195
5.0	2.064	50	0.798	95	0.109
10	1.755	60	0.644	100	0

而将 12 月龄前的公猪用于核心育种场育种使用，平均每头公猪可配母猪数为 96 头。实

际生产当中公母比为(1∶10)～(1∶25),在此假定1∶16,则总的公猪累计使用数只需原先的1/6,选择强度也将提高。同时公猪世代间隔将进一步缩短,根据遗传进展公式可知选择反应还将更大幅度地提高。

同样重要的是,各核心场留种公猪若在12月龄前完成自家配种并再为合作场提供精液后,还可以对外作为优秀种猪进行销售或提供服务。

12.1.3 长白猪的联合育种模式

根据"全国种猪遗传评估中心"统计,我国2022年1—6月93家国家级核心育种场平均存栏长白猪规模如图12.4所示,基础母猪总体规模达到35 523头,超过严格采用杜长大三元杂交繁育体系时对长白猪的需求量(参见图12.1)。超过300头的猪场仅有38家,其中超过600头的猪场仅有18家,而当规模小于600头,对于一个母系品种,要改良繁殖性能是困难的。研究发现还存在下列问题:①来源多样,且有的是以母系父本引进,有的是以母系母本引进。②多数猪场因为群体规模有限,繁而不育,或者选择效果有限,主要自用于与大白猪生产长大二元杂种母猪或者搭配大白猪销售,影响父母代与商品代的生产性能。

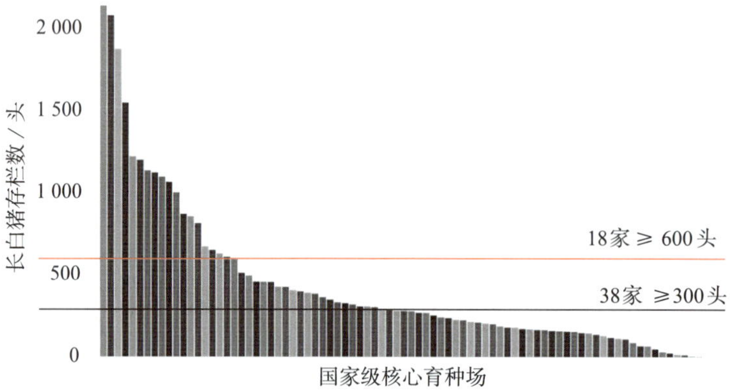

图12.4　2022年1—6月国家级核心育种场长白猪存栏情况

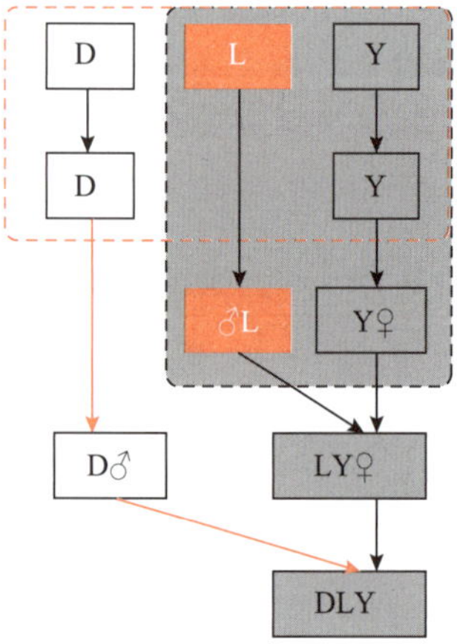

图12.5　长白猪的联合育种模式

鉴于此,建议长白猪的联合育种模式(图12.5)如下:①区域性的核心育种场成立联盟,在现有群体的基础上共建参考群体以增加参考群体的适用性,建好后不再饲养长白母猪。②联盟合建单独的专门化长白猪育种场(N),开展"常规+分子"育种并且确保生物安全。③专门化的长白猪育种场直接向联盟下属的猪场及区域内其他的祖代场提供种公猪,或由联盟再建一个种公猪站提供精液。④联盟的祖代场与父母代场应向长白猪育种场提供二元杂种母猪的繁殖性能等信息。

因为长白猪基础母猪群规模不需太大但是影响重大,建议国家高度重视长白猪育种场的区域布局及其联合育种(共享母猪、种公猪或精液)。国家也应支持依托长白猪育种场的种公猪站建设,约束曾祖代场对长白猪只繁不育的行为,并使祖代场直接使用精液。

由于长白猪基础母猪群规模不需太大，其选择进展将受一定的影响，因此应鼓励探索不同杂交配套组合。例如，美系杜洛克猪×(美系大白猪×欧系长白猪)或美系杜洛克猪×(美系大白猪×欧系大白猪)。

12.1.4 杜洛克猪的联合育种模式

根据"全国种猪遗传评估中心"统计，我国 2022 年 1—6 月 93 家国家级核心育种场杜洛克猪存栏情况如图 12.6 所示，基础母猪总体规模达 20 801 头，超过三元杂交繁育体系对杜洛克猪的需求量(参见图 12.1)，但是其中超过 300 头的猪场仅有 22 家。研究后可以发现存在下列问题：①育种群总体规模已够，但是分布不匀。单个企业规模偏小，多数繁而不育。②饲养的主要目的是自用，即与长大二元杂种母猪杂交生产商品猪，或者搭配长大二元杂种父母代母猪销售。

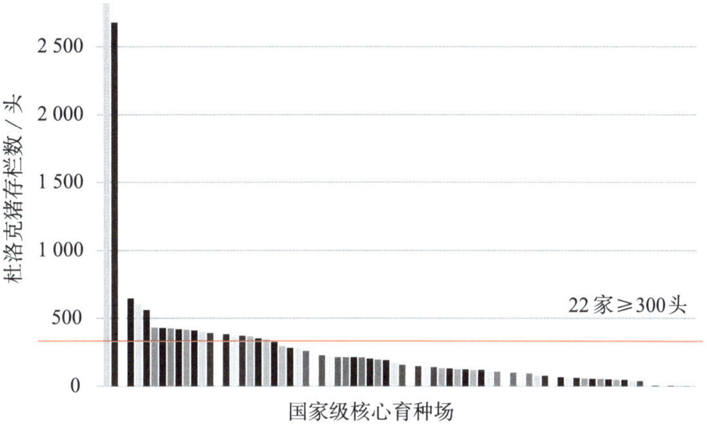

图 12.6 2022 年 1—6 月国家级核心育种场杜洛克猪存栏情况

鉴于此，建议杜洛克猪的联合育种采用如下两种模式(图 12.7)。

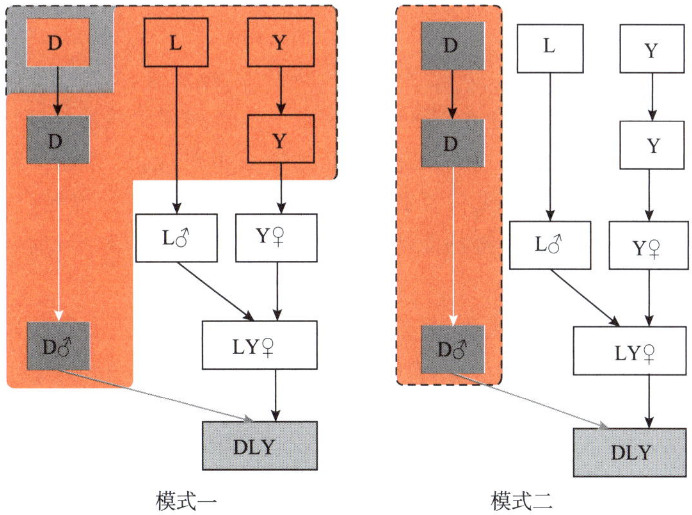

图 12.7 杜洛克猪联合育种模式

模式一:①区域内建立国家级核心育种场联盟,在现有群体的基础上共建参考群体以增加参考群体的适用性。②联盟设立专门化杜洛克猪育种场,开展“常规+分子”育种,并且确保生物安全,向扩繁群和父母代场提供种公猪或精液。③各核心场建扩繁群,只饲养母猪且少量自行更新,不留公猪,向父母代场提供种公猪或精液。④联盟下属商品场向育种场提供信息。

模式二:①区域内由专门化杜洛克猪曾祖代场自行构建参考群体,将常规育种与分子育种相结合,并且确保生物安全。②曾祖代场直接向区域内父母代场提供种公猪,或建种公猪站提供精液(首选)。③商品场向曾祖代场提供生产性能信息。④区域内的核心育种场不再饲养杜洛克公猪。

实际生产中可将上述两种模式配合使用。

12.1.5　种猪繁育区域布局

猪的遗传改良关乎国计民生,因而属于国家工程。尤其是在非洲猪瘟暴发之后,确保猪种资源安全必须纳入国家统筹之中。在此,关键一点是要做好种猪繁育区域布局。

农业农村部曾于2016年4月8日发布了《全国生猪生产发展规划(2016—2020年)》(以下简称《规划》)。《规划》综合考虑环境承载能力、资源禀赋、消费偏好和屠宰加工等因素,充分发挥区域比较优势,将全国划分为重点发展区、约束发展区、潜力增长区和适度发展区四类发展区域。

(1)重点发展区　包括河北、山东、河南、重庆、广西、四川、海南七省(自治区、直辖市)。作为我国传统生猪主产区,该区域养殖总量大、调出量大,在满足本区域需求的同时,还要供应上海、江苏、浙江和广东等沿海地区。其主要任务是:依托现有发展基础,加快产业转型升级,提高规模化、标准化、产业化、信息化水平;加强粪便综合利用;完善良种繁育体系;扩大屠宰加工能力,加强冷链物流配送体系建设,推进生猪“就近屠宰、冷链配送”经营方式;提高综合生产能力和市场竞争力;开发利用地方品种资源,打造地方特色生猪养殖产业。

(2)约束发展区　包括北京、天津、上海等大城市和江苏、浙江、福建、安徽、江西、湖北、湖南、广东等南方水网地区。该区域受资源环境条件限制,生猪生产发展空间受限,未来区域养殖总量保持稳定。

(3)潜力增长区　包括东北地区(辽宁、吉林、黑龙江)和云南、贵州两省。该区域发展环境好,增长潜力大,一批产业化龙头企业在区域内建立了生产和加工基地。该区域的生猪生产发展在满足本区域需求的同时,可重点满足京、津等大中城市供应,是我国猪肉产量增长的主要区域。潜力增长区的主要任务是:发挥资源优势,建设一批高标准种养结合养殖基地;做大做强屠宰加工龙头企业,提升肉品冷链物流配送能力,实现产、加、销对接;加强良种繁育体系建设,保障种源供给。

(4)适度发展区　包括山西、陕西、甘肃、新疆、西藏、青海、宁夏七省(自治区)。该区域地域辽阔,土地资源和农副产品资源丰富,农牧结合条件较好,但是生猪养殖基础薄弱,部分省区水资源短缺。该区域的主要任务是:积极引导大型企业、集团建设养殖基地,推进适度规模养殖和标准化屠宰,推广先进高效适用养殖技术,提高生产水平;坚持农牧结合,推行生态养殖;突出区域特色,打造知名品牌,支持整合培育本土特色全产业链龙头企业,形成高效带动能力,发展优质高端特色生猪产业。

种猪繁育固然是为商品猪生产服务,二者密不可分,但是种猪繁育规模小、作用大,生物安全是重中之重。因而其布局在兼顾肉猪生产的同时,应考虑种猪繁育的区域布局。

由此预见,一段时间之内,限制猪流、物流、人流可能是防范非洲猪瘟最有效的手段。为此,在我国西北地区(尤其新疆、甘肃等地)建立国家种猪繁育基地(西繁基地),进而建立起一个联合育种、用种体系,是一个值得考虑的选择。该方案的优势如下:

(1)我国西北地区地广人稀,猪流、物流、人流相对更易控制,对于防制非洲猪瘟更加有效。

(2)西繁基地主要承担了利用基地内后备种猪的基因组信息及其他地区测定的参考群体信息进行基因组预测,进而进行种猪选择,对外供应种猪尤其是种公猪与精液的任务。其他地区承担生产性能测定任务并为西繁基地基因组选择提供更加接近用种环境的参考群体信息。

(3)为了防制非洲猪瘟,可以采取轮回杂交生产父母代母猪的做法。此时繁育体系如图12.8所示,而这更加彰显建立西繁基地对种猪生物安全的保障作用。

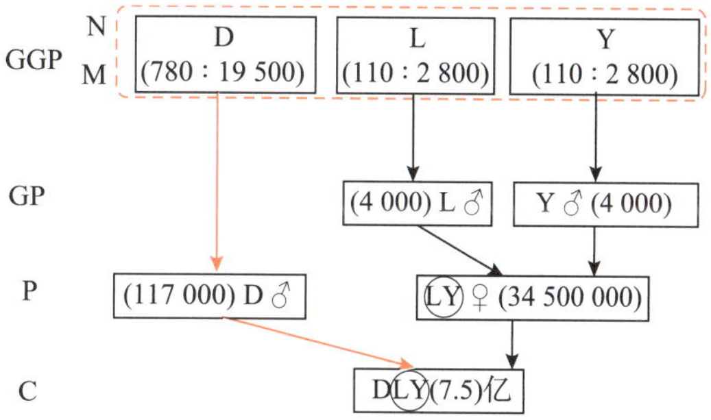

图 12.8 商品猪轮回杂交模式

(4)尽管西部地区各繁育场间距离遥远,但在人工授精技术包括冻精技术日益发展、普及的今天,已不是大的障碍。相反,精液在非洲猪瘟检测及防制上更易操控。

12.2 基于基因组的跨场亲缘关系矩阵

所谓联合育种是指将具有相同的或类似的育种群体组合起来形成一个大的核心群,该核心群具有统一的性能测定制度与数据记录方法,可以统一进行遗传评估。处于联合育种体系的各家猪场必须按照统一的表型测定方法进行性能测定,当前对于表型测定国家已经制定了相关标准,而问题的关键是如何构建猪场间的遗传联系。在基因组时代到来之前,遗传联系的构建必须保证场间存在基因交流,如通过引种、人工授精等方式进行,但是在实施中,由于缺乏统一的调配与组织制度,且卫生防疫压力的增大而难以推进。基因组时代的到来使得我们可以通过遗传标记来反映场际个体的亲缘关系,使得联合育种的开展成为可能。接下来将介绍基于基因组数据进行亲缘关系矩阵构建的方法。

12.2.1 直接构建

所谓的直接构建是指利用第 4 章中相关方法,将不同猪场的个体放到一起作为一个新的群体直接构建 **G** 矩阵。这种方法最简单、直接,但是没有考虑各个猪场在遗传上的异质性。比如,虽然各猪场品种相同(如都是杜洛克猪),但是品系不同(如加系、美系、法系等),这时不同群体在等位基因频率上存在差异,统一把它们视为一个大的群体进行计算往往忽视了这种差异,并没有反映真实的情况。

12.2.2 兼顾各群体遗传结构的构建方法

Waide 等(2017)提出了一种兼顾各群体异质性的 $\boldsymbol{G}$ 矩阵构建方法,假设有 2 个群体,则 2 个群体所有个体之间的基因组亲缘关系矩阵可以使用下式进行计算:

$$G=\begin{bmatrix} G_{11} & G_{12} \\ G_{21} & G_{22} \end{bmatrix}=\begin{bmatrix} \dfrac{W_1W_1'}{\sum_{i=1}^{m}2p_{1i}(1-p_{1i})} & \dfrac{W_1W_2'}{\sqrt{\sum_{i=1}^{m}2p_{1i}(1-p_{1i})}\sqrt{\sum_{i=1}^{m}2p_{2i}(1-p_{2i})}} \\ \dfrac{W_2W_1'}{\sqrt{\sum_{i=1}^{m}2p_{1i}(1-p_{1i})}\sqrt{\sum_{i=1}^{m}2p_{2i}(1-p_{2i})}} & \dfrac{W_2W_2'}{\sum_{i=1}^{m}2p_{2i}(1-p_{2i})} \end{bmatrix} \tag{12.1}$$

式中：G_{11}、G_{22}与G_{12}分别对应群体 1 内部、群体 2 内部以及群体 1 与群体 2 之间的个体基因组亲缘关系矩阵；W_1 与 W_2 的定义与式(4.5)中的 W 矩阵定义相同；p_1 与 p_2 分别对应两个群体内部 SNP 位点的等位基因频率。有研究借助模拟数据证明，使用式(12.1)中的方法构建的 G 矩阵可以非常准确地反映群体间的遗传联系。

12.3 多群体基因组选择

为了进一步提升基因组选择的准确性，借助跨场联合育种的方式开展基因组选择可以扩大参考群体规模，进而提升基因组选择对育种值估计的准确性。但是早期的跨群体甚至跨品种基因组选择在实际操作中往往基于一个不太成熟的假设，即标记的效应在不同群体中是相同的。对于亲缘关系非常近的群体来讲，这一假设还算可靠；对于不同品系乃至不同品种来讲，很难保证同一个遗传标记在所有群体的效应都相同，这是因为不同群体的连锁不平衡(LD)模式不尽相同。比如同样的一个标记，在某一群体中可能与一个影响性状的基因(QTL)紧密连锁，其效应就比较大，但是在另一个群体中由于连锁模式不同，可能不与该 QTL 连锁，效应微乎其微，此时再按照原始的假设进行联合，基因组选择准确性可能就较差。下面将介绍两种基于式(12.1)所构建的 G 矩阵进行联合基因组选择的方法。

12.3.1 多性状、单一亲缘关系矩阵模型

为了解决 LD 模式不同导致的多群体联合基因组选择准确性差的问题，有研究将两个群体的同一性状作为两个存在遗传相关的不同性状考虑，统一放到一个多性状模型中进行计算，意味着该模型允许同一性状在不同群体中的遗传相关小于 1。理论上，这一方法至少不会比基于单一群体本身的单性状模型选择的准确性差。假设针对两个不同的群体进行联合基因组选择，其具体模型同第 7 章多性状模型。

该模型与第 8 章中利用双性状模型探究遗传与环境互作的模型非常类似。同样，也可以估计此时两个性状的遗传相关，遗传相关越低，说明两个群体的遗传结构差异越大。

12.3.2 多性状、双亲缘关系矩阵模型

群体间的遗传结构差异主要体现在标记对 QTL 的连锁程度上，而如果我们能够把与性状相关的真实 QTL 放到模型中，则可以更好地对多群体联合基因组选择的实际情况进行建模。受这一思路启发，有研究人员提出了利用两个亲缘关系矩阵进行多群体基因组选择的方

法，其具体模型如下：

$$\begin{bmatrix} \boldsymbol{y}_1 \\ \boldsymbol{y}_2 \end{bmatrix} = \begin{bmatrix} \boldsymbol{X}_1 & \boldsymbol{0} \\ \boldsymbol{0} & \boldsymbol{X}_2 \end{bmatrix} \begin{bmatrix} \boldsymbol{\beta}_1 \\ \boldsymbol{\beta}_2 \end{bmatrix} + \begin{bmatrix} \boldsymbol{Z}_{11} & \boldsymbol{0} \\ \boldsymbol{0} & \boldsymbol{Z}_{12} \end{bmatrix} \begin{bmatrix} \boldsymbol{a}_{11} \\ \boldsymbol{a}_{12} \end{bmatrix} + \begin{bmatrix} \boldsymbol{Z}_{21} & \boldsymbol{0} \\ \boldsymbol{0} & \boldsymbol{Z}_{22} \end{bmatrix} \begin{bmatrix} \boldsymbol{a}_{21} \\ \boldsymbol{a}_{22} \end{bmatrix} + \begin{bmatrix} \boldsymbol{e}_1 \\ \boldsymbol{e}_2 \end{bmatrix} \tag{12.2}$$

与多性状、单一亲缘关系矩阵模型相比，该模型将加性遗传效应分为了两个部分，其中 $\boldsymbol{a}_{1i}$ 是基于与性状相关联的 QTL 所贡献的加性遗传效应，$\boldsymbol{a}_{2i}$ 则是基因组上扣除 QTL 后剩下的 SNP 所贡献的加性遗传效应。相应地，这两个效应所对应的亲缘关系矩阵依然皆由式(12.1)进行计算，只是前者基于 QTL 进行计算，后者基于剩余 SNP 进行计算。对于式(12.2)，难点在于如何获得与性状相关的 QTL。一方面，可以借助已有的先验知识，比如 QTL 数据库来确定；另一方面，可以对两个群体分别进行 GWAS 获得可能的 QTL。值得一提的是，在这种情况下，较为稀疏的 SNP 芯片不一定能有助于找到性状相关的 QTL，可能需要借助第 10 章中所提到的基因型填补来辅助提升 SNP 数据的密度，从而提高定位 QTL 的可能。

尽管使用多性状模型可以更好地处理多群体基因组选择所面对的群体遗传结构异质性的问题，但是该模型的计算复杂度较高，尤其群体数量一旦增多，所处理的性状太多，计算压力就会骤增。而且，由于所有动物都只能有一个群体的表型值，可能会出现模型无法收敛的情况，这些问题依然是该领域需要攻克的难点。

12.4 实例演示

本节将基于潘玉春团队所开发的 PyAGH 软件演示多群体亲缘关系矩阵构建的方法，并利用模拟数据演示一个具体的多群体基因组选择案例。

12.4.1 利用 PyAGH 软件构建多群体亲缘关系矩阵

PyAGH(https://github.com/zhaow-01/PyAGH)是潘玉春课题组开发的一款能够利用大规模基因组数据计算各类亲缘关系矩阵的 Python 模块。实际上，当前有很多可以利用式(4.5)对基因组数据计算个体之间亲缘关系矩阵的软件，比如 GCTA、AGHmatrix 等，但是这些软件并不支持多群体基因组亲缘关系矩阵的构建。除此之外，对于第 5 章所介绍的 $\boldsymbol{H}$ 矩阵，虽然当前只有 AGHmatrix 软件包可以计算，但是其支持的数据量很小。因此，PyAGH 软件开发的目的就是一方面支持多群体亲缘关系矩阵的计算，另一方面可以基于稀疏矩阵的算法支持大规模数据构建 $\boldsymbol{H}$ 矩阵与 $\boldsymbol{G}$ 矩阵，下面将演示如何利用该软件进行多群体亲缘关系矩阵的构建。

```
    #注意此代码需要在 Python3 环境下运行
    import PyAGH
    #加载 PyAGH 内置的样例数据，该样例数据包括 4 个个体，每个个体具有 100 个标记，格式为 plink 软
件的 traw 格式
    genofile = PyAGH.loadEgGeno()
    #method = 2 表示使用跨群体的 G 矩阵构建方法，n1 和 n2 表示每个群体中的分型个体数量，详细请参
考 PyAGH 说明文档
    G = PyAGH.makeG(File = genofile,method = 2,File_list = False,n1 = 2,n2 = 2)
```

利用上述代码构建的 4 个个体之间的亲缘关系矩阵如表 12.3 所示。

表 12.3 利用 PyAGH 计算的个体间亲缘关系矩阵

	IND1	IND2	IND3	IND4
IND1	0.963	−0.963	0.484	−0.484
IND2	−0.963	0.963	−0.484	0.484
IND3	0.484	−0.484	0.764	−0.764
IND4	−0.484	0.484	−0.764	0.764

12.4.2 多群体基因组选择案例

本例将利用基于 QMSim 模拟的 2 个群体(Herd1 与 Herd2)的基因型和表型数据进行多群体基因组选择演示。

在 QMSim 的模拟过程中,首先模拟一个持续时间为 2 000 个世代的历史群体(HP),并通过设置一定的瓶颈使群体具有一定的连锁不平衡。在第 2 000 个世代,可从 HP 中抽取 100 头公猪与 100 头母猪,令其随机交配产生 12 个世代,通过设置窝的大小为 10 对群体规模进行扩充,因此这一阶段的群体成为扩充群体(EP)。在 EP 的第 12 个世代,从该群体中抽取表型值最高的 20 头公猪与 400 头母猪构成 Herd1 的祖先群,选择表型值最小的 20 头公猪与 400 头母猪构成 Herd2 的祖先群,从而形成 2 个近世群体(RP)。

对于 Herd1 与 Herd2 来讲,令其在 RP 阶段的第 1 个世代共享一头公猪,从而形成一定的遗传联系,在此后的 11 个世代中,两群体利用 BLUP 进行独立选择,其中公猪世代间替换率为 100%,母猪为 40%。最终,选择 RP 阶段第 12 个世代的表型与基因型数据进行演示。

除此之外,模拟性状的遗传力为 0.28,基因组参数保持与真实猪基因组大小相同的水平,即每个染色体平均长度为 100 cM,标记密度与 60k SNP 芯片的标记结果相近。

基于上述两群体的模拟数据,将选择 Herd1 中的 160 个个体作为验证数据集,利用多群体与单一群体进行基因组选择,分别预测其基因组育种值,并对比两种方法的准确性,具体代码如下:

```
#载入第三方计算包,如果未安装,请使用 install.packages 函数自行安装
library(learnasreml)
library(sommer)
随后,利用下面的代码读入数据:
#请通过我们提供的链接(http://alphaindex.zju.edu.cn)下载数据后再运行此代码
path<-"book_example/r_QMsim"        #下载的数据存储的文件夹的位置
setwd(path)
#读入表型和基因型数据
Herd1_data<-read.table(file= "Herd1_data_003.txt", header = T) ##读入表型文件
Herd2_data<-read.table(file= "Herd2_data_003.txt", header = T) ##读入表型文件
Herd1_mrk_data<-read.table(file= "Herd1_mrk_003.txt", header = F, skip = 1) ##读入基因型文件
Herd1_mrk_data<-Herd1_mrk_data[c(1601:2400),] ###每个群体取最后一代中的 800 个个体
Herd2_mrk_data<-read.table(file= "Herd2_mrk_003.txt", header = F, skip = 1)
Herd2_mrk_data<-Herd2_mrk_data[c(1601:2400),]
```

首先，载入 2 个计算所用的 R 语言包裹，其中 learnasreml 是为了方便将 ***G*** 矩阵转换成 DMU 所需的格式，而 sommer 则可以快速计算 ***G*** 矩阵。值得注意的是，这里没有使用 PyAGH 包计算得到的多群体亲缘关系矩阵进行基因组选择，而是选择直接将两群体进行合并构建亲缘关系矩阵的常规方法。

然后，采用多群体基因组选择的策略对 Herd1 群体中的 160 个个体的育种值进行预测，为了评估准确性，掩盖其表型。同时，为了方便后续利用 DMU 进行遗传评估，可以将其表型值设为“－999”，即为缺失，具体可见下面的代码：

```
#掩盖产生验证群体
dir.create(paste0(path,"/dmu_gblup_double"))
setwd(paste0(path,"/dmu_gblup_double/"))
Herd1_phe_mask<-Herd1_data[(nrow(Herd1_data)-799):nrow(Herd1_data),]
phe_tbv<-Herd1_phe_mask[c(641:800),c(1,13)] ###160 个个体作为验证群体
Herd1_phe_mask[c(641:800),10]<-"-999"  ###将验证群体的表型掩盖
Herd2_phe<-Herd2_data[(nrow(Herd2_data)-799):nrow(Herd2_data),]
phe_herd1_2<-rbind(Herd1_phe_mask[,c(1,4,10,13)],Herd2_phe[,c(1,4,10,13)])
phe_herd1_2[phe_herd1_2 = = "M"]<-"2"
phe_herd1_2[phe_herd1_2 = = "F"]<-"1"
phe_out<-cbind(1,phe_herd1_2)
write.table(x = phe_out,file = "phe.txt",row.names = F, col.names = F,quote = F)
```

接着，将基因型转换为 0、1、2 编码的格式，并利用 A. mat 计算其亲缘关系矩阵，由于 DMU 在计算 GBLUP 时需要该矩阵的逆矩阵，所以可使用 solve 函数进行矩阵求逆。

```
#将 QMsim 生成的基因型文件格式转成 0、1、2 编码
Herd1_Herd2_geno<-rbind(Herd1_mrk_data, Herd2_mrk_data)
Herd1_Herd2_mrk_data<-Herd1_Herd2_geno[, 2:ncol(Herd1_Herd2_geno)]
Herd1_Herd2_mrk_data_odd_line<-Herd1_Herd2_mrk_data[, seq(1, ncol(Herd1_Herd2_mrk_data), by = 2)]
Herd1_Herd2_mrk_data_even_line<-Herd1_Herd2_mrk_data[, seq(2, ncol(Herd1_Herd2_mrk_data), by = 2)]
Genotype_code_0_1_2<-(Herd1_Herd2_mrk_data_odd_line-1) + (Herd1_Herd2_mrk_data_even_line-1)
#构建 G 矩阵和 G 逆矩阵
rownames(Genotype_code_0_1_2)<-Herd1_Herd2_geno[,1]
G_matrix = A.mat(as.matrix(Genotype_code_0_1_2-1))
diag(G_matrix) = diag(G_matrix) + 0.01
G_solve<-solve(G_matrix)
Ginv1 = write_relation_matrix(G_solve,type = "none")
id_pair1<-cbind(c(1:1600),Herd1_Herd2_geno[,1])
colnames(id_pair1)<-c("Row","row")
id_pair2<-cbind(c(1:1600),Herd1_Herd2_geno[,1])
colnames(id_pair2)<-c("Column","column")
g1<-merge(Ginv1,id_pair1,by = "Row",all.x = TRUE)
g2<-merge(g1,id_pair2,by = "Column",all.x = TRUE)
```

```
Ginv<-g2[,c("row","column","coeff")]
Ginv<-rbind(c(0,0,determinant(G_solve)$modulus),Ginv)
write.table(x = Ginv,file = "Ginv",row.names = F, col.names = F)
```

接下来利用 R 语言自带的 system 函数调用系统中的 DMU 软件进行遗传评估，此例中的 DIR 文件可以在提供的网站(http://alphaindex.zju.edu.cn)中进行下载，具体代码如下：

```
#直接调用 DMU 估计 GEBV,读者也可以自行利用本书提供的 DIR 文件计算
system(paste0("dmu1 <gblup.DIR>gblup.lst"))
system(paste0("dmuai >>gblup.lst"))
```

DMU 计算完成后，可以读入其生成文件 SOL，提取验证群体的 GEBV，并与其真实表型值计算相关系数作为准确性。如果读者使用本书提供的数据，可以计算出此准确性的值为 0.56。

```
##计算准确性
sol_all_gblup<-read.table("SOL",header = F)
ebv_all_gblup<-sol_all_gblup[sol_all_gblup[,1] = = 3, c(5,8)]
colnames(ebv_all_gblup)<-c("Progeny","ebv")
gblup_matrix<-merge(phe_tbv,ebv_all_gblup,by = 'Progeny',all.x = TRUE)
cor_gblup<-cor(gblup_matrix[,2],gblup_matrix[,3])
```

接下来按照类似的流程计算验证群体的 GEBV，此时只利用单一群体(Herd1)作为参考群体进行预测，具体代码如下：

```
#单个群体 GBLUP
##数据准备
dir.create(paste0(path,"/dmu_gblup_single"))
setwd(paste0(path,"/dmu_gblup_single/"))
phe_single_gblup<-Herd1_phe_mask[,c(1,4,10,13)]
phe_single_gblup[phe_single_gblup = = "M"]<-"2"
phe_single_gblup[phe_single_gblup = = "F"]<-"1"
phe_out_s_gblup<-cbind(1,phe_single_gblup)
write.table(x = phe_out_s_gblup,file = "phe.txt",row.names = F, col.names = F,quote = F)
##将 QMsim 生成的基因型文件格式转成 012 编码
Herd1_geno<-Herd1_mrk_data[,2:ncol(Herd1_mrk_data)]
Herd1_geno_odd_line<-Herd1_geno[, seq(1, ncol(Herd1_geno), by = 2)]
Herd1_geno_even_line<-Herd1_geno[, seq(2, ncol(Herd1_geno), by = 2)]
Genotype_herd1<-(Herd1_geno_odd_line-1) + (Herd1_geno_even_line-1) #012 编码
rownames(Genotype_herd1)<-Herd1_mrk_data[,1]
##构建 G 矩阵和 G 逆矩阵
G_matrix_herd1 = A.mat(as.matrix(Genotype_herd1-1))
diag(G_matrix_herd1) = diag(G_matrix_herd1) + 0.01
G_single_solve<-solve(G_matrix_herd1)
```

```
Ginv_single_g = write_relation_matrix(G_single_solve,type = "none")
id_pair1_herd1<-cbind(c(1:800),Herd1_mrk_data[,1])
colnames(id_pair1_herd1)<-c("Row","row")
id_pair2_herd1<-cbind(c(1:800),Herd1_mrk_data[,1])
colnames(id_pair2_herd1)<-c("Column","column")
g1_herd1<-merge(Ginv_single_g,id_pair1_herd1,by = "Row",all.x = TRUE)
g2_herd1<-merge(g1_herd1,id_pair2_herd1,by = "Column",all.x = TRUE)
Ginv_herd1<-g2_herd1[,c("row","column","coeff")]
Ginv_herd1<-rbind(c(0,0,determinant(G_single_solve) $ modulus),Ginv_herd1)
write.table(x = Ginv_herd1,file = "Ginv",row.names = F, col.names = F)
##DMU 估计 EBV
system(paste0("dmu1 <gblup.DIR>gblup.lst"))
system(paste0("dmuai >>gblup.lst"))
##计算准确性
sol_all_gblup_single<-read.table("SOL",header  = F)
ebv_all_gblup_single<-sol_all_gblup_single[sol_all_gblup_single[,1] = = 3, c(5,8)]
##gblup 以 3 开头
colnames(ebv_all_gblup_single)<-c("Progeny","ebv")
gblup_single_matrix<-merge(phe_tbv,ebv_all_gblup_single,by = 'Progeny',all.x = TRUE)
cor_gblup_single<-cor(gblup_single_matrix[,2],gblup_single_matrix[,3])
```

同样如果读者使用本书提供的数据，可以计算出此时准确性为 0.47，相比较多群体而言，此时单一群体进行预测的准确性有所下降。

第 13 章 网络平台

【本章提要】 本章首先介绍了潘玉春团队开发的猪基因组选择在线分析平台，包括了对来自各种密度芯片、简化测序、全基因组测序的遗传标记进行填补的猪单体型资源和用于基因组选择的表型数据资源。进而简要介绍了猪基因组选择在线分析平台的应用，包括基因组填补平台的使用、猪场生产管理、育种值计算、同态加密基因组选择等。

为更好地开展猪基因组选择，开发配套的猪基因组选择软件和网络平台十分必要。目前，全国种猪遗传中心等均在开展相关工作，潘玉春团队也开发了猪基因组选择在线分析平台——Alpha index（http://alphaindex.zju.edu.cn/）。该平台包含了基因型数据填充、gEBV估计、选择指数构建等模块，相关数据信息进行定期更新完善。下面就平台中包含的信息和使用方法进行简单介绍，详情请登录上述网址查看帮助文件。

13.1 Alpha index 数据资源

13.1.1 用于基因组填补单体型资源

为提高基因组选择的准确度，一般对缺失的基因型进行填补，或将低密度的芯片数据、简化基因组测序数据填补成高密度的数据。缺失数据的高效填补一般需要单体型参考数据集。单体型（haplotype）是指共存于同一条染色体上的一系列遗传变异位点组合的遗传单位（Crawford and Nickerson，2005）。基于单体型开展基因填补的主要流程如图 13.1 所示。

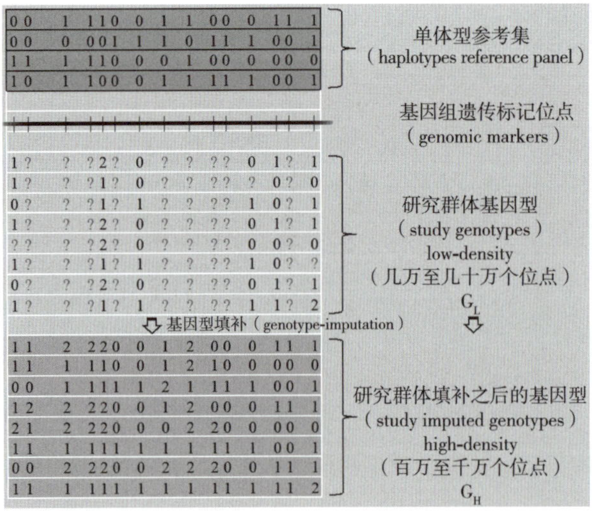

图 13.1 基于单体型开展基因型填补的主要流程

人、牛等物种有用于缺失基因型填补的单体型参考集，结合国内外研究单位对不同品种的猪进行的全基因组重测序和潘玉春课题组测序的数据，构建了猪单体型参考数据集，涵盖了常见的外国品种（杜洛克猪、长白猪、大白猪、皮特兰猪等）和部分中国地方品种（梅山猪、滇南小耳猪、民猪等），各品种数量详见表 13.1，实时查询界面见图 13.2。

表 13.1　WGS 的品种/品系样本量（截至 2022 年 8 月）

品种	缩写	个体数量/头
国内品种		
藏猪	MS	79
梅山猪	TP	75
滇南小耳猪	DSE	33
金华猪	JH	24
二花脸猪	EHL	24
皖南猪	WN	20
荣昌猪	RC	12
湖北白猪	HBBZ	12
硒都黑猪	XDHZ	12
吉神黑猪	JS	12
民猪	MZ	10
内江猪	NJ	9
五指山猪	WZS	8
八眉猪	BaM	7
保山猪	BS	6
定远猪	DY	6
巴马香猪	BM	6
河套大耳猪	HT	6
莱芜猪	LWU	6
陆川猪	LC	6
安庆六白猪	AQ	6
米猪	MI	6
姜曲海	JQH	4
通城猪	TC	4
香猪	XZ	4
乌金猪	WJ	3
盆周山地猪	PZ	3
雅南猪	YN	3
皖南花猪	WS	2
乐平花猪	LP	2
大围子猪	DW	1
合计		**411**

续表 13.1

品种	缩写	个体数量/头
国外品种		
杜洛克猪	DU	927
大白猪	LW	401
皮特兰猪	PI	49
长白猪	LR	47
巴克夏猪	BK	16
GöTTINGEN MINIPIG	GP	14
KOREAN PIG	KP	14
YUCATAN MINIATURE PIG	YM	13
IBERIAN	IB	8
MANGALICA	MA	5
TAMWORTH	TA	3
汉普夏	HA	3
ANGLER SATTLESCHWEIN	AS	2
BRITISH SADDLEBACK	BSB	2
CASERTANA	CT	2
CHATO MURCIANO	CM	2
GLOUCESTER OLD SPOT	GO	2
NERA SICILIANA	NS	2
中白猪	MW	2
大黑猪	LB	1
BUNTE BENTHEIMER	BB	1
CALABRESE	CA	1
CINTA SENESE	CS	1
GUATEMALA CREOLE PIG	GC	1
LEICOMA	LE	1
LINDERODSVIN	LI	1
NEGRO IBERICO	NI	1
PHACOCHOERUS AFRICANUS	Ppo	1
RETINTO	RE	1
合计		**1 524**
杂交品种		
USDA-ARS-USMARC	USMARC	137
大白×长白	YL	56
皮特兰×大白×长白	PLL	48
皮特兰×长白	PL	9
杜格克×长白×大白	DLY	6

续表 13.1

品种	缩写	个体数量/头
皮特兰×杜洛克	DP	1
合计		**257**
野猪		
亚洲野猪	WA	42
欧洲野猪	WE	48
合计		90
总计		**2 282**

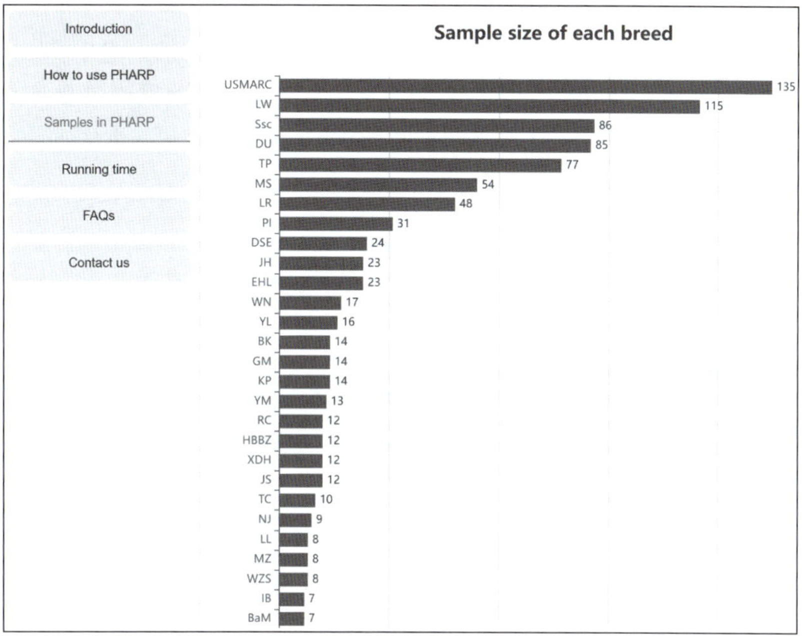

图 13.2　WGS、芯片、简化测序样本数据实时查询页面

13.1.2　表型资源

截至目前，对于杜洛克、长白、大白和皮特兰等引入品种猪已经累积测定各种基因型个体 8 884 个（涵盖 WGS、芯片和简化基因组测序等），包括校正达 115 kg 体重日龄、校正达 115 kg 体重背膘厚度等表型数据（表 13.2）。

表 13.2　累计基因型和部分表型测定数量统计（截至 2022 年 4 月）

品种	基因型个数	出生重	校正达 115 kg 体重日龄	校正达 115 kg 体重背膘厚度	校正达 115 kg 体重眼肌面积	肌内脂肪	总产仔数	产活仔数	校正 21 日龄窝重	饲料转化率
杜洛克	4 117	37 044	38 436	38 442	30 121	3 885	11 761	11 722	9 915	2 970
大白	4 532	85 542	89 557	89 716	72 184	47	150 618	150 050	92 701	3 432

续表 13.2

品种	基因型个数	出生重	校正达115 kg体重日龄	校正达115 kg体重背膘厚度	校正达115 kg体重眼肌面积	肌内脂肪	总产仔数	产活仔数	校正21日龄窝重	饲料转化率
长白	128	28 424	30 162	30 179	19 666	11	26 840	26 709	16 944	1 064
皮特兰	107	9 116	10 383	10 397	4 299	14	3 935	3 917	3 026	620
总和	8 884	160 126	168 538	168 734	126 270	3 957	193 154	192 398	122 586	8 086

13.2 Alpha index 应用

Alpha index 应用包含缺失基因型填补、猪场管理、数据管理、育种值计算、选种选配等多个方面，对于猪场的生产管理以及基因组选择的学术研究具有十分重要的意义。Alpha index (http://alphaindex. zju. edu. cn/)在持续的更新完善中，主要功能模块介绍如下。

13.2.1 基因组填补和管理平台

13.2.1.1 注册

Alpha index 平台注册页面如图 13.3 所示。

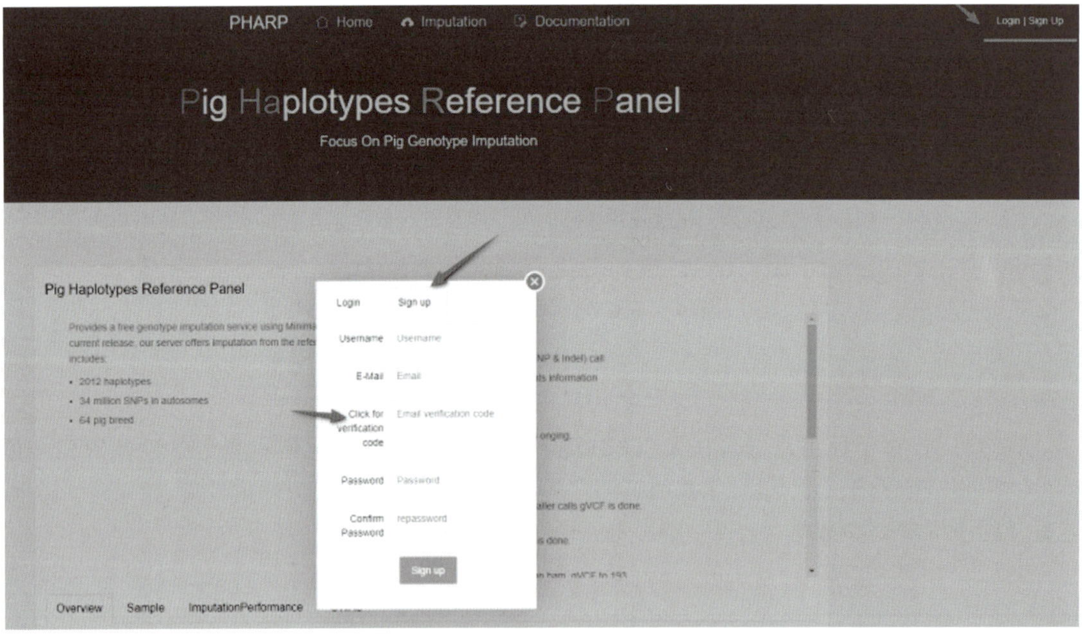

图 13.3 Alpha index 平台注册页面

13.2.1.2 上传文件

Alpha index 平台任务提交页面如图 13.4 所示。

图 13.4 Alpha index 平台任务提交页面

13.2.1.3 查看运算过程

Alpha index 平台运行结果页面如图 13.5 所示。

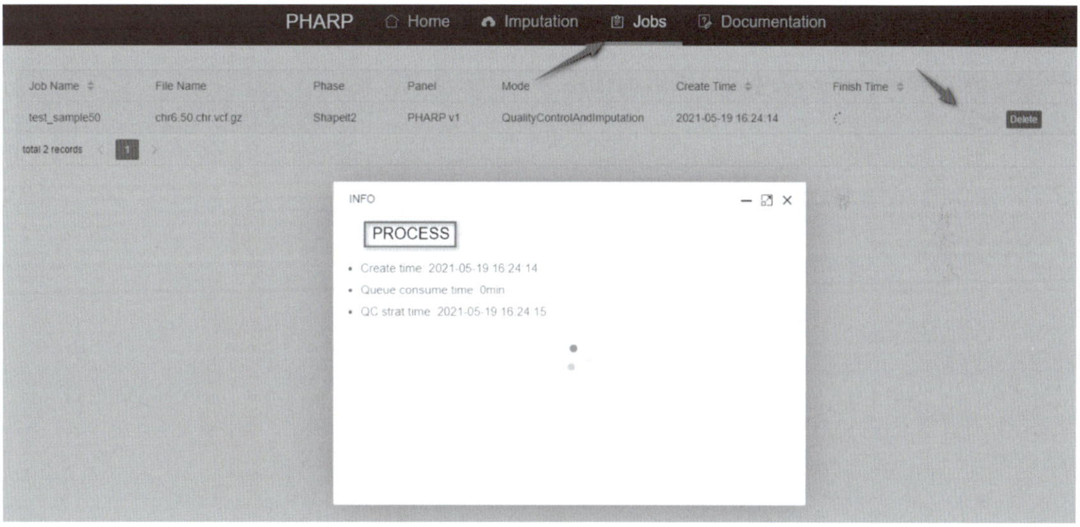

图 13.5 Alpha index 平台运行结果页面

13.2.1.4 下载结果

Alpha index 平台结果下载页面如图 13.6 所示。

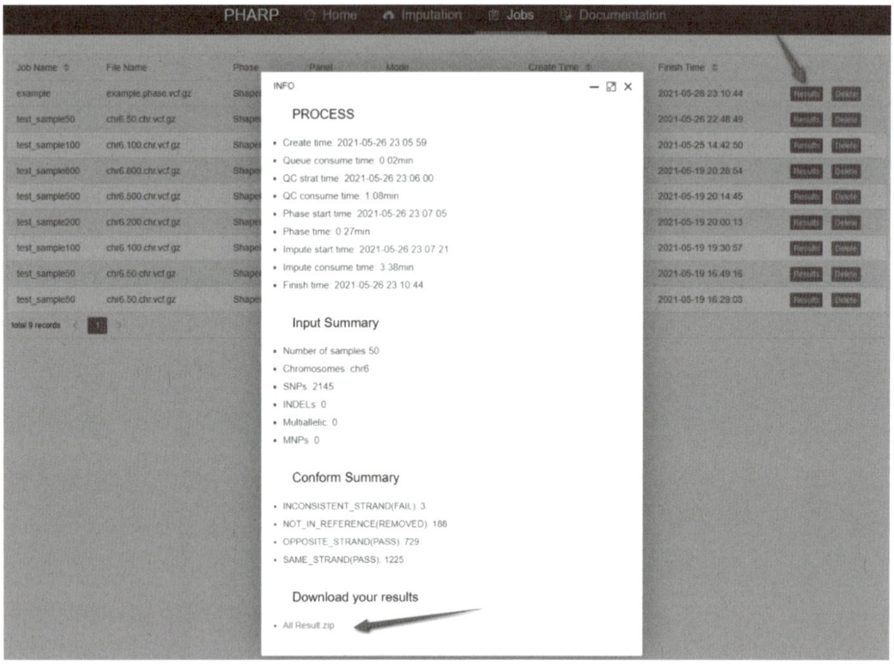

图 13.6　Alpha index 平台结果下载页面

13.2.1.5　运行时间预估计

Alpha index 平台运行时间估算页面如图 13.7 所示。

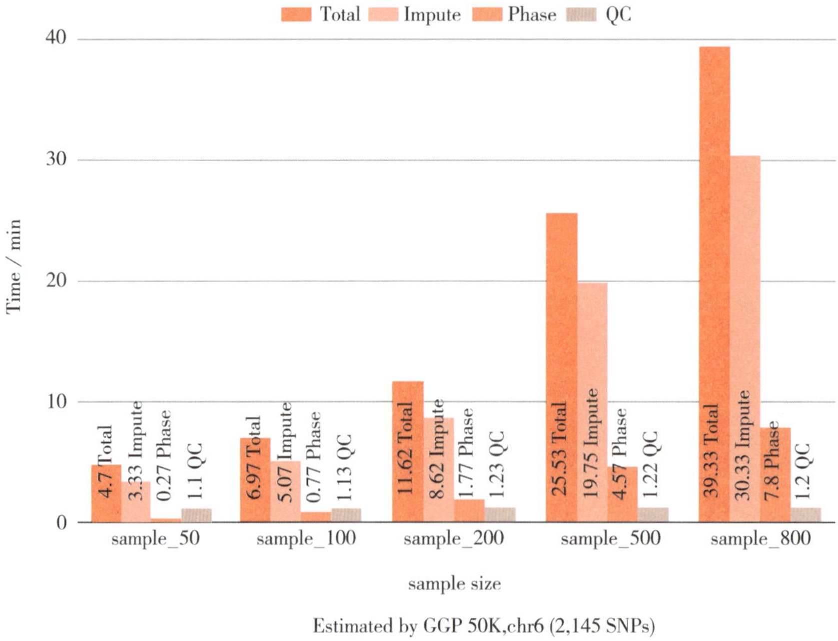

图 13.7　Alpha index 平台运行时间估算页面

13.2.2 猪场生产管理

潘玉春团队实验室与互牧云软件研发公司合作，将基因组选择、BLUP 评估等与猪场管理软件系统结合，研发出了互牧云 3.0 决策分析平台，能够充分掌握猪场的生产动态，并对财务分析、饲料数据等方面进行总结和展示，工作面板如图 13.8 所示。

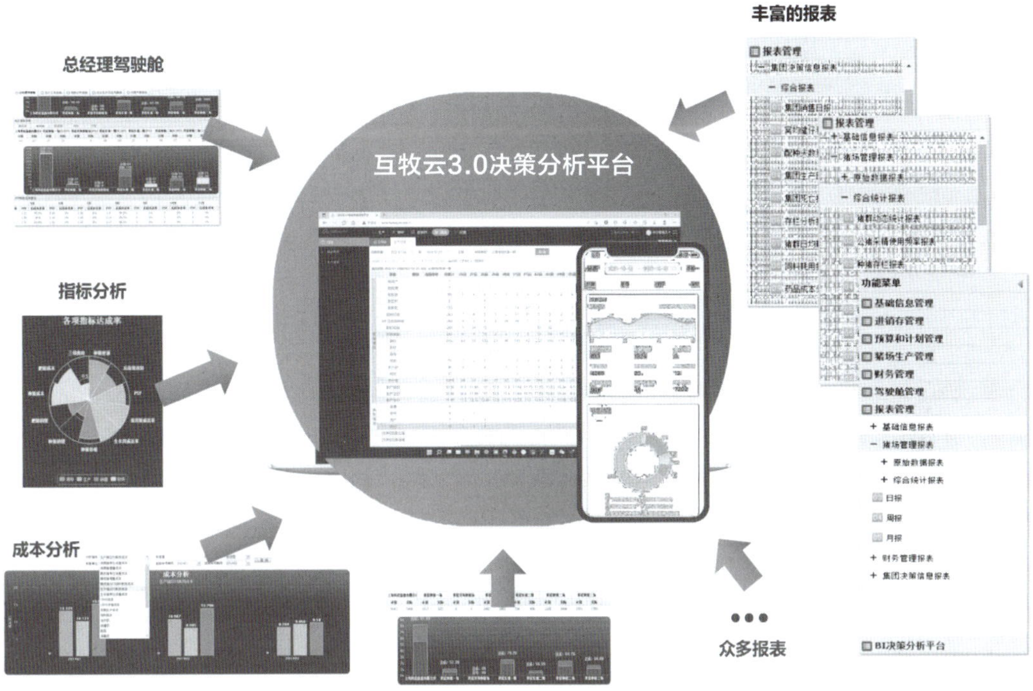

图 13.8 互牧云 3.0 决策分析平台展示

该平台能够对猪场的公猪和母猪生产流程进行管理，图 13.9 是公猪站的生产管理的部分环节。特别是该平台可结合物联网（图 13.10），实现软硬件数据无缝对接，减少了一线人员海量的数据采集工作，提高育种关键指标的数据准确性，进而提高选种、选配精度。

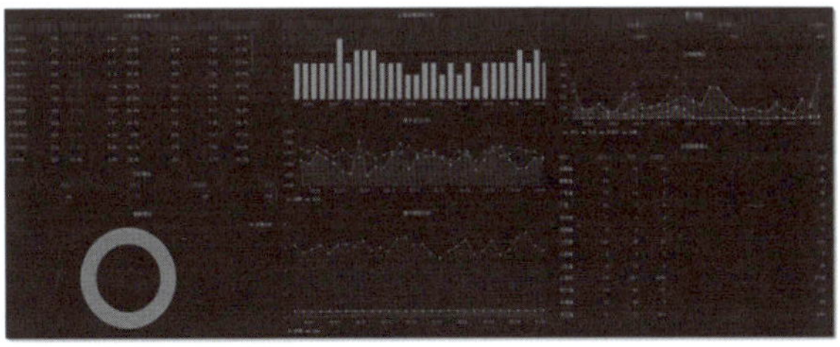

公猪站联盟体系生产数据大屏

公猪存栏情况监控、公猪采精质量分析、公猪采精频率分析、精子活力及密度分析、猪精销售情况分析

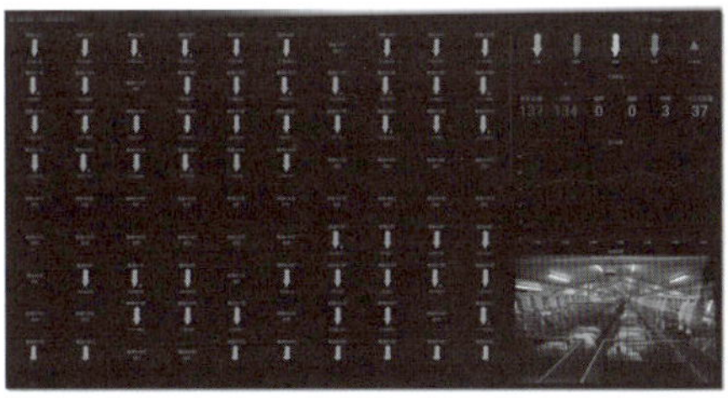

公猪站具体栋舍数据大屏

查看某个公猪站具体栋舍的存栏情况，公猪体况（正常/偏胖/偏瘦/异常/可采精），栋舍室内温度情况，可实时视频监控

图 13.9 公猪的生产管理

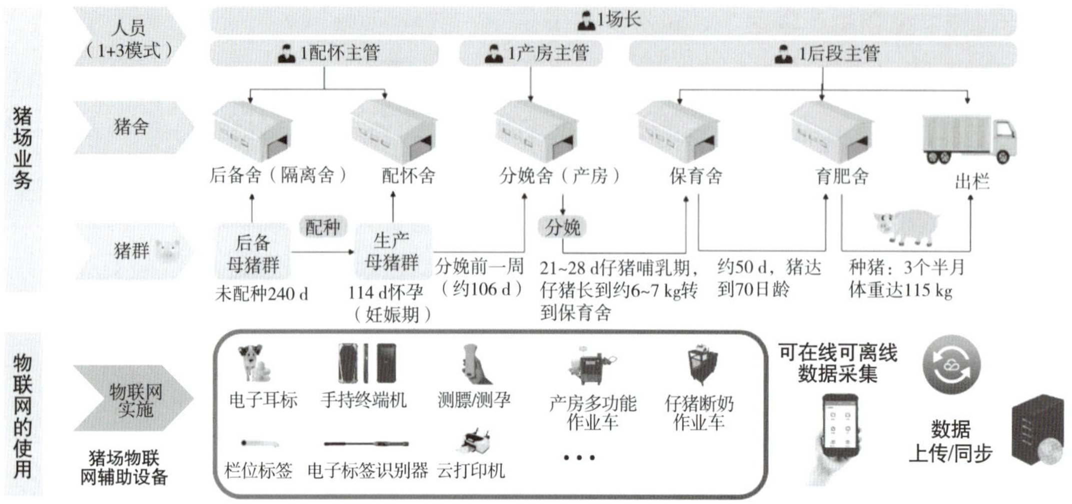

图 13.10　物联网与猪场业务结合流程

通过重构猪场物联网，不再使用手写的纸质数据，数据责任到相关负责人，利于管控终端负责人。数据流转流程如图 13.11 所示。

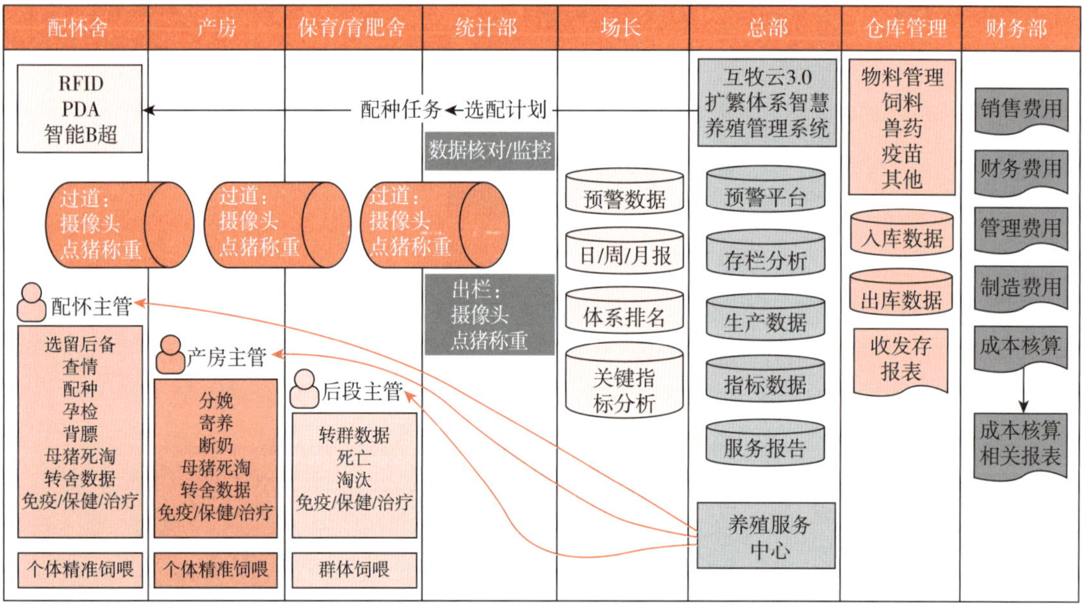

图 13.11　数据流转流程

软件平台提供了手机端 APP，可以在猪场里离线操作，手机 APP 界面如图 13.12 所示。为便于手机操作，研究人员进一步精简了现场操作界面，如图 13.13 所示。

图 13.12　手机 APP 界面

图 13.13　手机 APP 数据流入简化界面

下面以上海祥欣公司某一个虚拟猪场为例，介绍了其生产管理和育种管理操作要点。生产管理主要包括基础数据录入、繁殖数据录入、变动数据录入和健康管理录入等。其中基础数据录入包括栋舍注册（图 13.14）、饲养员对应栋舍、猪群对应栋舍（图 13.15）、种猪档案（图 13.16 和图 13.17）、种猪系谱打印（图 13.18）、后裔品种设定、生产计划制订核对（图 13.19）等子模块。

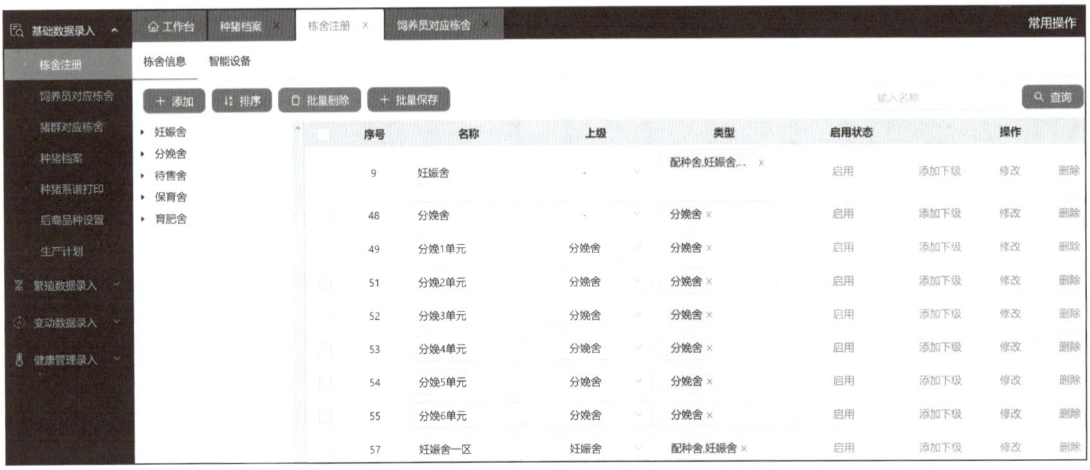

图 13.14　基础数据录入——栋舍注册

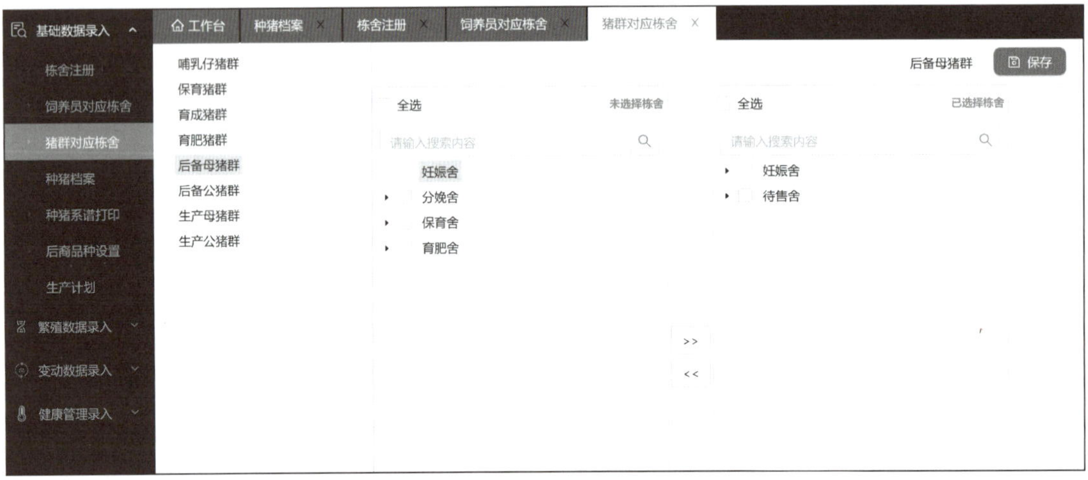

图 13.15　基础数据录入——猪群对应栋舍

图 13.16　基础数据录入——种猪档案查询

图 13.17 基础数据录入——种猪档案添加

图 13.18 基础数据录入——种猪系谱打印

图 13.19 基础数据录入——生产计划制订核对

繁殖数据录入包括采精检测记录(图 13.20)、母猪发情记录(图 13.21)、母猪配种记录(图 13.22)、母猪孕检记录(图 13.23)、母猪流产记录(图 13.24)、母猪产仔记录(图 13.25)、母猪断奶记录(图 13.26)、母猪测膘记录(图 13.27)和母猪寄养记录(图 13.28)等子模块。

图 13.20　繁殖数据录入——采精检测记录

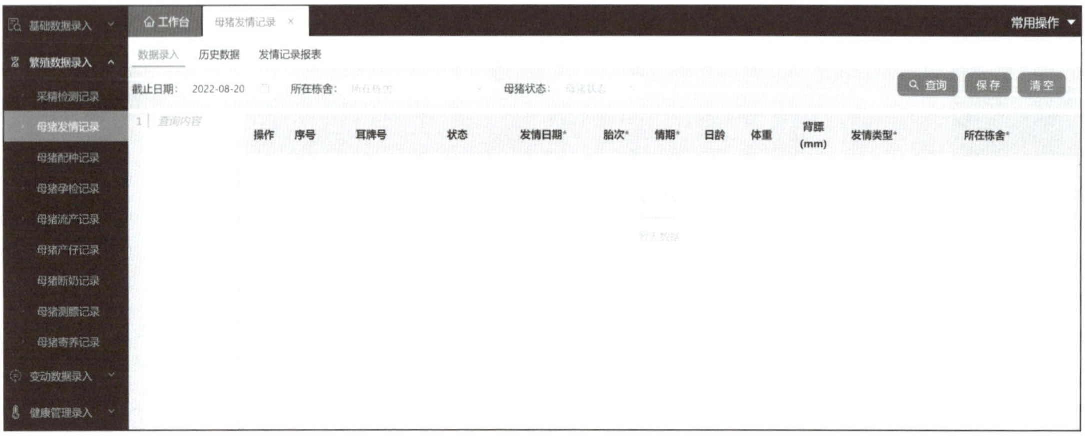

图 13.21　繁殖数据录入——母猪发情记录

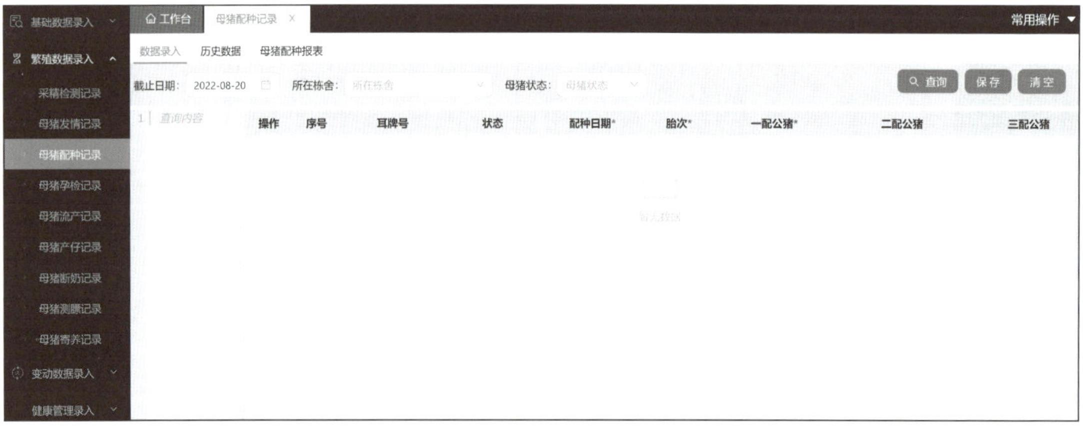

图 13.22　繁殖数据录入——母猪配种记录

图 13.23 繁殖数据录入——母猪孕检记录

图 13.24 繁殖数据录入——母猪流产记录

图 13.25 繁殖数据录入——母猪产仔记录

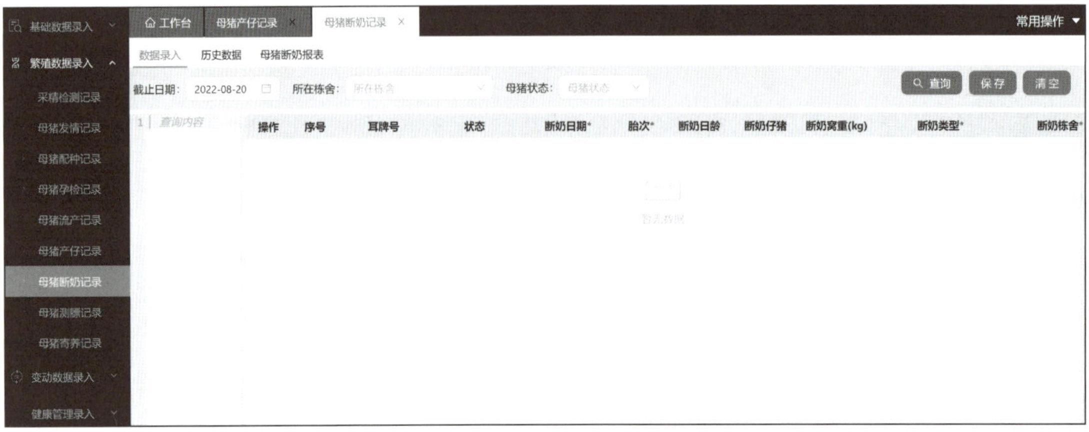

图 13.26　繁殖数据录入——母猪断奶记录

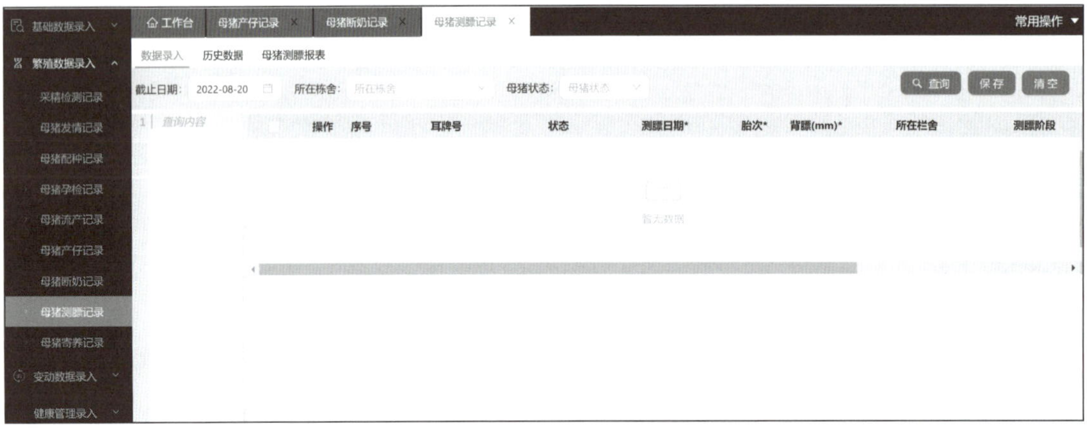

图 13.27　繁殖数据录入——母猪测膘记录

图 13.28　繁殖数据录入——母猪寄养记录

变动数据录入主要包括公猪入群记录（图 13.29）、种猪转出记录、种猪死亡记录、种猪淘汰记录、种猪淘汰计划、种猪出栏记录、商品猪转出、商品猪转入、商品猪死淘、商品猪出栏、育成转后备等诸多子模块。

图 13.29 变动数据录入——公猪入群记录

健康管理录入主要包括免疫程序(图 13.30)、免疫计划表(图 13.31)、种猪免疫记录(图 13.32)、商品猪免疫记录等模块。

采购管理录入包括采购审批(图 13.33)、供应商档案、猪只购买等模块。

销售管理录入包括客户档案、销售清单和物资销售订单(图 13.34)等模块。

药品管理录入包括仓库注册、药品注册(图 13.35)、药品采购目录、药品采购申请、药品入库、药品出库、药品盘点、药品集团调拨、药品库存等模块。

图 13.30 健康管理录入——免疫程序

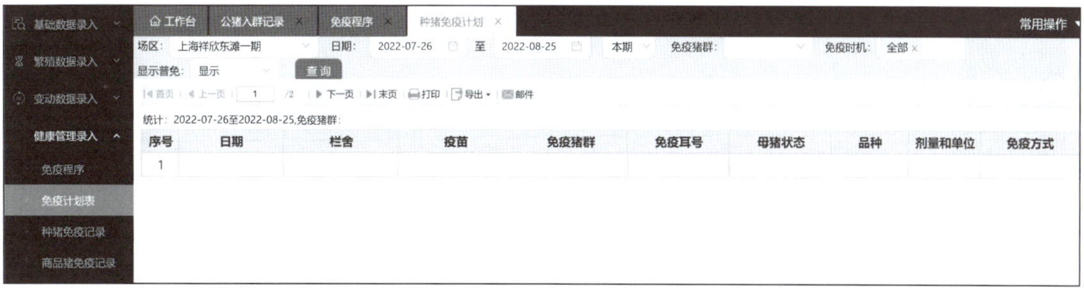

图 13.31 健康管理录入——免疫计划表

图 13.32　健康管理录入——种猪免疫记录

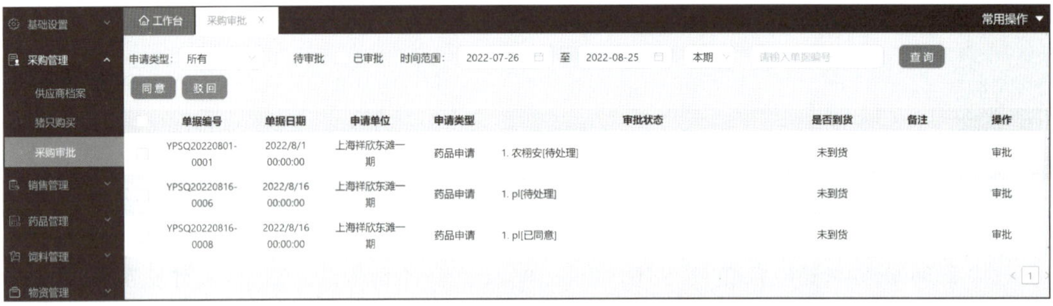

图 13.33　采购管理录入——采购审批

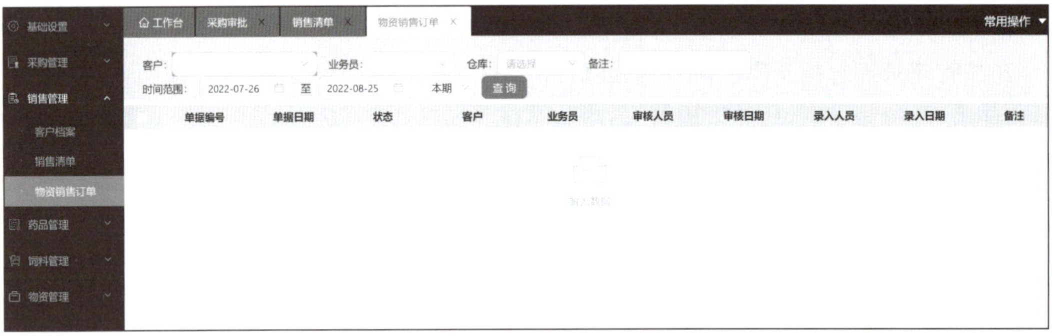

图 13.34　销售管理录入——物资销售订单

图 13.35　药品管理录入——药品注册

饲料管理录入包括饲料仓库、饲料注册(图 13.36)、饲料配方、饲料加工、饲料采购目录、饲料采购申请、饲料入库、饲料出库、饲料盘点、饲料集团调拨等模块。

图 13.36　饲料管理录入——饲料注册

物资管理录入包括物资仓库、物资注册、物资采购目录(图 13.37)、物资采购申请、物资入库、物资出库、物资盘点、物资集团调拨和物资库存等模块。

图 13.37　物资管理录入——物资采购目录

13.2.3　育种值计算个性化选择指数制定

猪场可以根据本场的情况以及生产目标自主设定相关育种目标参数(图 13.38),利用个性化的选择指数将更加快速地实现本场育种目标。根据育种值和母猪与种公猪之间的亲缘系数便可以进行选种选配。

图 13.38　自主设定育种目标

软件平台提供了丰富的查询条件，如遗传参数与育种值估计（BLUP/PEML），如图 13.39 所示，用户可根据自己需求设置查询条件查找目标猪只（图 13.40、图 13.41、图 13.42），然后一键计算 BLUP 值，并自动更新猪只档案。

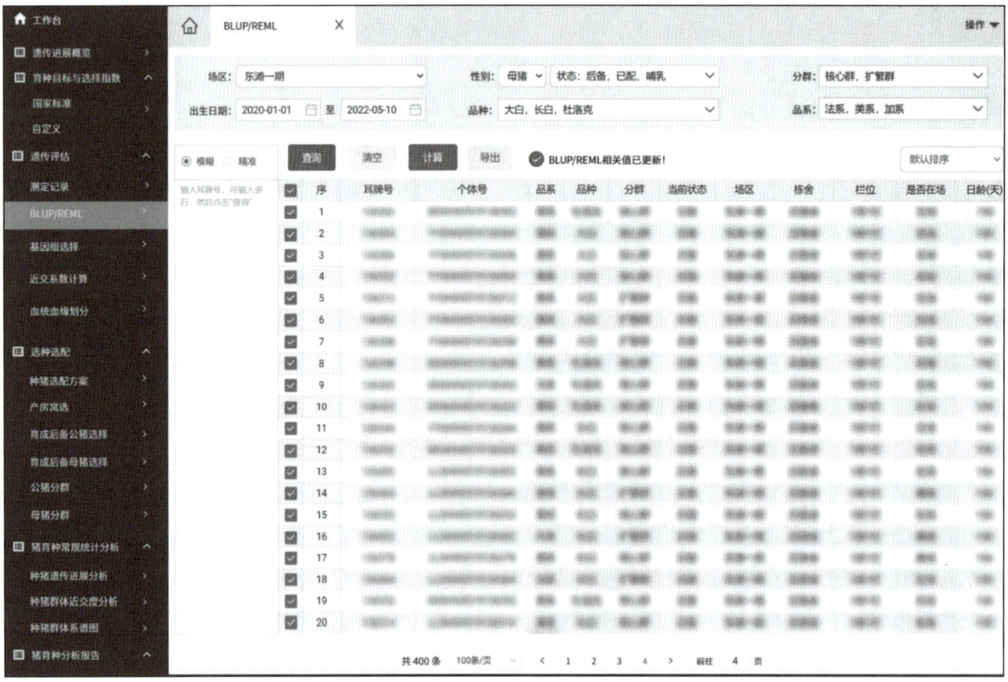

图 13.39　遗传参数与育种值估计

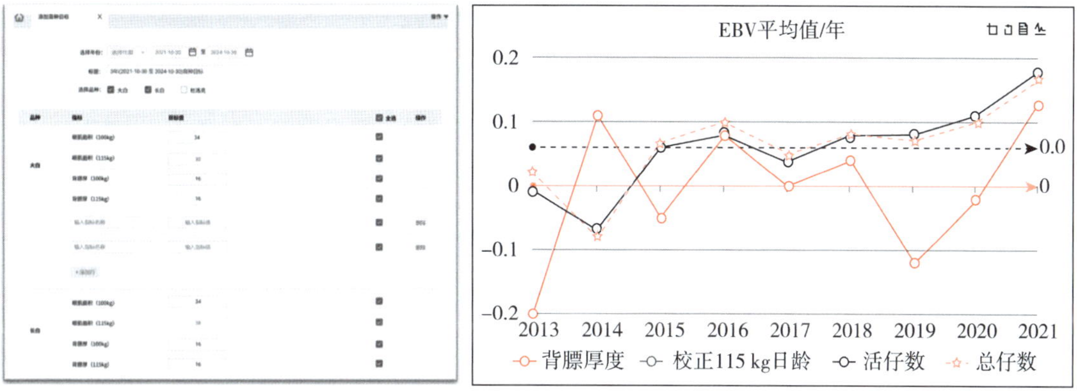

图 13.40 选择指数自定义界面(左)和各个性状每年的 EBV 平均值图形化展示(右)

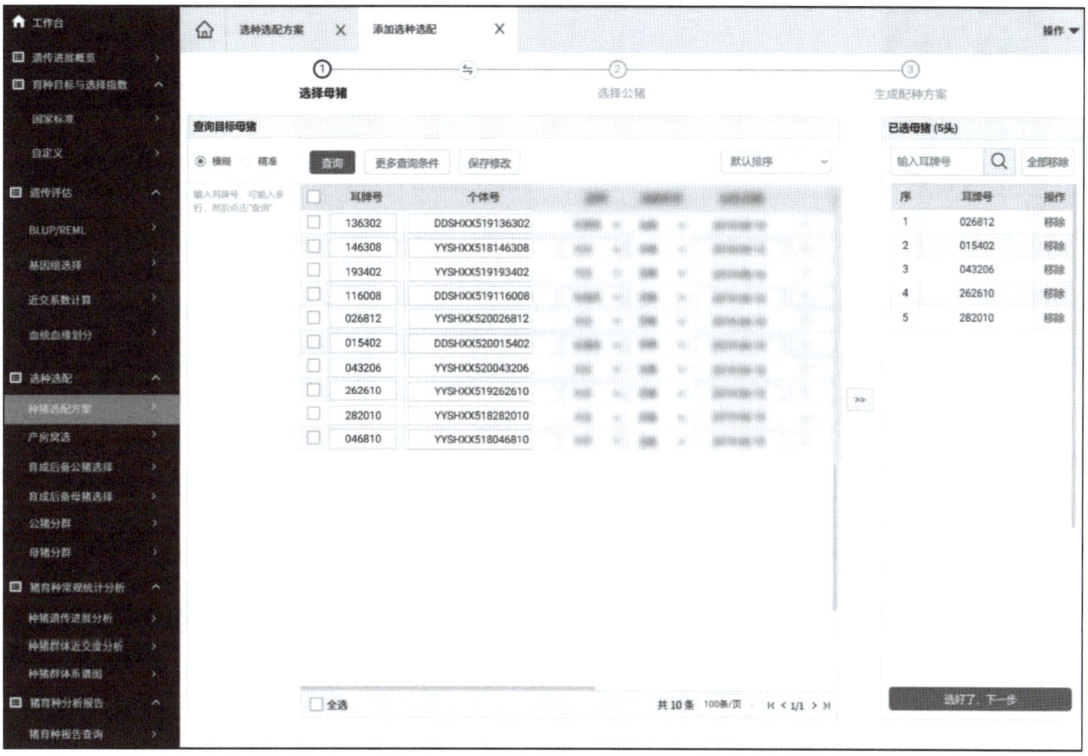

图 13.41 选种选配方案——选择母猪

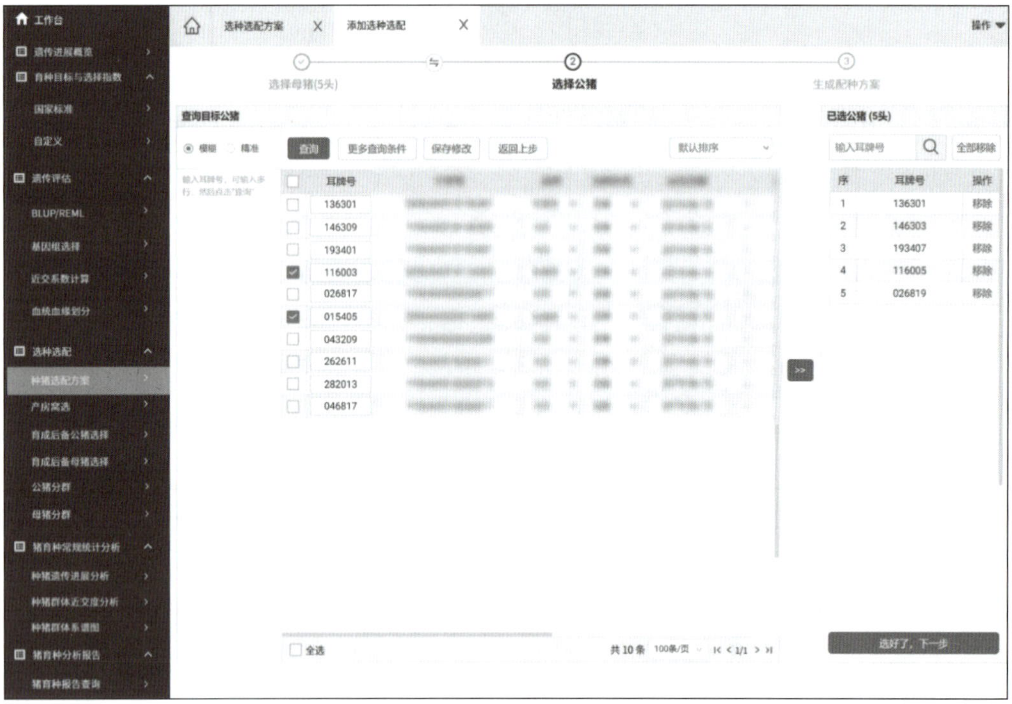

图 13.42　选种选配方案——选择公猪

软件平台提供了便捷易用的种猪选种、选配方案模块，用户可通过设置亲缘参数，最后生成选种选配方案（宜配对数、忌配对数），如图 13.43 所示，最后保存方案并导出成 Excel。

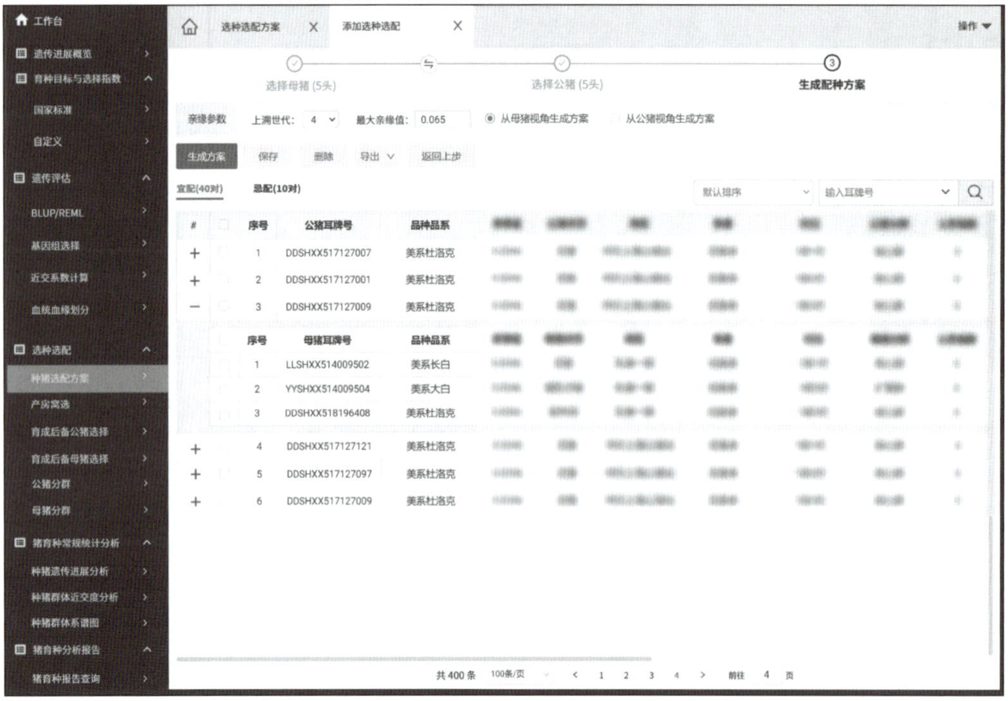

图 13.43　生成选配方案

平台提供了丰富的查询条件,用户可以根据所选条件查找目标猪只,然后一键计算近交系数(图 13.44),并自动更新猪只档案。

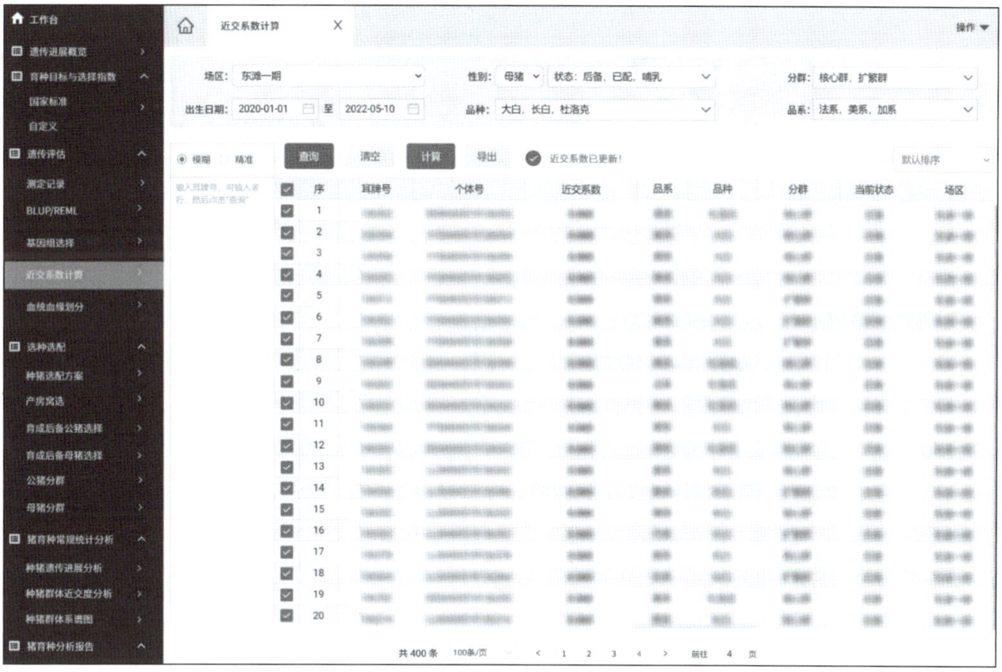

图 13.44　近交系数计算

平台可一键计算血统号及血缘号,对血统血缘划分(图 13.45),并自动更新猪只档案。

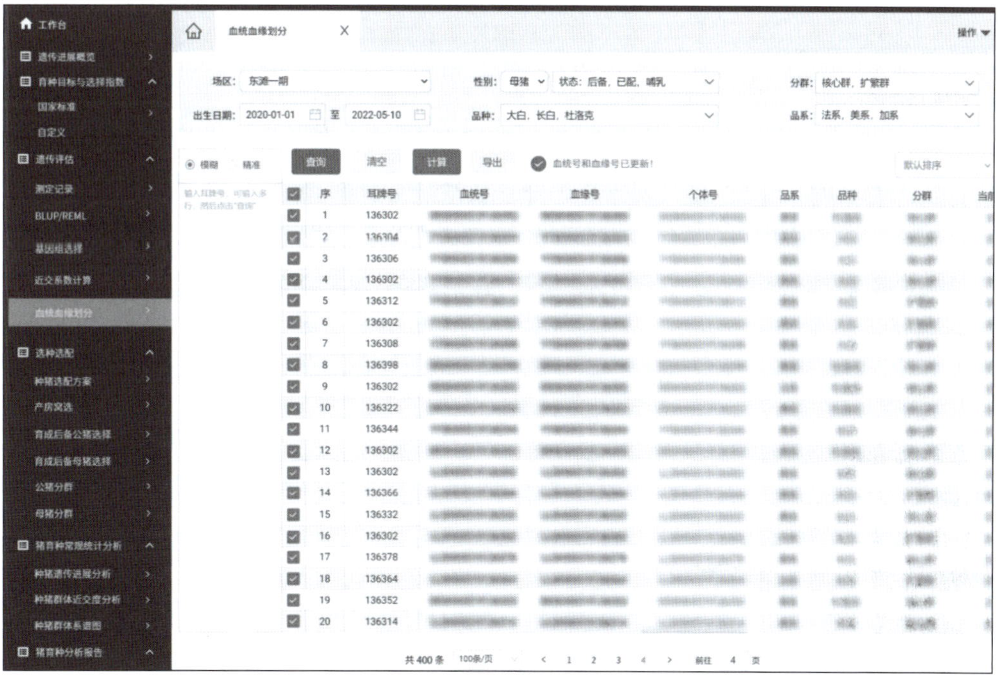

图 13.45　血统血缘划分

平台可快捷查询生成的种猪档案证明，提供主要指标育种值和个性化选择指数，如图13.46所示。

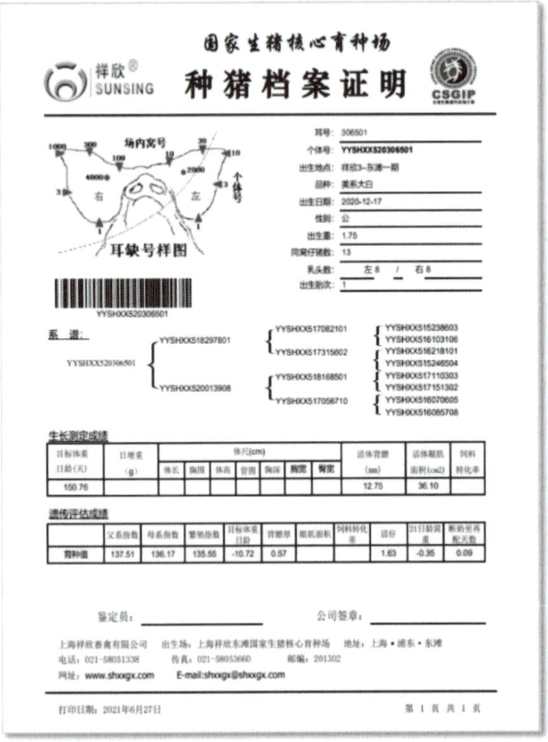

国家生猪核心育种场

祥欣® SUNSING　种猪档案证明　CSGIP

耳号：306501
个体号：YYSHXX520306501
出生地点：祥欣3-东滩一期
品种：美系大白
出生日期：2020-12-17
性别：公
出生重：1.75
同窝仔猪数：13
乳头数：左8 / 右8
出生胎次：1

YYSHXX520306501

系　谱：

YYSHXX520306501
- YYSHXX518297801
  - YYSHXX517082101
    - YYSHXX515238603
    - YYSHXX516103106
  - YYSHXX517315602
    - YYSHXX516218101
    - YYSHXX515246504
- YYSHXX520013908
  - YYSHXX518168501
    - YYSHXX517110303
    - YYSHXX517151302
  - YYSHXX517056710
    - YYSHXX516070605
    - YYSHXX516085708

生长测定成绩

目标体重日龄(天)	日增重(g)	体尺(cm)							活体背膘(mm)	活体眼肌面积(cm2)	饲料转化率
		体长	胸围	体高	管围	胸深	胸宽	臀宽			
150.76									12.75	36.10	

遗传评估成绩

	父系指数	母系指数	繁殖指数	目标体重日龄	背膘厚	眼肌面积	饲料转化率	活仔	21日龄窝重	断奶至再配天数
育种值	137.51	136.17	135.55	-10.72	0.57			1.63	-0.35	0.09

鉴定员：＿＿＿＿　公司签章：＿＿＿＿

上海祥欣畜禽有限公司　出生场：上海祥欣东滩国家生猪核心育种场　地址：上海·浦东·东滩
电话：021-58051338　传真：021-58053660　邮编：201302
网址：www.shxxgx.com　E-mail:shxxgx@shxxgx.com

打印日期：2021年6月27日　第 1 页 共 1 页

祥欣 SUNSING

祥欣种猪生长信息档案

耳号：076413　个体号：DDSHXX619076413
个体号：DDSHXX619076413　出生地点：祥欣4-东滩二期
出生日期：2019-05-05　性别：母
同窝仔数：2　出生胎次：2

序号	日期	日龄	生产信息溯源事件	执行人
1	2019/05/06	1	种猪出生	陈日富
2	2019/05/06	1	称重：出生重量1.6kg	陈日富
3	2019/05/07	2	滴鼻、补铁、剪牙、去尾	农桐安
4	2019/05/20	15	免疫：蓝耳疫苗	农桐安
5	2019/05/26	21	免疫：喘气苗	农桐安
6	2019/05/26	21	免疫：圆环苗	农桐安
7	2019/05/27	22	断奶：断奶均重4.5kg	梁华章
8	2019/05/27	22	转舍：产房1单元转保育2单元	陈晓明
9	2019/06/09	35	免疫：猪瘟疫苗	陈晓明
10	2019/06/24	50	免疫：口蹄疫疫苗	陈晓明
11	2019/07/02	58	免疫：伪狂犬疫苗	梁华章
12	2019/07/14	70	免疫：猪瘟疫苗	梁华章
13	2019/07/14	70	转舍：保育转育成舍	陈晓明
14	2019/07/14	70	称重：转舍重量31kg	陈晓明
15	2019/07/24	80	免疫：口蹄疫疫苗	陈晓明
16	2019/08/23	110	免疫：伪狂犬疫苗	陈晓明
17	2019/09/17	135	免疫：口蹄疫疫苗	陈晓明
18	2019/09/22	140	出栏：出栏均重113.5kg	[illegible]
19	2019/09/27	145	售后电话：400-82-1111	陈日富

图 13.46　种猪档案生成

13.2.4　同态加密基因组选择平台

为打消用户对数据隐私方面的顾虑，保护数据安全，潘玉春课题组还开发了同态加密基因组选择平台(HEGS)，平台支持对加密数据进行计算，图13.47为HEGS的主页。该平台提供表型预处理、单场基因组选择、跨场基因组选择、基于加密数据的基因组选择等多种模式。

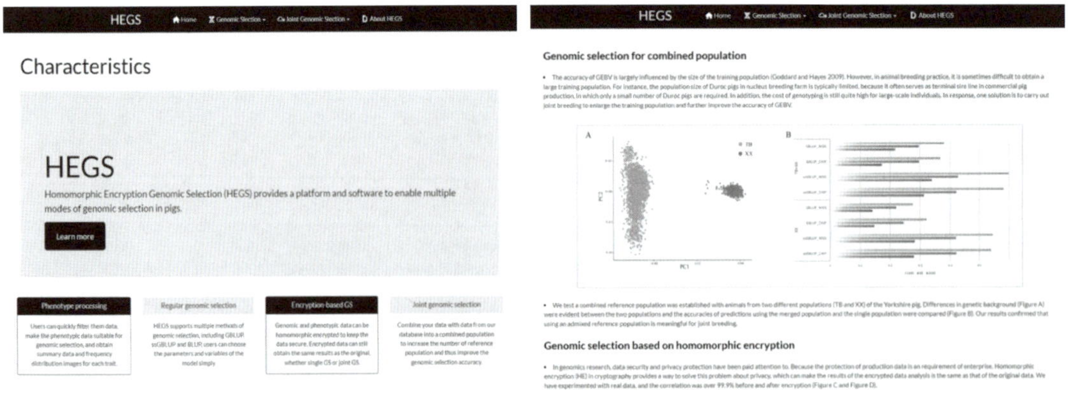

图 13.47　同态加密基因组选择平台网页

用户只需简单点击操作即可实现个性化的基因组选择。潘玉春团队实验室还开发了基于同态加密算法的本地客户端(图 13.48),用户在本地先将数据加密再上传便可以完全保证数据的安全,加密后的数据既可以进行单场的基因组选择,也可以进行跨场基因组选择,满足用户多种需求。验证结果表明,无论是单场还是跨场基因组选择,使用同态加密的数据与使用原始数据获得的结果相关性大于 99.99%。

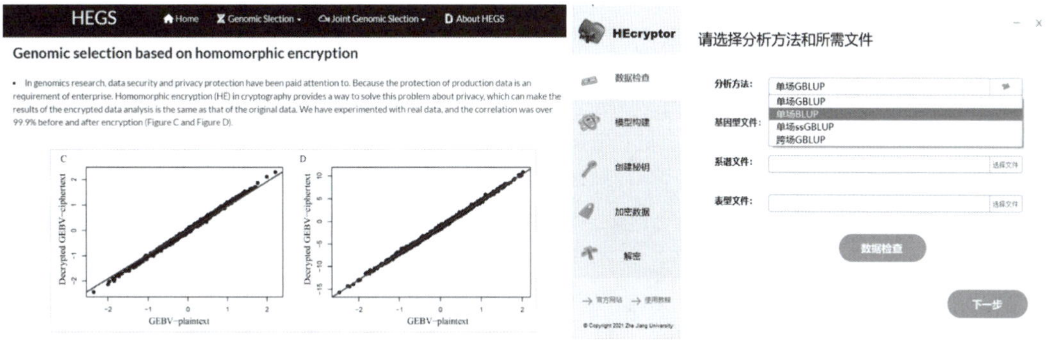

图 13.48 HEGS 和同态加密软件客户端

13.2.4.1 表型处理

HEGS 支持用户对自己的表型数据进行过滤、筛选和展示,可以方便快捷地对多个表型同时过滤离群值,根据实时频率分布图确保表型符合正态分布(图 13.49)。对错误记录如 0 值、NA 值进行删除,对过滤后的数据进行下载以供加密和后续分析使用。

图 13.49 HEGS 表型预处理

13.2.4.2 单场育种值估计

使用 HEGS 的常规基因组选择和加密基因组选择模块,可以在网页端轻松实现基因组选择分析,平台支持 BLUP、GBLUP、ssGBLUP 多种主流基因组选择方法,根据用户上传的数据文件类型可以自动识别并使用适合的方法进行基因组选择。此外,用户可以同时指定多个性状，自由指定模型所包含的固定效应及随机效应，完成个性化的基因组选择分析。HEGS 单场育种值估计如图 13.50 所示。

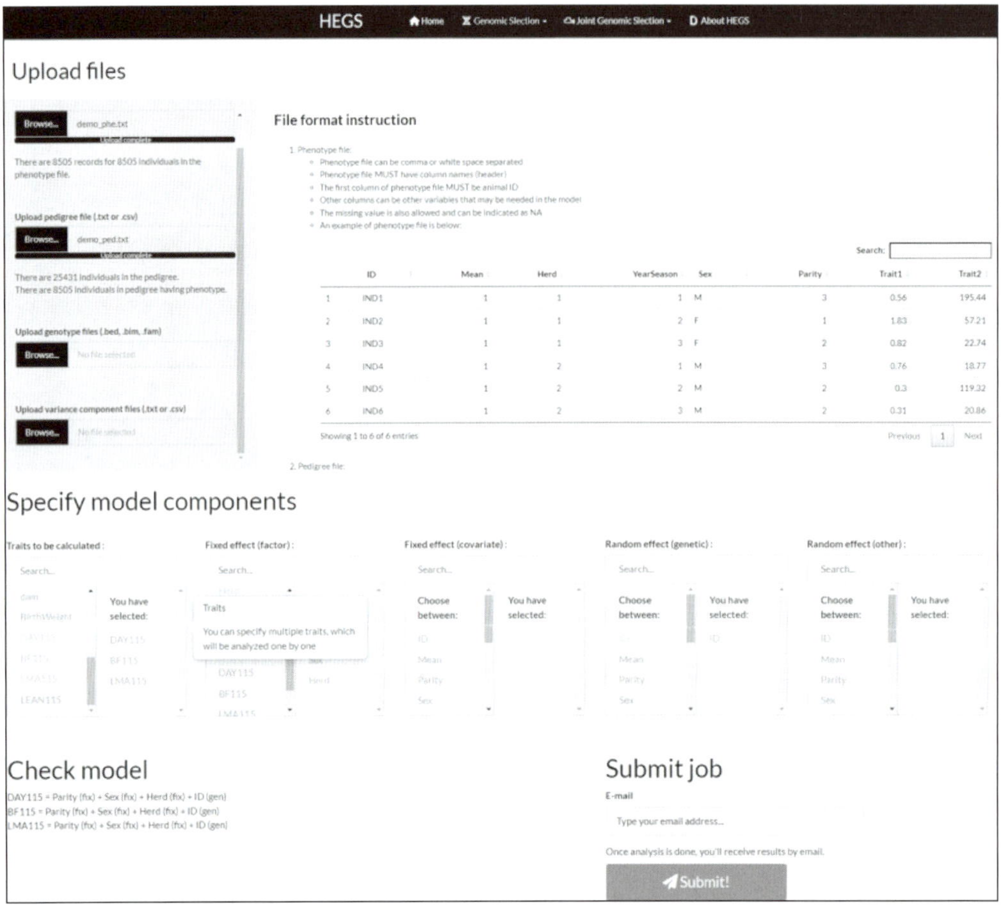

图 13.50　HEGS 单场育种值估计

13.2.4.3　跨场育种值估计

潘玉春团队实验室多年以来积累了多个品种大量的参考群基因型和表型数据，研究结果证明，通过合并多个群体扩大参考群规模是提高基因组选择准确性的有效手段。因此，HEGS 平台支持用户结合潘玉春实验室已有数据提高基因组选择的准确性。在 Joint Genomic Selection 模块，用户只需上传指定数据所属的品种，即可自动与后台数据进行匹配，将上传群体与潘玉春团队实验的群体进行结合，从而实现跨群体的基因组选择。由于两个群体在系谱层面不存在交集，因此本部分需要基因组数据的支持。除此以外，在该部分用户同样可以自由指定模型的固定效应与随机效应，完成个性化跨群体基因组选择分析。HEGS 跨场育种值估计如图 13.51 所示。

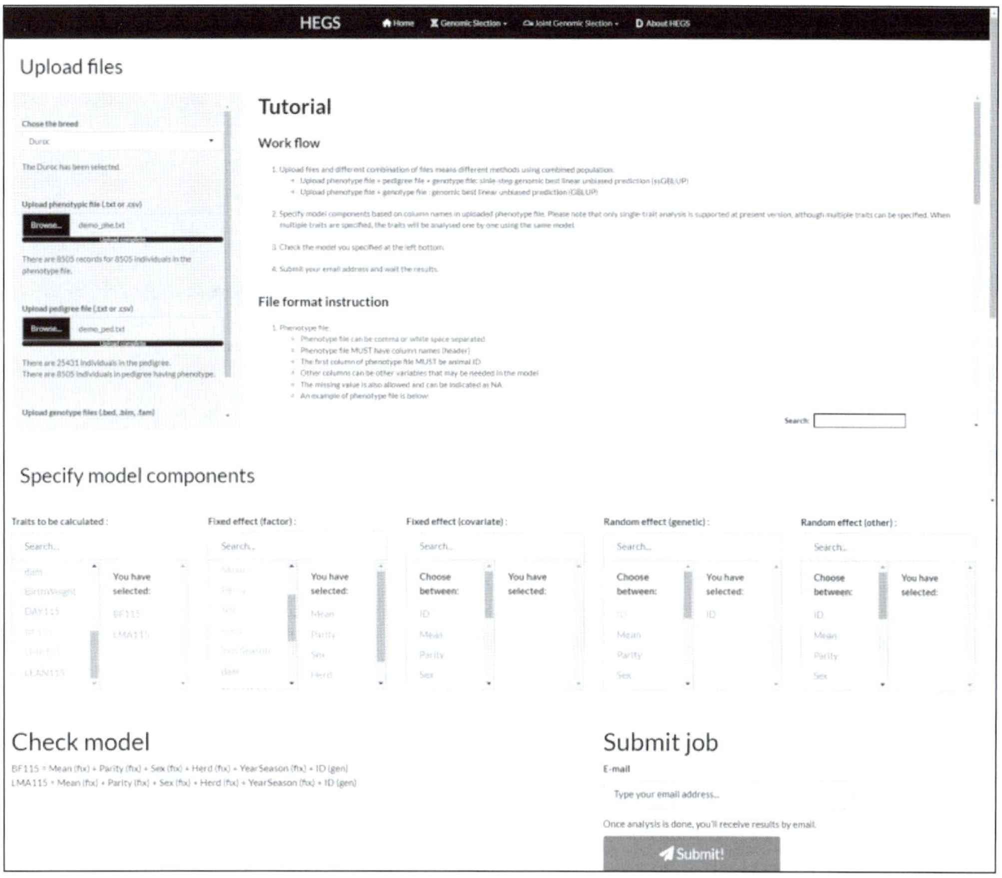

图 13.51 HEGS 跨场育种值估计

参考文献

潘玉春，王起山，马裴裴，等，2017. 杂谈猪的遗传改良——如何确定选择指数中各性状的权重. 中国畜牧杂志，53(11)：5.

盛志廉，陈瑶生，1999. 数量遗传学. 北京：科学出版社.

张沅，2001. 家畜育种学. 北京：中国农业出版社.

张沅，张勤，1993. 畜禽育种中的线性模型. 北京：北京农业大学出版社.

周志华，2016. 机器学习. 中国民商，(3)：93.

Raphael A M，2016. 线性模型在动物育种值预测中的应用. 于向春，张豪，译. 北京：中国农业出版社.

Belonsky G M，Kennedy B W，1998. Selection on individual phenotype and best linear unbiased prediction of breeding values in a close swine herd. Journal of Animal Science，68：1124-1131.

Boddicker N J，Waide E H，Rowland R R R，et al.，2011. Evidence for a major QTL associated with host response to Porcine Reproductive and Respiratory Syndrome Virus challenge. Journal of Animal Science，90(6)：1733-1746.

Calus M，Meuwissen T，Roos A，et al.，2008. Accuracy of genomic selection using different methods to define haplotypes. Genetics，178(1)：553-561.

Carl D B，2001. A Practical Guide to Splines. New York：Springer.

Christensen O F，2012. Compatibility of pedigree-based and marker-based relationship matrices for single-step genetic evaluation. Genetics Selection Evolution，44(1)：37.

Christensen O F，Lund M S，2010. Genomic prediction when some animals are not genotyped. Genetics Selection Evolution，42(1)：2.

Christensen O F，Madsen P，Nielsen B，et al.，2012. Single-step methods for genomic evaluation in pigs. Animal，6(10)：1565-1571.

Daetwyler H D，Hayden M J，Spangenberg G C，et al.，2015. Selection on optimal haploid value increases genetic gain and preserves more genetic diversity relative to genomic selection. Genetics 200(4)：1341-1348.

Daetwyler H D，Pong-Wong R，Villanueva B，et al.，2010. The impact of genetic architecture on genome-wide evaluation methods. Genetics，185(3)：1021-1031.

Fernando R L，Dekkers J C，Garrick D J，2014. A class of Bayesian methods to combine large numbers of genotyped and non-genotyped animals for whole-genome analyses. Genetics Selection Evolution，46(1)：50.

Ferraz J B S，Johnson R K，1993. Animal model estimation of genetic parameters and response to selection for litter size and weight，growth and backfat in closed seedstock population of Large White and Landrace swine. Journal of Animal Science，71(4)：850-858.

Fischer A，Luginbuhl T，Delattre L，et al.，2015. Rear shape in 3 dimensions summarized by principal component analysis is a good predictor of body condition score in Holstein dairy cows. Journal of Dairy Science，98(7)：4465-4476.

Garcia-Baccino C A，Legarra A，Christensen O F，et al.，2017. Metafounders are related to Fst fixation indices and reduce bias in single-step genomic evaluations. Genetics Selection Evolution, 49(1):34.

Gengler N, Mayeres P, Szydlowski M, 2007. A simple method to approximate gene content in large pedigree populations: application to the myostatin gene in dual-purpose Belgian blue cattle. Animal, 1(1):21-28.

George W D, Godfrey R W, Ketring R C, et al., 2014. Relationship among eye and muzzle temperatures measured using digital infrared thermal imaging and vaginal and rectal temperatures in hair sheep and cattle. Journal of Animal Science, 92(11):4949-4955.

Gianola D, de los Campos G, Hill W G E, et al., 2009. Additive genetic variability and the Bayesian alphabet. Genetics, 183(1):347-363.

Goddard M E, Hayes B J, 2009. Mapping genes for complex traits in domestic animals and their use in breeding programmes. Nature Review Genetics, 10(6):381-391.

Goddard M, 2009. Genomic selection: prediction of accuracy and maximisation of long term response. Genetica, 136(2):245-257.

Goiffon M, Kusmec A, Wang L, et al., 2017. Improving response in genomic selection with a population-based selection strategy: optimal population value selection. Genetics, 206 (3):1675-1682.

Gonzalez L A, Bishop-Hurley G, Henry D, 2014. Wireless sensor networks to study, monitor and manage cattle in grazing systems. Animal Production Science, 54(10):1687-1693.

Gorjanc G, Bijma P, Hickey J M, 2015. Reliability of pedigree-based and genomic evaluations in selected populations. Genetic Selection Evolution, 47:65.

Greenwood P L, Bishop-Hurley G J, Gonzalez L A, et al., 2016. Development and application of a livestock phenomics platform to enhance productivity and efficiency at pasture. Animal Production Science, 56 (8):1299-1311.

Groeneveld E, Spilke J, 1998. Data structure and mixed model technology in pig breeding programs. In: Proceeding of the 6th world congress on genetics applied to livestock production, 23:483-490.

Grundy B, Villanueva B, Woolliams J A, 2000. Dynamic selection for maximizing response with constrained inbreeding in schemes with overlapping generations. Animal Science, 70(3):373-382.

Guo X, Christensen O, Ostersen T, et al., 2015. Improving genetic evaluation of litter size and piglet mortality for both genotyped and nongenotyped individuals using a single-step method. Journal of Animal Science, 93(2):503-512.

Gustavo D L C, Vazquez A I, Fernando R, et al., 2013. Prediction of complex human traits using the genomic best linear unbiased predictor. PLoS Genetics, 9(7):e1003608.

Habier D, Fernando R L, Dekkers J C M, 2007. The impact of genetic relationship information on genome-assisted breeding values. Genetics, 177(4):2389-2397.

Hayes B J, Bowman P J, Chamberlain A J, et al., 2009. Invited review: genomic selection in dairy cattle: progress and challenges. Journal of Dairy Science, 92(2):433-443.

Henryon M, Berg P, Sørensen A C, 2014. Animal-breeding schemes using genomic information need breeding plans designed to maximise long-term genetic gains. Livestock Science, 166:38-47.

Henryon M, Liu H, Berg P, et al. 2019. Pedigree relationships to control inbreeding in optimum-contribution selection realise more genetic gain than genomic relationships. Genetics Selection Evolution, 51(1):39.

Hu Z L, Carissa A P, James M R, 2016. Developmental progress and current status of the Animal QTLdb. Nucleic Acids Research, 44 (1):827-833.

Hu Z L, Carissa A P, James M R, 2018. Development of animal QTLdb and CorrDB: resynthesizing big data to improve meta-analysis of genetic and genomic information. The 11th World Congress on Genetics Applied to Livestock Production (WCGALP), New Zealand, February, 11-16.

Hu Z L, Park C A, Reecy J M, 2022. Bringing the animal QTLdb and CorrDB into the future: meeting new challenges and providing updated services. Nucleic Acids Research, 50(1) :956-961.

Kirkpatrick M, Heckman N, 1989. A quantitative genetic model for growth, shape, reaction norms, and other infinite-dimensional characters. Journal of Mathematical Biology, 27(4):429-450.

Kirkpatrick M, Lofsvold D, Bulmer M, 1990. Analysis of the inheritance, selection and evolution of growth trajectories. Genetics, 124(4):979-993.

Legarra A, Aguilar I, Misztal I, 2009. A relationship matrix including full pedigree and genomic information. Journal of Dairy Science, 92(9):4656-4663.

Legarra A, Christensen O F, Aguilar I, et al., 2014. Single step, a general approach for genomic selection. Livestock Science, 166:54-65.

Legarra A, Christensen O F, Vitezica Z G, et al., 2015. Ancestral relationships using metafounders: Finite ancestral populations and across population relationships. Genetics, 200(2):455-468.

Legarra A, Ducrocq V, 2012. Computational strategies for national integration of phenotypic, genomic, and pedigree data in a single-step best linear unbiased prediction. Journal of Dairy Science, 95(8):4629-4645.

Legarra A, Robert-Granie C, Croiseau P, et al., 2011. Improved Lasso for genomic selection. Genetics Research (Camb), 93(1):77-87.

Legarra A, Robert-Granié C, Manfredi E, et al., 2008. Performance of genomic selection in mice. Genetics, 180(1):611-618.

Ma P, Lund M S, Aamand G P, et al., 2019. Use of a Bayesian model including QTL markers increases prediction reliability when test animals are distant from the reference population. Journal of Dairy Science, 102(8):7237-7247.

Ma P, Lund M S, Nielsen U S, et al., 2015. Single-step genomic model improved reliability and reduced the bias of genomic predictions in Danish Jersey. Journal of Dairy Science, 98(12):9026-9034.

Makridakis S, Spiliotis E, Assimakopoulos V, 2018. Statistical and Machine Learning forecasting methods: Concerns and ways forward. PLoS ONE, 13:e0194889.

Meuwissen T H E, 1997. Maximizing the response of selection with a predefined rate of inbreeding. Journal of Animal Science, 75(4):934-940.

Meuwissen T H, Hayes B J, Goddard M E, 2001. Prediction of total genetic value using genome-wide dense marker maps. Genetics, 157(4):1819-1829.

Misztal I, Legarra A, Aguilar I, 2009. Computing procedures for genetic evaluation including phenotypic, full pedigree, and genomic information. Journal of Dairy Science, 92(9):4648-4655.

Moeinizade S, Hu G, Wang L, et al., 2019. Optimizing selection and mating in genomic selection with a look-ahead approach: An operations research framework. G3 (Bethesda, Md.), 9(7):2123-2133.

Nayeri S, Sargolzaei M, Tulpan D, 2019. A review of traditional and machine learning methods applied to animal breeding. Animal Health Research Reveview, 20:31-46.

Pletcher S D, Geyer C J, 1999. The genetic analysis of age-dependent traits modeling the character process. Genetics, 153(2):825-835.

Pérez P G, Campos D E, Crossa J, et al., 2010. Genomic-enabled prediction based on molecular markers and pedigree using the bayesian linear regression package in R. The Plant Genome, 3(2):106-116.

Pérez-Enciso M, Steibel J P, 2021. Phenomes: the current frontier in animal breeding. Genetics Selection Evolution, 53:22.

Quinlan J R, 1986. Induction of decision trees. Machine learning, 1:81-106.

Samuel A L, 1959. Some studies in machine learning using the game of checkers. IBM Journal of research and development, 3:210-229.

Serão N V L, Matika O, Kemp R A, et al., 2014. Genetic analysis of reproductive traits and antibody response in a PRRS outbreak herdl. Journal of Animal Science, 92:2905-2921.

Sonesson A K, Woolliams J A, Meuwissen T H E, 2012. Genomic selection requires genomic control of inbreeding. Genetics Selection Evolution, 44(27):1-10.

Song H, Zhang J, Jiang Y, et al., 2017. Genomic prediction for growth and reproduction traits in pig using an admixed reference population. Journal of animal science, 95(8):3415-3424.

Steiger J H, 1980. Tests for comparing elements of a correlation matrix. Psychological Bulletin, 87(2): 245-251.

Su G, Ma P, Nielsen U S, et al., 2016. Sharing reference data and including cows in the reference population improve genomic predictions in Danish Jersey. Animal, 10(6):1067-1075.

Tibshirani R, 1996. Regression shrinkage and selection via the lasso. Journal of the Royal Statistical Society. Series B (Methodological), 58(1):267-288.

Van Raden P M, 2008. Efficient methods to compute genomic predictions. Journal of Dairy Science, 91 (11):4414-4423.

Van Raden P M, Van Tassell C P, Wiggans G R, et al., 2009. Invited review: reliability of genomic predictions for North American Holstein bulls. Journal of Dairy Science, 92(1):16-24.

Vitezica Z G, Aguilar I, Misztal I, et al., 2011. Bias in genomic predictions for populations under selection. Genetics Research, 93(5):357-366.

Waide E H, Tuggle C K, Serão N V L, et al., 2017. Genomewide association of piglet responses to infection with one of two porcine reproductive and respiratory syndrome virus isolates. Journal of Animal Science, 95:16-38.

Weber A, Salau J, Haas J H, et al., 2014. Estimation of backfat thickness using extracted traits from an automatic 3D optical system in lactating Holstein-Friesian cows. Livestock Science, 165:129-137.

Xiang T, Christensen O F, Legarra A, 2017. Technical note: Genomic evaluation for crossbred performance in a single-step approach with metafounders. Journal of Animal Science, 95(4):1472-1480.

Xu S, 2017. Predicted residual error sum of squares of mixed models:an application for genomic prediction. Genes Genomes Genetics, 7(3):895-909.

Zitnik M, Nguyen F, Wang B, et al., 2019. Machine learning for integrating data in biology and medicine: principles, practice, and opportunities. Information Fusion, 50:71-91.